IRRIGATIONS
DU MIDI DE L'ESPAGNE

PARIS. — TYPOGRAPHIE HENNUYER ET FILS, RUE DU BOULEVARD, 7.

PUBLICATIONS SCIENTIFIQUES, INDUSTRIELLES & AGRICOLES DE E. LACROIX

IRRIGATIONS

DU

MIDI DE L'ESPAGNE

ÉTUDES

SUR LES GRANDS TRAVAUX HYDRAULIQUES

ET LE RÉGIME ADMINISTRATIF

DES ARROSAGES DE CETTE CONTRÉE

PAR

MAURICE AYMARD

Ingénieur des ponts et chaussées, chevalier de la Légion d'honneur

PRÉCÉDÉ

D'UN RAPPORT DE M. LEBASTEUR

Inspecteur général des ponts et chaussées.

PUBLIÉ AVEC L'AUTORISATION

DE S. EXC. M. LE MARÉCHAL DUC DE MALAKOFF

GOUVERNEUR GÉNÉRAL DE L'ALGÉRIE

PARIS

LIBRAIRIE SCIENTIFIQUE, INDUSTRIELLE ET AGRICOLE

Eugène LACROIX, Éditeur

LIBRAIRE DE LA SOCIÉTÉ DES INGÉNIEURS CIVILS

15, QUAI MALAQUAIS, 15

1864

Tous droits réservés.

RAPPORT

DE L'INSPECTEUR GÉNÉRAL DES PONTS ET CHAUSSÉES

CHARGÉ DE L'INSPECTION

DES TRAVAUX CIVILS DE L'ALGÉRIE

A SON EXCELLENCE

M. LE MARÉCHAL DUC DE MALAKOFF

Gouverneur général.

MONSIEUR LE MARÉCHAL,

Votre Excellence, dans sa haute sollicitude pour les intérêts agricoles de l'Algérie, a, sur ma proposition, jugé convenable de charger M. Aymard, ingénieur des ponts et chaussées à Alger, de visiter les grands travaux exécutés dans le midi de l'Espagne pour l'aménagement des eaux employées aux irrigations, et d'étudier le régime administratif des arrosages de cette contrée. Votre Excellence a pensé que tous ceux qui s'occupent en ce moment de féconder le sol africain, en lui donnant l'eau qui lui manque, trouveraient des enseignements utiles dans l'étude des faits qui se sont produits dans un pays semblable à l'Algérie par.son climat, la nature de son sol et le régime de ses cours d'eau.

a

Tout le monde sait que des résultats merveilleux ont été obtenus dans ces contrées autrefois arides et dévastées par les torrents; mais peu de personnes connaissent les travaux qui ont amené ces résultats, et pourraient dire par quelles combinaisons administratives on a pu grouper et réunir en faisceau toutes les volontés qui ont concouru à créer l'état de choses existant et qui concourent encore aujourd'hui à le maintenir et à l'améliorer.

La tradition attribue aux Maures l'honneur des conquêtes agricoles faites par l'utilisation des eaux dans le midi de l'Espagne. Il était intéressant de rechercher quelle est la part qui revient en réalité à cette race intelligente, et d'étudier tout ce que le génie espagnol a ajouté à ces conquêtes.

M. Aymard a accompli sa mission pendant les mois de juillet, août et septembre 1862. Il a successivement visité toute la côte méridionale d'Espagne, en commençant par Valence et Murviedro, et en descendant vers le sud-ouest jusqu'à Cordoue et Séville. Les nombreuses observations recueillies par lui sont consignées dans un mémoire accompagné de seize feuilles de dessin.

L'ouvrage de M. Aymard est tellement rempli de faits et présente, sur une foule de points, des renseignements si détaillés et si étendus, qu'il est presque impossible de l'analyser. En adoptant, pour rendre compte de sa mission, la forme d'un itinéraire, il s'est attaché, dans chacune de ses stations, à bien maintenir la division qui lui était imposée dans l'ensemble de son

travail. Il donne une description détaillée des travaux
à l'aide desquels on a créé les irrigations; il fait connaître ensuite les règlements administratifs institués
pour assurer la conservation et le perfectionnement des
ouvrages et établir l'ordre dans la répartition des eaux.

Les travaux consistent en un très-grand nombre de
barrages de dérivation, qui ont servi, dans l'origine, à
utiliser les eaux naturelles des vallées; de nombreux
canaux ont été creusés, pour les répandre, sur de vastes
étendues de territoires. Sur quelques points on a élevé
les eaux à l'aide de machines pour irriguer des terrains
que les cours d'eau abandonnés à leur pente naturelle
ne pouvaient pas atteindre. Plus tard, on est allé chercher des eaux souterraines pour augmenter le débit des
rivières, et on a creusé des mares (*balsas*) ou établi des
bassins de faible étendue, suffisant pour arroser une
propriété particulière. L'idée de grands barrages-réservoirs pour recueillir les eaux pluviales et subvenir
pour toute une contrée à l'insuffisance des cours d'eau
en été remonte à une époque reculée.

Le réservoir d'Almansa fonctionnait déjà en 1586,
mais la construction doit en être reportée à un temps
beaucoup plus éloigné.

Le barrage d'Alicante a été commencé en 1579 et
terminé en 1594. Il a subsisté depuis cette époque, sans
avarie notable, bien qu'en 1792 l'eau se soit élevée à
$2^m,50$ au-dessus du couronnement.

Le nombre des barrages-réservoirs dont M. Aymard

donne une description détaillée est de sept. C'est, croyons-nous, tout ce que les Espagnols possèdent en grandes constructions de ce genre. En voici l'énumération, avec la hauteur de la retenue pour chacun d'eux :

Barrage d'Almansa, hauteur. . . .	$20^m,69$
— Elche.	$23^m,20$
— Nijar.	$30^m,93$
— Lozoya.	$32^m,00$
— Val de Infierno.	$35^m,50$
— Alicante.	$42^m,70$
— Puentès.	$50^m,06$

Le barrage de Lozoya a été construit depuis peu d'années seulement, moins dans le but d'emmagasiner des eaux que pour relever le niveau du Rio Lozoya, de façon à pouvoir en amener les eaux au point culminant de Madrid.

Notons encore au nombre des barrages entrepris en Espagne un ouvrage gigantesque tenté en 1788 sur le Guadarrama et qui devait avoir 93 mètres de hauteur. Dans un but d'économie, on n'avait pas voulu le construire entièrement en maçonnerie; le massif consistait en deux murs de parements reliés par des murs transversaux, parallèles à la direction du courant, et qui formaient, avec les premiers, des compartiments de forme rectangulaire. Ces espèces de cases étaient remplies de pierres sèches noyées dans de la glaise. Au moment où la construction avait déjà atteint une hauteur de 57 mètres, il survint des pluies qui firent gonfler la glaise des compartiments, et une partie des murs extérieurs fut poussée au vide. Les travaux n'ont pas été repris.

M. Aymard mentionne, comme étant à l'état de projet, un autre grand barrage-réservoir qui serait établi dans les gorges du Turia, pour augmenter les moyens d'arrosage de la plaine de Valence. Il serait en maçonnerie et aurait 35 mètres de hauteur.

Sur les sept barrages mentionnés ci-dessus et dont M. Aymard produit les dessins détaillés, cinq seulement fonctionnent aujourd'hui.

Le barrage de Puentès, terminé en 1791, fut en partie détruit le 30 avril 1802, par suite d'un vice de fondation ; il n'a pas été réparé. Le récit détaillé de cette catastrophe n'est pas un des moindres enseignements de l'ouvrage de M. Aymard.

Le barrage du val de Infierno, construit à la même époque et dans le même intérêt, est resté debout; mais on l'a laissé s'envaser jusqu'à la crête, et il n'est plus aujourd'hui qu'une cascade gigantesque, d'un aspect merveilleux, du haut de laquelle les eaux se précipitent, sans utilité pour le pays.

Tous les barrages-réservoirs établis en Espagne, à l'exception de celui du Guadarrama, qui n'a point réussi, ont été construits en maçonnerie. Les parements vus sont en pierres de taille de fortes dimensions, et l'on n'a rien épargné pour leur donner la solidité la plus rassurante.

Nous ne manquons pas, en France, d'excellents mo-

dèles à suivre pour l'établissement de grands barrages.
On peut citer en première ligne la digue de Saint-
Féréol, dont la hauteur est de. . . . . $31^m,15$
   Le barrage de Gros-Bois. . . . . $27^m,60$
   Le barrage des Sétons. . . . . $20^m,00$

Et enfin le magnifique ouvrage en construction sur
le Furens, près de Saint-Étienne, qui n'aura pas moins
de 50 mètres.

Disons tout de suite que les conditions d'exécution
des barrages espagnols diffèrent, sur un point très-important, de celles des barrages français.

Nos réservoirs sont généralement alimentés par des
eaux de source; les eaux pluviales, qui y affluent pendant l'hiver, sont bien chargées de matières limoneuses,
mais jamais au point de donner lieu à des dépôts considérables. A Saint-Etienne, où l'on a pu craindre quelques envasements, on a établi latéralement un canal
qui jette les eaux, quand elles sont troubles, en dehors
du réservoir.

En Espagne et en Afrique, ce système serait complétement insuffisant. On n'estime pas à moins de 1 million
de mètres cubes le volume des dépôts qui pourront
s'accumuler annuellement dans le réservoir de l'Habra.

Au barrage d'Alicante, dans une période de quatre
ans, les dépôts vaseux s'élèvent jusqu'à 16 mètres au-
dessus du fond. Lorsque M. Aymard a visité cet ouvrage,
trois années après le curage, il y avait déjà 14 mètres
de vase compacte.

Il faut donc des dispositions particulières, qui permettent de faire fonctionner les prises d'eau quand le réservoir se remplit de vase, et des moyens énergiques de curage, sans lesquels les réservoirs seraient bien vite comblés.

Les procédés adoptés en Espagne consistent :

1° Dans l'établissement d'un puits dont la paroi, du côté de la retenue, est percée, à différentes hauteurs, de barbacanes, de telle sorte que l'eau puisse pénétrer dans l'aqueduc de prise d'eau, quelle que soit la hauteur des vases ;

2° Dans la construction d'une galerie de curage, à laquelle les Espagnols ont donné le nom significatif de *desarenador*, et par laquelle on fait écouler les dépôts au moyen de chasses puissantes, renouvelées aussi souvent que le besoin s'en fait sentir.

Le système de fermeture des galeries de curage est un peu primitif; on en lira avec intérêt la description dans l'ouvrage de M. Aymard, et on verra en même temps comment s'effectue l'opération de l'enlèvement des vases. Les moyens employés à Alicante suffisent depuis trois siècles.

On a adopté au barrage d'Elche une modification qui a pour résultat de mettre la vie des ouvriers beaucoup moins en danger.

La possibilité de débarrasser les réservoirs des dépôts vaseux qui pourraient les obstruer rapidement est donc aujourd'hui un fait acquis, et ce fait a, on le compren-

dra, une importance capitale pour nos barrages algé-
riens. .

Il y a lieu de faire remarquer que le système de curage dont il vient d'être parlé, ne peut guère être employé avec sécurité que pour des barrages en maçonnerie. On doit admettre qu'au barrage d'Alicante, la
vitesse de l'eau, au moment de la débâcle, peut atteindre
20 à 25 mètres par seconde, et il n'y a pas de talus en
terre, fût-il très-solidement revêtu, qui puisse résister
à un pareil courant.

M. Aymard donne sur la construction des barrages
de dérivation et des autres ouvrages d'art établis dans
les divers contrés agricoles où l'on pratique l'arrosage,
des détails extrêmement curieux et qu'on lira avec le
plus vif intérêt.

J'arrive à la seconde partie de son travail, qui a trait
au régime administratif des arrosages. Les études sur
les barrages et l'établissement des canaux intéresseront
particulièrement les ingénieurs ; celles sur la constitution de la propriété des eaux d'arrosage et sur les divers règlements qui maintiennent l'ordre au milieu de
tant d'intérêts divergents, intéresseront tout le monde.

M. Aymard a traité cette partie de son travail avec le
plus grand soin, et quand il n'a pas pu donner les
textes mêmes des règlements, qui auraient grossi déme-
surément son volume, il en a présenté des analyses
très-claires et très-complètes, qui en font bien comprendre l'esprit et la portée.

Rien d'aussi varié que les divers systèmes adoptés pour l'usage et la répartition des eaux; il semble que l'esprit humain se soit exercé à rechercher toutes les combinaisons et à en tirer toutes les conséquences possibles.

Tantôt l'eau est annexe à la terre; on ne peut vendre une parcelle de terrain sans vendre en même temps l'eau qui l'arrose. La prohibition s'applique même à la cession ou à l'échange d'un simple tour d'arrosage. C'est ce qui a lieu dans la huerta de Valence, dans le grand centre agricole arrosé par les eaux du Jucar, et à Murviedro dans la même province.

Dans la province de Murcie, l'eau est également annexe à la terre, et, si l'on n'en use pas, elle fait retour à la masse commune. Il en est de même à Almansa.

A Elche, on trouve un régime essentiellement différent; la propriété de l'eau est entre des mains différentes de celles qui détiennent la terre; le propriétaire du sol n'a plus aucun droit à l'arrosage; quand il a besoin d'eau, il va en acheter, de même qu'il achète des engrais quand il veut fumer.

Il se tient tous les matins à Elche une espèce de bourse où chacun va acheter de l'eau pour la consommation d'une période de vingt-quatre heures qui commencera à six heures du soir. Les ventes se font de gré à gré.

A Lorca, comme à Elche, séparation complète des deux natures de propriétés, même système de vente des eaux nécessaires pour les irrigations; seulement, ici, la vente se fait aux enchères publiques.

A Nijar, c'est la compagnie qui a construit le barrage qui vend les eaux de gré à gré; elle a fait établir à l'aval du barrage deux grands bassins qui se remplissent successivement, et l'eau se vend à tant le bassin.

A Alicante, on trouve un mélange singulier des deux systèmes : avant la construction du barrage, les eaux naturelles de la vallée n'étaient point annexes à la terre; mais lors de l'établissement du réservoir, on posa en principe que les propriétaires de l'eau renonceraient à toute prétention sur la propriété des eaux de crue et qu'on pourrait doubler les moyens d'irrigation. On admit alors que l'*eau nouvelle*, celle du réservoir, serait annexe à la terre, et que les anciens propriétaires auraient la faculté de disposer de l'*eau vieille* avec ou sans la terre. On apporta, toutefois, à ce droit, une restriction, c'est de ne pouvoir vendre l'eau vieille qu'à des terrains possédant de l'eau nouvelle, ce qui restreignait les irrigations au périmètre naturellement irrigué. Les propriétaires d'eau nouvelle peuvent, d'ailleurs, céder tout ou partie de leur tour d'arrosage. Il y a donc vente des eaux, et on comprend que le système adopté a dû donner lieu à des combinaisons extrêmement variées. Il faut lire dans le mémoire de M. Aymard comment on est arrivé à faire fonctionner régulièrement un mécanisme aussi compliqué.

Dans les irrigations de Grenade, on trouve les deux natures de propriété superposées. A côté des eaux pri-

vées, on rencontre des eaux communes à un territoire
ou à une zone. Les premières appartiennent en propre
à des particuliers qui peuvent les vendre avec ou sans
la terre; les autres appartiennent à la terre et sont distribuées par tour d'arrosage. Certaines eaux sont propriété privée pendant une partie de la journée, et propriété publique pendant le reste du temps.

Les irrigations sont régies à l'aide d'un registre volumineux qui remonte à l'année 1575, et où l'on a consi-
gné, après une enquête prescrite par le roi Philippe II,
les dispositions applicables à chaque propriété en particulier. Le texte de ce recueil fait loi.

A Palma d'el Rio, l'irrigation se fait au moyen de
grandes roues à godets établies sur le Genil; elles sont
au nombre de vingt. Chaque roue arrose une zone dont
les propriétaires emploient les eaux à tour de rôle, suivant des règles déterminées depuis longtemps et acceptées par tout le monde.

La vaste plaine du Guadalquivir, qui s'étend de Cordoue à Séville et à Cadix, n'est pas arrosée; la noria à
manége est le seul moyen d'irrigation. Il n'y a là ni
associations ni travaux importants.

De la comparaison des divers modes de constitution
de la propriété des eaux M. Aymard tire la conséquence
que l'annexion à la terre mérite la préférence. Rien ne
peut prévenir, dit-il, les tristes conséquences d'une organisation qui confie les destinées de la terre à des
capitalistes dont l'intérêt est en opposition directe avec

le développement des ressources hydrauliques. Dès l'instant que l'eau est une marchandise, ceux qui la possèdent ne sauraient consentir à en laisser avilir le prix. C'est pour ce motif qu'on n'a pas tenté de rétablir le barrage de Puentès et qu'on a laissé s'envaser celui du val de Infierno, au grand détriment des intérêts généraux du pays.

M. Aymard donne les détails les plus curieux sur les syndicats; ils sont généralement constitués par le suffrage universel de tous les intéressés, et ont des attributions beaucoup plus étendues qu'en France. Tantôt par eux-mêmes, tantôt par des agents auxquels est confié le soin de surveiller la répartition régulière des eaux, ils exercent une autorité en quelque sorte souveraine sur leurs administrés. Armés de cette autorité, ils peuvent, en temps de sécheresse, intervertir les tours d'arrosage, augmenter, pour certaines parcelles, la durée des irrigations, la diminuer pour d'autres; en un mot, prendre en main la dictature la plus absolue, sans autre règle que l'obligation qui leur est imposée de sauver, par tous les moyens possibles, les récoltes compromises. Aucune opposition ne se manifeste; les syndicats ont d'ailleurs la puissance nécessaire pour vaincre toutes les résistances.

Une des attributions les plus utiles des syndicats espagnols est leur constitution comme tribunaux privatifs. Le syndicat de Valence a, le premier, été constitué comme *Tribunal des eaux;* il siége en plein air, sur la place publique, devant la cathédrale, et là, il rend

des jugements sans appel, il prononce les peines édictées par les règlements quand des contraventions lui
sont signalées, et règle les différents qui s'élèvent entre
particuliers, à propos de l'usage des eaux.

Cette institution, dont l'origine remonte à la domi-
nation des Maures, est très-populaire en Espagne, et on
l'a imitée plus ou moins heureusement pour tous les
autres syndicats, en créant dans leur sein des conseils
de prudhommes dont « les attributions s'étendent à la
police des eaux et à la connaissance des questions de
fait qui peuvent surgir entre les personnes directement
intéressées à l'arrosage. »

Le gouvernement espagnol, en laissant sagement
subsister des usages consacrés par le temps, a posé
dans un décret du 29 avril 1860 les bases des concessions d'arrosage qui doivent être faites à l'avenir.

L'article 5 de ce décret indique l'ordre de préférence
à accorder dans l'aménagement des eaux publiques;
une disposition semblable manque dans notre législation.

L'article 6 porte que les concessions d'eaux publiques pour arrosage faites individuellement ou collectivement aux propriétaires mêmes des terres qui doivent
utiliser les eaux, seront faites à perpétuité. Les concessions faites à des compagnies ou à des particuliers pour
arroser des terres qui ne leur appartiennent pas,
moyennant redevance, ne seront faites que pour un
nombre déterminé d'années. Ce laps de temps écoulé,

la redevance imposée aux terres irrigables cessera, et les propriétaires de ces terres n'auront plus d'autres obligations que celle d'entretenir et de réparer les ouvrages.

C'est consacrer le principe salutaire de l'annexion de l'eau à la terre.

M. Aymard fait ressortir l'excellence de plusieurs autres dispositions du même décret qui pourraient trouver leur application en Algérie.

M'étant proposé de donner, en aussi peu de lignes que possible, une idée de l'importance du travail soumis à mon examen, j'ai négligé nécessairement bien des détails intéressants. Je ne veux pas, toutefois, terminer ce rapport sans dire qu'on trouvera dans le mémoire de M. Aymard des renseignements précieux sur les divers genres de cultures pratiquées en Espagne, sur le mode d'arrosage adopté pour chacune d'elles et les quantités d'eau qu'on y emploie.

L'auteur du mémoire a aussi consacré un chapitre fort complet à l'alimentation des villes qu'il a visitées.

En résumé, je pense que M. Aymard a parfaitement répondu à la confiance de l'administration, et que le travail qu'il a présenté lui fait le plus grand honneur. J'ajouterai que les renseignements qu'il a recueillis dans son voyage peuvent être extrêmement utiles, aux ingénieurs pour les travaux qu'ils ont à projeter, à l'administration africaine pour la constitution des centres d'arrosage, aux colons européens et aux indigènes euxmèmes par l'indication des procédés d'irrigation et des cultures qui ont le mieux réussi en Espagne.

Je crois répondre à un vœu général en demandant que le mémoire de M. Aymard soit imprimé. Je propose à Votre Excellence de témoigner à M. Aymard sa haute satisfaction.

Je suis avec un profond respect,

Monsieur le maréchal,

de Votre Excellence,

le très-humble et très-obéissant serviteur.

LEBASTEUR.

INTRODUCTION.

De tous les pays de l'Europe, l'Espagne, dans sa partie méridionale, est sans contredit celui qui, sous le rapport du climat et de l'aptitude agricole du sol, présente le plus d'analogie avec l'Algérie. Le cactus, l'aloès, l'olivier, l'oranger, le palmier même, s'y développent avec la même profusion et la même vigueur. La température y est sensiblement identique. Le vent du sud, le sirocco s'y fait sentir. La plupart des cours d'eau, torrents dévastateurs une partie de l'année, sont desséchés l'été. Enfin les pluies, abondantes l'hiver, cessent à peu près complétement dès le commencement de juin.

Sous ce climat torride qui, au premier aperçu, paraît si peu propre aux développements agricoles, on sait, par les récits de quelques voyageurs que, grâce à un excellent aménagement des eaux, il existe des merveilles d'agriculture. On parle avec enthousiasme des arrosages de Valence, d'Alicante, de Murcie, de Grenade. On cite des barrages colossaux établis dans des gorges torrentielles de montagnes, et servant à emmagasiner les eaux de l'hiver pour les arrosages de l'été. On parle encore avec admiration d'institutions plusieurs fois séculaires, à l'aide desquelles le mécanisme de ces institutions fonctionne sans frottement sous la main de ceux mêmes qui s'en servent.

Qu'y a-t-il de vrai dans tous ces récits? Les torrents de la Péninsule sont-ils bien comparables à ceux de l'Algérie? L'impétuosité de leurs crues est-elle la même? Quelle est dès lors la nature des ouvrages qui y résistent depuis tant de siècles? L'abondance des apports alluvionnaires est-elle aussi la même? Quels sont donc les moyens employés pour se débarrasser de ces apports, et empêcher la capacité des réservoirs d'être entièrement envasée au bout de quelques années?

Quels sont d'ailleurs les systèmes d'administration qui, tout en laissant aux usagers la plus grande autonomie, ont produit cet étonnant résultat de supprimer en quelque sorte les procès dans une branche de l'administration publique qui d'habitude en est si féconde?

La plupart de ces questions sont neuves. Les irrigations de la Lombardie, que l'ouvrage de M. Nadault de Buffon a si bien vulgarisées, se font à l'aide de canaux alimentés par des fleuves où l'eau ne manque jamais; les nombreux barrages-réservoirs qui existent en France, sinon pour les irrigations, du moins pour les canaux de navigation, sont alimentés soit par des sources limpides, soit par des cours d'eau non torrentiels qui ne présentent, au point de vue de l'envasement, aucun des inconvénients inhérents aux torrents.

On ne trouve donc pas dans les pays d'irrigation étudiés jusqu'à ce jour des modèles de ce qu'il faut faire en Algérie. Si ces modèles existent quelque part, c'est en Espagne qu'on doit les rencontrer.

C'est en se plaçant dans cet ordre d'idées que le Gouvernement général de l'Algérie décida qu'un ingénieur des ponts et chaussées serait chargé d'aller étudier les irrigations du midi de l'Espagne, et nous fit l'honneur de nous confier cette mission.

Le travail qu'on va lire embrasse les principaux centres d'irrigation de la côte orientale d'Espagne, depuis Valence jusqu'à Alméria, et ceux de l'Andalousie, depuis Grenade jurqu'à Séville. C'est le résumé des notes recueillies en Espagne pendant les mois de juillet, août et septembre 1862. Ce temps pourra paraître un peu court pour une étude aussi complexe; mais dans ce genre d'études, c'est moins le temps qu'il faut considérer que les facilités offertes pour faire les recherches. Or, grâce à deux lettres d'introduction que S. Exc. le Gouverneur général de l'Algérie avait demandées pour nous, l'une à M. l'ambassadeur de France pour nos agents consulaires, l'autre à M. le ministre des travaux publics d'Espagne pour les autorités espagnoles, grâce surtout au bienveillant concours que nous avons rencontré chez tous ceux auxquels nous avons eu à nous adresser, nous avons pu, sans perte de temps, allant droit au but, pénétrer dans l'intérieur des administrations locales, étudier dans les bureaux le mécanisme des règlements, discuter ces règlements avec les chefs de ces administrations, visiter les travaux avec les architectes ou ingénieurs, voir à l'œuvre les gardes-canaux et les arroseurs publics, nous enquérir enfin de tous les détails, grands ou petits, que comporte le fonctionnement de ces vastes irrigations.

Il faut dire aussi que les recherches étaient rendues faciles par le fait même de la puissante organisation de cette branche de l'administration publique. Depuis longues années, le développement local des institutions hydrauliques s'est fait spontanément sur tous les points de l'Espagne avec une ampleur, un luxe inouïs, sous la seule pression de l'importance que l'opinion publique attache à ces institutions. Dans ce pays de vie municipale, où les populations ont été depuis si longtemps accoutumées à se passionner pour leurs priviléges locaux, tout ce qui touche à la pratique des irrigations, c'est-à-dire à la source autrefois unique du bien-être et de la richesse, est resté aux yeux des populations le premier des intérêts. L'histoire des irrigations est partout populaire. Il n'est pas un paysan, à Valence, qui ne vous parle du roi d'Aragon Don Jayme Ier, auquel les arrosants de ce pays doivent leurs priviléges, comme il pourrait parler d'un roi contemporain : Don Jayme Ier régnait au treizième siècle. A Murcie, le nom du roi Alphonse le Sage, contemporain de don Jayme, est dans toutes les bouches. A Grenade c'est celui d'Isabelle la Catholique. Sur beaucoup de points, des inscriptions commémoratives rappellent aux populations les noms de leurs bienfaiteurs. Plusieurs canaux sont appelés royaux, en souvenir des rois qui les ont créés. Toute cette administration des arrosages se trouve, en un mot, entourée d'une auréole de souvenirs historiques qui la fait resplendir entre toutes au milieu de

ces populations patriotiques qui ont su si bien conserver le culte de leur passé.

L'administration matérielle se ressent de ce prestige.
Les irrigations, dans presque toutes les localités, forment une véritable commune hydraulique ayant ses représentants, ses bureaux, ses employés, son notaire, et
même son tribunal spécial. Les archives y sont conservées avec un soin religieux, avec un ordre parfait que
l'on est très-étonné de rencontrer simultanément sur
tant de points à la fois, alors qu'il n'existait pas jadis
de pouvoir centralisateur pour prescrire des règles
uniformes.

Cette absence de pouvoir centralisateur imprimant
de l'unité aux idées administratives se fait bien remarquer dès qu'on entre tant soit peu intimement dans
l'étude de ces irrigations. A quelques lieues de distance,
les principes les plus dissemblables sont en vigueur.
Ici la propriété de l'eau est annexe de celle de la terre ;
nul ne peut vendre une terre sans vendre en même
temps l'eau qui y est afférente. Là, la propriété de
l'eau est distincte de l'autre ; les propriétaires d'eau
vendent chaque jour aux propriétaires du sol l'eau
dont ils ont besoin. Plus loin, c'est un système mixte : .
bien que l'eau soit annexée à la terre, et ne puisse être
aliénée indépendamment de celle-ci, le propriétaire
du sol a néanmoins le droit de vendre ses tours d'arrosage.

Cette variété d'institutions est du reste un fait inhérent à l'histoire même du pays ; il ne faut pas perdre
de vue en effet que nous sommes ici dans *les Espagnes*,

c'est-à-dire dans des contrées qui pendant des siècles ont existé indépendantes, à côté l'une de l'autre, sans aucun lien commun. C'est l'honneur du gouvernement espagnol d'avoir su comprendre que l'on ne pouvait sans danger porter atteinte à ces institutions, quelle qu'en fût la diversité, de les avoir acceptées également toutes, et de s'être contenté, dans la révision des règlements, de ne faire intervenir l'idée moderne de centralisation gouvernementale que dans les limites compatibles avec le maintien des principes légués par le passé.

Nous venons de prononcer le mot de révision des règlements. Ce n'est pas là le moins curieux des détails de l'histoire des irrigations d'Espagne. A voir l'antiquité des ouvrages, le culte respectueux des traditions, on serait tenté, au premier abord, de croire qu'une immobilité absolue pèse sur toutes ces institutions. Il n'en est rien pourtant. A part Grenade, où nous trouverons les choses dans le même état où les ont laissées les Maures à la fin du quinzième siècle, il s'est fait sur tous les points un travail incessant de réformation. Ces réformes n'ont jamais atteint les principes fondamentaux, mais elles ont touché, de siècle en siècle, à tout ce qui était relatif à la police et à l'administration, et ce travail se continue incessamment, perfectionnant tantôt un détail, tantôt un autre, et réalisant cette singulière anomalie, vraie pourtant, du progrès dans l'immobilité.

En dehors de ces questions de police et d'administration, il en est une dont l'étude se trouve sur plusieurs points à l'ordre du jour, mais qui n'a fait encore que très-peu de progrès ; c'est celle relative au perfectionnement des prises d'eau et à l'adoption de modules régulateurs.

Sous ce rapport les irrigations espagnoles sont peu avancées; les prises d'eau sont aujourd'hui les mêmes que du temps des Maures, établies suivant des dimensions fixes et bien déterminées, mais d'après des règles empiriques qui ne donnent qu'approximativement le résultat que l'on veut obtenir. Notre étude n'apportera donc aucune lumière nouvelle sur cette question; ce n'est pas dans cet ordre de travaux que le génie espagnol s'est exercé.

Le caractère essentiel des constructions hydrauliques de l'Espagne, c'est la grandeur et la force. Nulle part de compromis entre les dépenses à faire et les résultats à obtenir. Les projets d'irrigation sont conçus sur l'échelle la plus vaste. Peut-on disposer de rivières abondantes, comme le Turia à Valence, le Jucar à Alcira, le Segura à Murcie, les dérivations sont faites de manière à absorber tout le volume des eaux. Le canal du Jucar, par exemple, débite 25 mètres cubes par seconde à l'étiage, et le barrage de prise d'eau, tout en maçonnerie, a 240 mètres de longueur.

Lorsqu'au contraire on se trouve dans les contrées pauvres en eau, comme Alicante, Elche, Lorca, Almérie, les ouvrages deviennent de nature à saisir encore plus fortement l'imagination. Ce sont des barrages-réservoirs, dont quelques-uns ne sauraient être comparés à aucun ouvrage analogue dans aucune contrée du globe. Celui d'Alicante a près de 43 mètres de hauteur. Celui de Lorca avait jusqu'à 50 mètres. Il a malheureusement été détruit par suite d'un vice de fondation, mais il avait fonctionné pendant une dizaine d'années, et la gloire de l'avoir conçu et exécuté n'en subsiste pas moins. Tous ces ouvrages colossaux sont en maçonnerie, avec des revêtements extérieurs en pierres de taille d'énormes dimensions.

En voyant un tel entassement de matériaux, l'esprit se reporte involontairement à ces monuments grandioses des âges anciens, dont la construction serait presque pour nous un problème, si l'on ne se rappelait que l'esclavage était dans l'antiquité une institution sociale. Mais en Espagne tous ces ouvrages n'ont d'analogie avec ceux de l'antiquité que par la grandeur de la conception. L'association des capitaux, ce grand levier des constructions modernes, y est pratiquée depuis plusieurs siècles. Le barrage-réservoir d'Alicante, qui date de 1579, a été édifié par les usagers, à l'aide d'emprunts remboursables par annuités.

L'exécution de pareils ouvrages dénote chez un peuple une persévérance d'action, une profondeur de vues, une intelligence de ses intérêts matériels, qu'on ne saurait trop admirer. Il est essentiel en effet de remarquer que ce n'est pas là l'œuvre d'un siècle unique, et que l'Espagne ne vit pas seulement sur ses gloires passées. L'œuvre commencée au seizième siècle, sous Philippe II, se continue encore de nos jours, et, chose remarquable, c'est toujours avec les grands règnes de la monarchie espagnole que coïncide la construction de ces grands ouvrages hydrauliques. C'est au règne de Philippe II que se rapporte la construction des barrages-réservoirs d'Alicante, d'Elche, d'Almansa. Les deux de Lorca, connus sous les noms de Puentes et de Val de Infierno, sont du dix-huitième siècle et appartiennent au règne de Charles III. Enfin, de nos jours, sous le règne d'Isabelle II, on a construit celui de Nijar, près d'Alméria, celui du Lozoïa, près de Madrid, et l'on en projette un troisième pour la plaine de Valence.

La courte énumération qui précède est faite pour provoquer bien des étonnements, car l'on est assez habitué à entendre répéter qu'il n'existe dans la Péninsule d'autres irrigations que celles léguées par les Maures. Il convient pourtant de rendre à chacun ce qui lui appartient, et dans cette revendication d'une gloire commune, la part des Espagnols n'est certainement pas inférieure à celle de leurs devanciers.

Il est incontestable que les Maures se sont servis des eaux qui traversent les contrées qu'ils habitaient. Ce fait résulte des chartes mêmes octroyées par les rois chrétiens à leurs chevaliers et vassaux, au moment de la conquête des provinces. Presque partout le titre fondamental des archives des associations consiste en une charte où le roi concède les eaux d'irrigation pour s'en servir *suivant l'antique usage*. Antérieurement à ces chartes, on ne trouve plus aucun document écrit; il faut s'en rapporter à la tradition. Or la tradition attribue aux Maures l'établissement de certains barrages de prise d'eau en lit de rivière, notamment ceux de Valence et de Murcie; mais le grand barrage du Jucar pour le canal d'Alcira n'est pas l'œuvre des Maures. Les divers barrages de prise d'eau qui existent dans le rio

Monegre de la huerta d'Alicante, à la suite du grand barrage-réservoir, ne sont pas non plus leur œuvre. A Lorca, ils n'ont rien fait. De leur temps, comme aujourd'hui, les eaux étaient dérivées à l'aide de simples barrages en pierres sèches et fascines, emportés par chaque crue, et rétablis après. Il en est de même à Grenade.

Quant aux barrages-réservoirs, les Maures ne se sont jamais élevés à la hauteur de cette conception. Le plus ancien, celui d'Almansa, est de la seconde moitié du seizième siècle.

Si des ouvrages on passe à l'organisation administrative des irrigations, la part qui revient aux Espagnols n'est pas moins belle.

L'idée première d'arracher chaque individu à son isolement, en groupant tous les intérêts en un faisceau solidaire, de créer des commissions nommées par le suffrage universel de tous les usagers, et de donner à ces commissions l'administration et la police des eaux; l'idée de confier à des tribunaux spéciaux, composés de juges choisis par les usagers eux-mêmes, la répression immédiate et sans appel des contraventions; toutes ces idées qui semblent enfantées par l'esprit moderne, étaient pratiquées il y a six cents ans par les Maures, et elles suffisent à la gloire de ce peuple.

Mais il faut plus que des principes généraux pour assurer la bonne marche d'une administration d'arrosage; il faut de plus des idées méthodiques dans les répartitions, une définition précise des attributions de chacun, une pénalité bien graduée. Sous ces derniers rapports, il ne paraît pas que l'œuvre des Maures ait été bien complète.

Il existe certains règlements anciens assez rapprochés de l'époque où les Maures ont disparu de la Péninsule, dans lesquels la nécessité de la réglementation nouvelle est formellement basée sur les désordres et l'anarchie qui règnent dans les arrosages; on y déplore précisément le vague des pénalités, l'indétermination des attributions, l'absence de règles d'administration précises, etc., etc.

Ce n'est pas tout. Dans une localité, Grenade, les choses sont exceptionnellement restées les mêmes que du temps des Maures; l'on peut par conséquent s'y faire une idée exacte de l'œuvre administrative de ces derniers. Eh bien! à Grenade, on voit posés, comme partout ailleurs, les beaux principes d'administration générale que nous avons rappelés plus haut; mais quand on entre dans l'étude plus intime de ces irrigations, on est étonné de l'incohérence des idées qui ont présidé aux répartitions. L'application ne répond pas aux principes. Les nœuds de l'association sont mal serrés; les attributions sont vagues; la police existe à peine; la pénalité est mal définie. On sent, en un mot, que le génie synthétique de la race latine n'a pas passé par là.

C'est aux Espagnols que revient l'honneur d'avoir réellement fait la législation des arrosages, d'avoir réglementé l'intervention des particuliers, d'avoir défini le mode d'élection, ainsi que les attributions des représentants des usagers, d'avoir précisé la limite d'action des agents chargés de la police, d'avoir édicté une pénalité rationnelle et parfaitement graduée pour tous les genres de contraventions, et d'avoir pu ainsi régler avec précision l'action des tribunaux des eaux, armés par les Maures d'un pouvoir de répression discrétionnaire.

Ce travail de législation, de réglementation, se poursuit et s'améliore depuis plusieurs siècles, nous l'avons dit plus haut. De nos jours il est loin d'être abandonné; l'on verra dans le cours de cet ouvrage une foule de règlements locaux de date très-récente, qui témoignent des aspirations incessantes des populations et du gouvernement vers le perfectionnement des arrosages.

Mais ce n'est pas seulement à la révision des règlements locaux que s'attache le gouvernement. Dans un décret récent qui porte la date du 29 avril 1860, tous les principes généraux relatifs à la création des irrigations nouvelles ou à l'amélioration des irrigations anciennes, sont posés avec une hauteur de vues, une sagesse, une libéralité qui méritent d'être signalées. Nous nous réservons de faire connaître très en détail ce décret remarquable, qui ne sera pas, croyons-nous, un des moindres enseignements de notre mission.

Nous pensons qu'il est temps de clore ces considérations générales ; elles nous ont paru nécessaires pour initier le lecteur à l'étude que nous allons entreprendre. Leur donner plus de développement serait entrer dans une voie qui ferait perdre à notre travail son caractère essentiellement technique et administratif.

Nous désirons seulement expliquer en quelques mots

le plan que nous avons suivi dans la divison de l'ouvrage. Nous avions à nous occuper surtout des travaux et des institutions hydrauliques. Nous pouvions donc adopter deux grandes divisions, une pour les travaux, l'autre pour les institutions. Mais en entrant dans cette voie synthétique nous devions, pour être logique, faire pour les travaux des groupes par nature d'ouvrage, mettre dans le premier groupe, par exemple, tous les arrosages par les eaux courantes; dans le second, tous les arrosages par les eaux de retenue.

Au point de vue des institutions, nous étions également conduit à faire de grands groupes basés sur les principes fondamentaux de ces institutions, tels que la nature de la propriété des eaux. Il en serait résulté, croyons-nous, une confusion des plus grandes.

Il nous a paru meilleur de donner à notre travail la forme d'un itinéraire, de présenter les études dans l'ordre même où elles ont été faites, et de traiter complétement tout ce qui est relatif à un centre d'irrigations, tant sous le rapport des travaux que sous le rapport des institutions, avant de passer à un autre centre. Chaque partie du travail présentera ainsi un tout complet, moins monotone, plus satisfaisant pour l'esprit, de nature, en un mot, à intéresser beaucoup plus le lecteur.

Nous allons donc passer successivement en revue les principaux centres d'irrigation des provinces que nous avons parcourues [1], savoir:

---

[1] Voir la carte, planche I.

Valence et Alcira, dans la province de Valence;

Almansa, dans la province d'Albacète;

Alicante et Elche, dans la province d'Alicante;

Murcie et Lorca, dans la province de Murcie;

Nijar, dans la province d'Almérie;

Grenade, dans la province de ce nom;

Cordoue et Palma del Rio, dans la province de Cordoue;

Séville, dans la province du même nom.

C'est pour nous un devoir de cœur de donner ici un témoignage public de reconnaissance aux personnes dont l'intervention a facilité d'une manière si singulière l'accomplissement de notre mission. Grâce à leur concours empressé, à leur inépuisable bienveillance, nous avons pu pendant trois mois consécutifs oublier que nous étions sur une terre étrangère, et nous croire au milieu de camarades et d'amis. De pareils souvenirs ne s'oublient pas. Nous remercierons entre tous :

MM. de PERALTA, SEPULVEDA, ARGÜELLES, MENDEZ DE VIGO, gouverneurs civils des provinces de Valence, d'Alicante, de Murcie, de Grenade;

MM. José ORTEGA, ingénieur en chef, pour la province de Valence (aujourd'hui inspecteur général), du corps national des ponts, routes et ports;

Fermin SANTA MARIA, chef de bureau au gouvernement civil de Valence;

Jayme ZACARÈS, secrétaire du tribunal des eaux de Valence;

Juan Vallejo, président du syndicat général du rio Turia, à Valence;

Antonio Mirallès, président du syndicat du grand canal royal du Jucar, et Francisco Fabra, acequiero mayor du même canal;

Miguel Alcaraz, alcade des eaux à Almansa;

Juan-Maria Vignau, syndic de la huerta d'Alicante;

Tomas Rovirá, directeur des travaux du syndicat de la même huerta;

Cayetano Delda et Luis Llorente, le premier, adjoint à l'alcade, et le second, syndic des eaux à Elche;

A Murcie, M. le vicomte de Huerta, sénateur du royaume, et M. Géronimo Ros, directeur des travaux du syndicat;

A Lorca, M. Antonio Marquez, président du syndicat;

A Grenade, M. Julian Valenzuela, l'un des commissaires de la Véga, et M. Pablo Clavero, géomètre expert;

A Cordoue, M. Milla, ingénieur en chef du corps national des ponts, routes et ports;

A Séville enfin, notre camarade M. Lionnet, ingénieur des ponts et chaussées, chef de l'exploitation du chemin de fer de Cordoue à Séville.

Nous devons aussi beaucoup au chaleureux patronage de M. Belvèze, chancelier chargé par intérim de la gestion du consulat de France à Valence, et de M. de Chambaud, vice-consul à Alicante.

Nous ne voulons pas omettre en terminant de mentionner les ouvrages ou brochures où il nous a été donné de puiser des renseignements utiles.

Nous citerons en première ligne le *Voyage en Espagne*, de M. Jaubert de Passa. Cet ouvrage écrit en 1819, a été traduit en espagnol et est très-répandu à Valence. Il traite des irrigations de Valence, de celles du Jucar et de celles de la Catalogne.

Nous avons eu entre les mains, pour les mêmes arrosages de Valence, un *Traité de la distribution des eaux de la rivière du Turia*, par M. Xavier Borrull [1].

Une brochure de M. Musso y Fontes, nous a été très-utile pour l'étude des irrigations de Lorca [2].

Nous avons également consulté avec fruit un mémoire sur les irrigations de Murcie, par D. Rafael de Mancha [3], et une notice sur les irrigations d'Alicante par D. Francisco de Estrada [4].

[1] *Tratado de la distribucion de las aguas del rio Turia*, por D. Francisco Xavier Borrull; 1831.

[2] *Historia de los riegos de Lorca*, por D. J. Musso y Fontes; Murcia, 1847.

[3] *Memoria sobre los riegos de la huerta de Murcia*, por D. Rafael de Mancha; 1836.

[4] *Reseña historica sobre las aguas con que se riega la huerta de Alicante*, por el excelentísimo Sor D. Francisco de Estrada; Alicante, 1860.

IRRIGATIONS

DU MIDI DE L'ESPAGNE

CHAPITRE I

IRRIGATIONS DE VALENCE.

Régime du rio Turia. — Description des canaux et des barrages de prise d'eau. Renseignements statistiques. — Détails historiques.

Les irrigations de Valence[1] sont faites par les eaux du Turia. Cette rivière, qui porte aussi le nom de Guadalaviar, prend sa source auprès de Téruel, dans la haute chaîne de montagnes qui sépare le bassin de la Méditerranée de celui de l'Océan ; son cours a un développement total d'environ 220 kilomètres, dont 206 en montagnes et 14 dans la plaine de Valence.

Sur toute la partie de ce cours située à l'amont de cette plaine il existe un grand nombre de prises d'eau, tant sur la rivière principale que sur ses affluents ; mais on ne saurait trouver dans ces irrigations aucun enseignement utile. Il n'y a à peu près nulle part de règlements écrits. Les usages varient à l'infini et font loi. Deux pierres bâties à

---

[1] Valence, chef-lieu de la province de ce nom. Sa population, en y comprenant les villages qui en dépendent, est de 106,000 habitants ; elle est *intrà-muros* de 66,000 âmes. Son port de mer est situé au bourg d'El Grao, à 2,500 mètres de la ville.

l'entrée du canal et qui existent là depuis un temps immémorial, constituent toute la réglementation de la prise d'eau.

C'est seulement lorsque les eaux, débouchant des montagnes, entrent dans la plaine de Valence, à 14 kilomètres de la mer, qu'on se trouve en présence d'un vaste système d'irrigation soumis à une administration régulière, et assujetti à des prises d'eau bien déterminées ; on est alors dans la *huerta* de Valence [1].

Le Turia est une rivière torrentielle à fond mobile. Sa largeur, dans la partie de son cours qui traverse la plaine, varie entre 50 et 100 mètres. Il charrie encore des galets de la grosseur du poing dans la partie supérieure, mais au droit de Valence, le lit ne renferme plus que du limon. Ses crues sont importantes. Elles atteignent des hauteurs de 5 à 6 mètres, et inondaient fréquemment la ville avant la construction des beaux quais qui encaissent la rivière et protègent aujourd'hui cette ville. Pendant l'été, le débit se réduit notablement, mais il reste néanmoins très-important au point de vue des irrigations. Vers le milieu du mois de

[1] Il ne faut pas donner à ce mot de *huerta* le sens qu'on lui donne généralement en France, d'après son étymologie latine (*hortus*, jardin). Le mot *huerta* représente, dans toute sa généralité, l'ensemble des terres qui peuvent s'arroser.

Les *campos huertos* (champs à l'arrosage) sont simplement l'opposé des *campos secanos* (champs sans arrosage).

Ce mot renferme toutefois une nuance, en ce sens qu'il s'applique seulement aux terres qui s'arrosent d'une manière intermittente ; mais les rizières, par exemple, qui doivent être constamment sous l'eau, ne sont pas comprises dans la dénomination de *huerta*.

Ainsi, les huertas ne comprennent pas seulement des jardins potagers, des vergers d'arbres fruitiers ; elles comprennent aussi des céréales, des vignes, des oliviers, toutes cultures qui, en Espagne, gagnent beaucoup à l'arrosage, mais pourraient à la rigueur s'en passer. Cette observation devait être faite pour expliquer le faible rapport qui existe sur beaucoup de points entre le volume d'eau disponible et la superficie des terrains désignés sous le nom de *huerta*.

juillet 1862, nous l'avons jaugé approximativement sur le barrage spécial construit depuis une douzaine d'années pour l'alimentation de la ville en eau potable, et qui se trouve situé à 800 mètres à l'amont du premier des barrages qui servent aux irrigations de la huerta. Nous avons trouvé un débit de $11^{m.c.},25$ par seconde. Il convient de remarquer qu'à cette époque les eaux n'étaient pas descendues à leur extrême étiage, et que l'année 1862 était une année assez favorisée sous le rapport de l'abondance des eaux. Il y en a de beaucoup plus sèches.

Les prises d'eau sont au nombre de huit. Elles s'échelonnent alternativement, quatre sur une rive, quatre sur l'autre, sur une étendue totale de 8 kilomètres. La première est placée à 11 kilomètres à l'amont de Valence. La plus rapprochée de cette ville en est distante de 3 kilomètres (voir la carte, pl. II)[1].

Ces prises d'eau sont toutes assurées au moyen de barrages en maçonnerie conçus dans les meilleures conditions pour résister aux affouillements. Très-peu de relief au-dessus du lit; ce sont plutôt des seuils invariables que des barrages. Pente·très-douce sur le couronnement, rarement supérieure à 1/10, souvent plus faible. Revêtement de tous les parements en grosses pierres de taille, quelquefois reliées par des crampons en fer.

Aux barrages se trouve toujours accolé un pertuis de $3^{m},50$ à 4 mètres de largeur, fermé soit par des madriers, soit par des vannes de fond; l'on ouvre ce pertuis au moment des crues, mais il a pour destination spéciale le service du flottage des bois.

Nous donnons (pl. II) le dessin de deux barrages de prise d'eau. L'un, celui du canal de Moncade, a son couronnement incliné suivant une pente uniforme. L'autre, celui du

---

[1] Cette carte est calquée sur celle publiée par M. Jaubert de Passa dans son *Voyage en Espagne*.

canal de Cuart, a son couronnement disposé par gradins. Ces deux types se reproduisent pour tous les autres.

Tous ces barrages datent des Maures, et l'on n'est pas fixé d'une manière très-catégorique sur leur système de fondation. On admet pourtant par tradition que le massif de maçonnerie descend à 4 ou 5 mètres au-dessous du lit, et qu'il repose sur des pieux battus en quinconce au fond de la fouille, les têtes de ces pieux étant noyées dans la maçonnerie. Quel que soit du reste le système des fondations, ce qu'il y a de certain, c'est que les dispositions adoptées dans le relief extérieur des ouvrages ont eu pour effet de ne pas provoquer les affouillements. On ne remarque au pied de ces barrages ni excavations profondes, ni désordres graves.

L'ouvrage de prise d'eau formant la tête de chaque canal consiste toujours en deux pertuis maçonnés de 1 à 2 mètres de largeur chacun, se fermant au moyen de vannes mues par des vis en bois. Ce système de ventellerie est enfermé dans une maisonnette placée à cheval sur les deux pertuis de prise d'eau. L'axe de ces pertuis est dirigé tantôt dans le sens du courant, perpendiculairement au barrage, tantôt normalement à la direction du courant, tantôt enfin suivant un angle plus ou moins aigu.

Pour chaque canal, la hauteur du seuil des pertuis par rapport à la crête du barrage, la largeur de ces pertuis, sont connues d'une façon précise et inscrites dans les archives des associations.

Quelles sont les règles qui ont présidé à la disposition de ces ouvrages de prise d'eau? Elles sont restées le secret des constructeurs. On ne peut admettre qu'il ait été fait usage des principes de la science hydraulique, qui n'existait pas à cette époque. Mais il paraît certain, à nos yeux, que les constructeurs, soit qu'ils aient procédé par tâtonnement, soit qu'ils aient appliqué des règles empiriques fondées sur leur expérience, sont arrivés assez approximativement aux résultats qu'ils voulaient atteindre. Nous en donnerons pour preuve l'observation suivante.

La dotation de chaque canal de la huerta est déterminée (on le verra plus loin) par une unité dont la valeur absolue est peu connue ; cette unité est le *filet d'eau* (fila).

Quelle que soit la valeur de ce filet d'eau, le fait positif est celui-ci, qu'en temps d'étiage normal, les eaux du Turia, en arrivant à la plaine de Valence, doivent fournir 138 filets, qui se répartissent entre toutes les prises d'eau, et doivent être entièrement absorbés par ces prises. Sur ce nombre, la dotation d'un des canaux de la plaine (celui de Cuart) est de 14 filets. Ce canal devait donc débiter, le jour où nous avons fait le jaugeage dont il a été question plus haut, et qui a accusé $11^{m.c.},25$ par seconde, les $14/138$ de $11^{m.c.},25$, soit $1^{m.c.},14$.

Or un jaugeage direct, fait à la tête du canal de Cuart, nous a donné $1^{m.c.},32$.

Il n'est pas possible de dire, devant un pareil résultat, que l'arbitraire seul a présidé à la disposition de ces prises d'eau.

Ainsi qu'on l'a vu plus haut, le nombre des prises d'eau est de huit, et elles alimentent chacune un canal principal qui, se ramifiant en une foule de bras secondaires et de petites rigoles, porte la vie et la fécondité sur toute la surface de la huerta.

Les canaux principaux portent les noms des villages les plus importants dont ils desservent le territoire. On distingue, en suivant l'ordre des prises d'eau de l'amont à l'aval :

Le canal de Moncade, sur la rive gauche ;
    —   de Cuart, sur la rive droite ;
    —   de Tormos, sur la rive gauche ;
    —   de Mislata, sur la rive droite ;
    —   de Mestalla, sur la rive gauche ;
    —   de Favara, sur la rive droite ;

Le canal de Rascaña, sur la rive gauche ;
.—   de la Rovella, sur la rive droite [1].

Le plus important de ces canaux, celui de Moncade, a un développement total de 20 kilomètres.

Le développement de chacun des sept autres varie entre 10 kilomètres (canal de Tormos) et 5,500 mètres (canal de Rascaña).

Les huit dans leur ensemble présentent une longueur de 70 kilomètres.

Leur portée est essentiellement variable suivant la hauteur des eaux de la rivière. Quand les eaux sont surabondantes et qu'il existe un trop-plein s'écoulant à la mer, les prises d'eau cessent d'être réglées, et l'on ouvre plus ou moins les vannes, sans autre règle que les nécessités du moment.

La réglementation des prises d'eau existe seulement pour les époques où il n'y a pas d'eau surabondante. Dans ce cas, la réglementation résulte du fait même de l'ouverture de tous les pertuis. Chacun d'eux prend la quantité d'eau qui s'y engage naturellement, et toutes les eaux de la rivière se trouvent absorbées avant d'arriver au droit de Valence : c'est dans cet état que nous les avons vues.

Rien dans la disposition des ouvrages, rien dans les usages suivis, ne porte à supposer que la dotation des canaux ait jamais été mesurée en chiffres absolus. Cette idée est pourtant répandue dans le pays, et il ne nous paraît pas inutile d'en discuter la valeur.

Les règlements anciens fixent la dotation de chaque prise en adoptant pour unité le filet d'eau (*fila*).

---

[1] Le barrage de la Rovella ayant été fortement dégradé par une inondation vers le milieu du dix-huitième siècle, il intervint entre les tenanciers de la Rovella et ceux de Favara une transaction par laquelle les eaux des deux canaux furent dérivées par le barrage seul de Favara. La répartition se fait ensuite en un point plus bas, sur le canal même de Favara.

Il n'y a donc plus maintenant que sept prises d'eau en rivière, bien qu'il y ait toujours huit canaux.

Le canal de Moncade a droit à	48 filets.
— Cuart..........	14
— Tormos........	10
— Mislata........	10
— Mestalla.......	14
— Favara........	14
— Rascaña.......	14
— la Rovella......	14
Total.......	138 filets.

Mais qu'est-ce que le filet d'eau de Valence?

Il s'est établi là-dessus des discussions très-nombreuses, qui n'ont pas encore abouti.

Au milieu d'une foule de définitions incomplètes, les seules qui soient fondées sur des principes hydrauliques sont celles données par D. Tomas Villanueva, D. José Soto, et D. José Cerbera. Les deux premiers définissent la fila le volume d'eau qui passe par un orifice carré ayant de côté 1 palmo valencien ($0^m,226$) et une vitesse de 4 palmos ($0^m,904$) par seconde. Cerbera adopte la même section, mais il admet une vitesse de 6 palmos ($1^m,356$).

Avec la première définition, la fila correspondrait à un débit de 46 litres par seconde; avec la seconde, ce serait un débit de 69 litres.

Nous ne connaissons pas les considérations sur lesquelles ces auteurs se sont appuyés pour justifier leurs définitions; mais elles ne doivent pas être très-concluantes, car l'auteur du Traité de la distribution des eaux du Turia, d'où nous extrayons ces détails, hésitant entre les deux définitions, ne trouve, pour se déterminer en faveur de la seconde, que le raisonnement suivant : « En tenant compte, dit-il, de l'étendue du territoire et du nombre de jours de rotation usité dans les arrosages, on trouve qu'avec la définition de Cerbera, la surface de la huerta reçoit à chaque arrosage une lame d'eau de 67 millimètres de hauteur, ce qui, ajoute-t-il, se rapproche beaucoup des observations faites dans d'autres pays pour la quantité d'eau nécessaire à l'arrosage. »

Quoi qu'il en soit, du reste, que cette définition coïncide avec les idées des auteurs des répartitions primitives, ou qu'on la considère comme une définition conventionnelle, il n'en est pas moins vrai qu'on est décidé à l'adopter. Mais il reste à trouver les formes de son application, c'est-à-dire à déterminer pratiquement les dispositions du module susceptible de fournir un débit de 69 litres à la seconde. La définition de Cerbera, toute théorique, ne donne aucune indication à ce sujet.

Ces modifications dans les prises d'eau, qui n'existent encore qu'à l'état de tendances, rencontrent dès à présent une grande opposition dans les masses. Et si l'on veut nous permettre d'émettre une opinion, bien hasardée peut-être, en raison de la rapidité de l'étude que nous avons faite, nous dirons que, suivant nous, les masses ont raison. Voici nos motifs :

En étudiant les autres centres d'irrigation du midi de l'Espagne, dont les répartitions primitives remontent presque toutes, de même que celles de Valence, à l'époque des Maures, nous avons vu que partout ces répartitions sont faites, non par volumes fixes, mais par parties aliquotes du débit total.

Il en est ainsi à Alicante, à Elche, à Murcie, à Lorca, à Grenade.

Si de l'Espagne nous passons à l'Algérie[1], les réparti-

---

[1] Il existe dans les irrigations de Valence et celles des Arabes de l'Algérie des similitudes de mesures qui permettent de rapporter les usages de ces deux pays à une souche commune.

Ainsi, dans les usages arabes, on emploie quelquefois pour mesure la *tuile d'eau*. C'est le volume qui passe dans une tuile ordinaire placée, la concavité vers le ciel, de façon à arraser la crête d'un batardeau, alors que l'eau retenue par ce batardeau en affleure la crête. Cette mesure, assez originale, se retrouve à Valence ; il en est question à l'article 49 du

tions sont faites sur les mêmes bases. Nous croyons donc pouvoir poser en principe que les répartitions d'eau ont toujours été faites par ce peuple d'après le principe de la proportionnalité. Et d'ailleurs n'est-ce pas l'idée simple, rationnelle ? Avec le système de la proportionnalité, chacun jouit de l'abondance des eaux ou souffre de la sécheresse, au prorata des intérêts qu'il a engagés dans l'association, et c'est en somme, ce nous semble, la meilleure des solutions.

Il n'y a, suivant nous, aucune raison pour admettre que les Maures aient procédé à Valence d'une façon différente que dans les autres localités. Il y a plus, la manière dont sont établies les prises d'eau tend à prouver qu'ils n'ont jamais voulu établir autre chose que des répartitions proportionnelles.

Si donc l'on a tant de peine à se mettre d'accord sur la définition de cette prétendue unité qu'on appelle *fila,* c'est parce que la fila ne représente pas une unité absolue, mais simplement une partie aliquote égale au $\frac{1}{138}$ du débit total.

La discussion à laquelle nous venons de nous livrer explique l'assertion émise plus haut, que la portée des canaux de Valence est essentiellement variable, suivant la hauteur des eaux de la rivière.

On peut toutefois,.pour se donner un aperçu de la manière dont les eaux sont réparties sur les diverses parties du territoire, calculer pour chaque canal la portée légale qui correspond à un état donné de la rivière. Ce calcul est facile en considérant le nombre de filas afférent à chaque canal comme un coefficient proportionnel.

Nous prendrons pour état normal de la rivière celui qui correspond au débit de 11$^{\text{m.c.}}$,25 constaté par nous au milieu de juillet. Ce n'est pas là un chiffre quelconque ne portant

règlement du canal de Tormos, à l'article 108 du règlement de Mestalla, à l'article 94 du règlement de Benacher y Faitanar.

avec lui aucun enseignement. Le hasard a voulu que nous arrivassions à Valence à une époque et dans une année où les irrigations se faisaient dans les conditions les plus normales qu'il fût possible de désirer, sans qu'il y eût de l'eau excédante se perdant à la mer, sans qu'il y eût non plus de ces disettes d'eau, assez fréquentes du reste, qui exigent des mesures administratives exceptionnelles, dont nous nous occuperons plus loin en traitant du régime administratif des canaux.

Nous pourrons ainsi dresser le tableau suivant, qui résume les détails les plus essentiels des irrigations valenciennes, et sur lequel nous avons fait figurer en outre, pour compléter ces détails statistiques, le nombre de moulins à farine ou à riz mis en jeu par chaque canal.

NOMS des CANAUX	Dotation des canaux énoncée en filas.	Coefficient du débit.	Débit par seconde correspondant à un étiage normal de la rivière de 11 m.c.,25.	Etendue de la zone correspondant à chaque canal.	Quantité d'eau correspondant à l'irrigation d'un hectare exprimée en débit continu par seconde.	Nombre de moulins à farine ou à riz.
			m.c.	hectares.	litres.	
Canal de Moncade....	48	0.3475	3.910	3.190	1.22	27
— de Cuart.....	14	0.1015	1.142	1.540	0.74	4
— de Tormos.....	10	0 0725	0.815	913	0.88	7
— de Mislata.....	10	0.0725	0.815	847	0.96	6
— de Mestalla....	14	0.1015	1.142	1.159	0.98	22
— de Favara.....	14	0.1015	1.142	1.552	0.73	24
— de Rascaña....	14	0.1015	1.142	784	1.45	16
— de la Rovella..	14	0.1015	1.142	515	2.21	6
	138	1.0000	11.250	10.500		112

Les chiffres qui figurent dans la cinquième colonne sont extraits du Traité de la distribution des eaux du Turia, déjà cité. Il en résulte que l'étendue totale de la huerta de Valence est de 10,500 hectares [1].

[1] En mesures valenciennes, cette superficie est fixée par l'auteur de l'ouvrage, Xavier Borrull, à 21,069 cahizadas, 2 hanegadas 3/4. La cahi-

Les chiffres de l'avant-dernière colonne, qui sont un élément important de toute étude d'irrigation, demandent quelques explications.

La forte dotation du canal de Moncade s'explique par son origine, par ses priviléges spéciaux, dont nous donnerons bientôt un aperçu.

La dotation du canal de la Rovella, qui s'élève au chiffre énorme de $2^{litr.},21$ par hectare, ne doit pas être considérée comme s'appliquant en entier aux irrigations ; une grande partie des eaux de ce canal est employée au lavage permanent des égouts de Valence, œuvre magnifique créée par les Maures, et sa forte dotation est établie sur des considérations d'hygiène publique.

Restent les six canaux intermédiaires, dont les dotations assez variables s'expliquent par les différences de cultures irrigables usitées dans la huerta. Celui de ces six canaux qui diffère le plus des autres est le canal de Rascaña, dont la dotation s'élève à $1^{litr.},45$. C'est que le canal de Rascaña dessert, de même que celui de la Rovella, les portions du territoire les plus voisines de la ville, portions extrêmement morcelées, et presque entièrement livrées à la culture maraîchère. Or on sait que le chiffre de $1^{litr.},45$ par seconde n'est pas trop élevé pour ce genre de culture. D'après les observations qu'il a faites dans le nord de l'Italie, M. Nadault de Buffon le porte au minimum à 1 litre, et au maximum à 2 litres. Nous-même, dans des observations faites en Algérie, sur le sol de la Métidja, nous avons trouvé $1^{litr.},65$.

Enfin, pour terminer les explications relatives au tableau ci-dessus, nous devons dire que tous les chiffres de

---

zada valant 49 ares 8657, et la hanegada étant le 1/6 d'une cahizada, cela fait exactement 10,506 hectares 43 ares 28 centiares.

Xavier Borrull relève l'erreur dans laquelle est tombé M. Jaubert de Passa, qui, dans son *Voyage en Espagne*, écrit en 1819, accuse une superficie de 232,922 hanegadas, soit 38,820 cahizadas, soit 19,357 hectares 86 ares 47 centiares.

l'avant-dernière colonne devraient être diminués d'une certaine quantité pour tenir compte des pertes dues à l'évaporation et à l'absorption des eaux par le sol des canaux et rigoles ; qu'il faudrait en retrancher également la portion correspondante aux eaux de colature qui s'écoulent à la mer sans utilité. Mais nous ne possédons pas de données certaines à ce sujet.

Il est essentiel du reste de remarquer que tous ces chiffres représentent simplement la consommation d'eau moyenne par hectare sur chacune des zones du territoire de la huerta. Mais comme chacune de ces zones renferme des cultures excessivement dissemblables sous le rapport de la quantité d'eau dont elles ont besoin, depuis les jardinages, qui réclament beaucoup d'eau jusqu'aux céréales, qui en demandent très-peu, il serait erroné d'appliquer aucun de ces chiffres à un genre déterminé de culture. On se fera une idée de la grande variété des cultures de la huerta par les détails qui suivent. Voici l'assolement usité depuis des siècles :

En mars on sème le chanvre, qui se récolte au milieu de juillet.

Aussitôt après on sème les haricots, qui se récoltent fin octobre.

En novembre on sème le blé, dont la récolte se fait au milieu de juin.

De suite après on sème le maïs, qui s'enlève à la fin d'octobre.

D'octobre à mars on laboure et l'on prépare la terre.

Cet assolement biennal produit donc quatre récoltes. On fume la terre avant le chanvre et le maïs ; on ne fume pas les haricots ni le blé.

En outre des terres livrées à cet assolement et qui comprennent la grande culture, il y a les terres de jardinage proprement dites, qui produisent incessamment des pois, artichauts, piments, melons, etc., à la volonté du propriétaire et à force de fumier et d'arrosage.

On emploie le fumier d'étable, mais principalement le guano.

Dans les environs de Valence, les terres de la huerta se vendent de 9,000 à 11,000 francs l'hectare.

Dans les parties éloignées de Valence, les mêmes terres valent encore de 5,000 à 6,500 francs.

Enfin, pour donner le dernier terme de cette échelle comparative et fixer du même coup l'augmentation de valeur que l'arrosage donne au sol, nous dirons que les meilleures terres des parties non irrigables (*secanos*) n'atteignent jamais une valeur de vente supérieure à 1,000 francs. Leur prix est généralement bien au-dessous de ce chiffre.

Dans la monographie des irrigations de Valence à laquelle nous venons de nous livrer, nous n'avons pas encore dit un mot du régime administratif des canaux. Ce sujet est tellement important que nous avons cru devoir l'isoler dans des chapitres séparés. Toutefois, pour justifier les divisions qui seront faites dans ces chapitres, il est indispensable que nous disions quelques mots sur l'origine de ces divers canaux.

Ils datent tous de l'époque des Maures. Lorsqu'en l'année 1238 le roi Don Jayme Ier d'Aragon conquit Valence sur les Maures, il trouva tous les canaux établis. Ce fait historique important résulte d'un décret de 1239, qui a pour objet la concession des sept derniers canaux du Turia. Il est écrit en langue limosine qui était alors la langue vulgaire. En voici la traduction prise dans l'ouvrage de M. Jaubert de Passa :

« Jacques Ier, roi.

« Pour nous et pour nos successeurs, nous donnons et concédons pour toujours à vous tous réunis, et à chacun des habitants ou *pobladors* [1] de la cité du royaume de Va-

---

[1] On désigne ici sous le nom de *pobladors* les fondateurs d'une colonie.   (*Note de M. Jaubert de Passa.*)

lence et des divers terroirs dudit royaume, toutes et chacune des *acequias*[1] franches et libres, principales, moyennes
et petites, avec leurs eaux, leurs prises, et avec les conduits
de ces mêmes eaux, comme aussi les eaux de fontaines ; à
l'exception de l'acequia real qui se dirige vers Puçol[2], desquelles acequias ou fontaines vous posséderez pour toujours
les eaux, les prises et les divers conduits soit de nuit, soit
de jour, de telle sorte que vous pourrez toujours arroser
et prendre l'eau sans servitude, sans corvée et sans tribut ;
enfin vous jouirez desdites eaux selon qu'anciennement on
l'avait établi et pratiqué du temps des Sarrasins. »

On voit par cet acte que le roi se réserva d'abord le canal de Puzol, appelé bientôt canal royal de Moncade. Mais
après quelques années, l'agriculture se développant, et le
trésor royal ayant sans doute besoin d'argent, le roi Don
Jayme céda ce canal aux usagers moyennant la somme de
5,000 sous, ancienne monnaie d'or, sur la valeur de laquelle
nous ne sommes pas bien fixé, mais qui représentait une valeur considérable.

C'est en l'an 1268 qu'eut lieu cette cession, et il ne nous
paraît pas sans intérêt d'en donner encore le texte, que nous
prenons dans l'ouvrage de M. Jaubert de Passa :

« Nous, Don Jayme, par la grâce de Dieu, roi d'Aragon,
de Mayorque, de Valence, comte de Barcelone et d'Urgel,
seigneur de Montpellier, pour nous et nos successeurs,
donnons et octroyons à perpétuité à vous tous en général et
à chacun en particulier, qui possédez ou posséderez des
châteaux, biens patrimoniaux, métairies, ou toute autre espèce de propriété, situés dans le territoire du canal de Moncade, ce même canal appelé Royal, libre et affranchi de
toute servitude, de toute imposition royale ou particulière,
ainsi que vous en avez joui jusqu'à ce jour, avec ses déri-

---

[1] *Acequia,* canal.
[2] C'est l'acequia ou canal de Moncade.

vations et ses rigoles grandes et petites, faites ou à faire,
et avec toutes les eaux qui couleront dans icelles; voulant
que vous et vos successeurs puissiez librement et perpé-
tuellement arroser, moudre et faire desdites eaux tout ce
qui vous paraîtra bon et utile à vous et à vos propriétés,
sans aucun empêchement ni opposition de notre part, ni de
celle de nos successeurs ou ayants cause, nonobstant tout
fuero ou statut rendu ou à rendre portant réserve en notre faveur dudit canal. Octroyons et concédons à vous et
les vôtres la faculté d'établir, à votre volonté, un ou plusieurs *cequieros* [1], exerçant sur ledit canal la même autorité
qu'exercent les *cequieros* des autres *acequias* du royaume de
Valence, laquelle faculté vous est dévolue dans l'étendue
de nos domaines, ainsi que sur tout autre terroir sur lequel il
vous paraîtra convenable d'en user selon que vos intérêts
vous le conseilleront. Promettons à vous et les vôtres de ne
jamais révoquer la présente donation, ni de la faire révoquer ou suspendre, de ne jamais y contrevenir soit directement, soit par nos agents; de ne point permettre que, par
nous et nos successeurs, vous soyez contrariés ni molestés
sur le fait dudit canal. Voulons également et vous octroyons, pour nous et nos successeurs, que personne ne
puisse arroser ni se servir des eaux dudit canal, ni moudre
au moyen d'icelles sans votre permission, réservant toutefois à vos moulins et à ceux qui nous appartiennent, ou qui
sont sujets à cens ou à toute autre redevance, le droit de
jouir de l'eau ainsi qu'ils en ont joui jusqu'à ce jour. Ordonnons à nos lieutenants, bayles, autorités locales, et à
tous autres officiers ou substituts, présents et à venir, de
tenir pour stable la présente donation ou concession, de
la maintenir et de la faire maintenir. Que si quelqu'un con-
trevenait à notre présente donation ou concession, il en-

---

[1] *Cequieros*, agents chargés de l'administration de la cequia ou
acequia.

courra notre disgrâce et notre indignation, et sera condamné à payer mille *morabetinos* au profit du Trésor, et son délit sera rendu public. Reconnaissons enfin avoir reçu de vous et à cause de la présente donation et concession, cinq mille sous monnaie de Valence.

« Donné à Valence, le 9 mai de l'an de grâce 1268. Mar-♃-que de nous Don Jayme, par la grâce de Dieu roi d'Aragon, de Mayorque et de Valence, comte de Barcelone et d'Urgel et seigneur de Montpellier. »

Bien que, dans ces deux actes, la concession des canaux soit faite en termes à peu près aussi absolus, on voit pourtant que le second diffère du premier par la suppression de cette phrase caractéristique : « Vous jouirez desdites eaux selon qu'anciennement on l'avait établi et pratiqué du temps des Sarrasins. » C'est que, pendant les vingt-huit ans écoulés depuis la conquête, le vainqueur, qui était resté maître du canal de Moncade, y avait sans aucun doute établi des règles nouvelles, et c'est avec ces règles que la concession fut faite.

Ainsi s'explique cette singulière anomalie par suite de laquelle les canaux de Turia, bien qu'étant contigus les uns aux autres, bien que concourant tous au même but, l'arrosage de la plaine de Valence, bien qu'ayant une origine commune, celle des Maures, se trouvent néanmoins soumis à deux régimes administratifs très-différents.

Ce sont ces deux régimes que nous allons étudier dans les chapitres suivants.

CHAPITRE II

Régime administratif des sept canaux de Cuart, Tormos, Mislata, Mestalla, Favara, Rascaña et Rovella.

———

Les sept canaux inférieurs de la plaine de Valence ont eu, de temps immémorial, des règlements ou plutôt des usages locaux. Le cadre de notre travail ne comporte pas l'étude de ces règlements anciens, qui ont tous été successivement abrogés par ceux aujourd'hui en vigueur. Mais on perdra, croyons-nous, peu de chose à ne pas les connaître, à en juger par certains passages du préambule de quelques-uns de ces règlements.

On lit, par exemple, dans le préambule de celui de Cuart, rédigé en 1709 :

« Considérant que toute communauté bien administrée doit être régie par des lois donnant des règles fixes, afin que chacun des membres de la communauté sache ce qu'il doit faire et observer, se renferme dans les limites des choses permises et n'excède pas ces limites par crainte du châtiment;

« Considérant que des usages, quelque légitime qu'en soit l'origine, ne suffisent pas pour lever les difficultés qu'on éprouve à exécuter les sentences contre les délinquants, si ces usages ne sont pas définis sous forme de lois et règlements écrits;

« Considérant que, dans la communauté de Cuart, il n'existe ni clauses ni ordonnances suffisamment authentiques, mais seulement quelques fragments de décrets qui n'ont aucune forme probante, et que, par ce motif, il n'est pas possible, dans bien des cas, de rendre effectives les peines qu'encourent beaucoup d'usagers ; que l'on ignore complétement les obligations de chacun des employés ; qu'il n'y a d'ailleurs aucune forme prescrite pour l'élection de ces employés, etc. »

On lit encore dans le préambule du règlement du canal de Mestalla, rédigé en 1771 :

« Considérant que, par suite de l'ancienneté, de l'imperfection, du défaut d'ordre et de clarté des anciens règlements, qui ont plus de cent vingt-huit ans de date, il arrive que l'*acequia* est plutôt régie par des usages et coutumes que par les règlements anciennement établis ; que cette situation donne lieu à un grand nombre de procès, et introduit beaucoup de confusion dans l'administration et la distribution des eaux ; qu'il manque, entre autres choses, l'autorisation royale nécessaire pour faire entre les intéressés la répartition des taxes correspondantes à l'entretien et au curage du canal, etc. »

Il n'y a qu'un mot pour caractériser une pareille situation, c'est celui d'anarchie. Il serait donc assez peu profitable de fouiller dans la poussière du passé pour faire l'histoire de ces irrigations anciennes. Tout l'intérêt doit être concentré sur les règlements qui ont amené l'ordre admirable qu'on remarque aujourd'hui. Au surplus tous ces règlements ont conservé ce qu'il y avait de bon dans les usages anciens, et toutes les fois qu'une prescription est basée sur un de ces usages, le règlement a le soin de le dire en employant la formule : *Conformément à l'usage immémorial*. Il sera donc toujours possible, même en n'étudiant que ces règlements, de faire, dans un intérêt historique, la part du passé.

Le règlement des sept canaux inférieurs de la plaine de Valence, qui sont aujourd'hui en vigueur, portent les dates suivantes :

La Rovella.   1699-1778
Favara.   1704
Cuart.   1709
Mislata.   1751
Rascaña.   1765
Mestalla.   1771

Celui de Tormos remontait également à la même époque,
au dix-huitième siècle, mais il a été modifié en 1843, dans
le but principal de mettre la pénalité en rapport avec la
valeur actuelle de l'argent, et l'on s'occupe en ce moment
d'une révision analogue pour les dix autres.

A ces sept règlements nous devons en ajouter deux autres qui s'appliquent à des branches secondaires très-importantes des canaux de Cuart et de Mislata. Le premier,
qui s'applique aux territoires de Benacher et Faitanar, porte
la date de 1740. Le second, relatif au territoire de Chirivella, porte la date de 1792.

Ce sont ces neuf règlements que nous voudrions faire
connaître, mais nous ne devons pas dissimuler notre embarras.

Ces neufs règlements occupent, dans le recueil que nous
avons sous les yeux, 400 pages in-8°. Le plus court, celui de
Tormos, a 53 articles. Le plus long, celui de Benacher et
Faitanar, en a jusqu'à 183. L'un dans l'autre, ils en ont en
moyenne 90 chacun. L'énumération sèche de ces articles,
même en laissant de côté ceux qui ne présentent qu'un intérêt secondaire, ne serait pas d'une lecture soutenable.
C'est sous une autre forme qu'il faut les présenter.

Nous élaguerons d'abord tout ce qui ne présente qu'un
intérêt purement local comme étant relatif à la répartition des
eaux sur telle et telle partie du territoire ; tout ce qui touche
à la fixation du salaire des employés ; car, sous ce rapport,
ce qui a lieu en Espagne ne saurait être d'aucun enseignement en France. Nous ne suivrons pas les règlements dans

les détails très-minutieux qu'ils donnent sur le mode d'élection ; nous abrégerons enfin la nomenclature excessivement détaillée des obligations imposées à chacun des employés, notamment celles relatives aux employés inférieurs.

Grâce à ces élagages, nous pourrons présenter sur un relief très-saillant les principes fondamentaux des institutions, ceux qui peuvent réellement donner des enseignements profitables, de tous les temps et de tous les pays.

Quant aux personnes qui voudraient entrer plus intimement dans l'étude de ces règlements, elles trouveront à l'appendice la traduction de celui de Tormos, le plus récent de tous.

Nous allons commencer par mettre en relief un principe qui se rattache plutôt au mode de constitution de la propriété qu'à l'administration proprement dite.

I. — Constitution de la propriété des eaux.

Dans la plaine de Valence l'eau est annexe de la terre. Nul ne peut vendre une terre sans vendre en même temps ses droits à l'arrosage. Nul ne peut vendre son eau isolément et déshériter par ce fait une terre qui en aurait joui jusqu'alors. Cette prohibition s'applique non-seulement aux ventes et cessions définitives, mais encore aux ventes d'un simple tour d'arrosage.

Ce principe ressort des termes mêmes de l'acte de concession du roi Don Jayme Ier, dont le texte a été donné plus haut. Les eaux ont été concédées à chacun des propriétaires dans le but déterminé que chacun d'eux en ferait l'application à ses terres. Si un propriétaire n'en fait pas usage, il est libre, mais alors la concession faite à son profit cesse, et les eaux non utilisées font retour à la masse commune.

Cette idée est tellement enracinée dans l'esprit des populations, que des administrateurs de ces arrosages nous ont assuré n'avoir jamais eu à s'occuper d'une question pareille, et que si jamais un propriétaire émettait la prétention de trafiquer de ses eaux comme d'une chose lui appartenant en propre, cette prétention serait immédiatement repoussée par le texte même de l'acte de concession.

Il est regrettable, ce nous semble, que les règlements des associations, qui entrent dans des détails si minutieux, aient négligé de s'expliquer sur cette importante question. Un seul de ces règlements s'en occupe, et le fait d'ailleurs d'une manière très-explicite ; c'est celui de Benacher y Faitanar.

On y lit :

« ARTICLE 22. Les tenanciers qui, après avoir pris leur eau, la donneront, la vendront ou la céderont, encourront une amende de 60 sous (10 fr. 50 c.), sans qu'il soit permis aux employés de leur faire grâce.

« ART. 73. Nul arrosant ne peut prêter son eau à un autre sans la permission de tous les propriétaires et le consentement formel de celui, de ces propriétaires qui pourra éprouver un préjudice de ce fait ; il est défendu aux employés d'user de tolérance à cet égard, sous peine d'une amende de 60 sous (10 fr. 50 c.), dont les deux tiers payables à celui qui aura porté la plainte. »

Les principes que nous allons maintenant faire ressortir appartiennent à l'administration proprement dite, et sont insérés sous une forme ou sous une autre dans les règlements de toutes les acequias. Afin de les présenter d'une manière plus nette et plus méthodique, nous consacrerons à chacun d'eux un paragraphe spécial.

II. — Mode de rédaction ou de révision des règlements.

Tous les usagers de l'acequia se réunissent en assemblée générale, et nomment à la majorité des voix une commission chargée d'étudier ou de reviser le règlement. Cette commission a reçu quelquefois les pleins pouvoirs pour arrêter le travail et le faire approuver (règlement de Cuart, 1709); mais en général la délégation ne concerne que la préparation du travail. Un acte devant notaire précise la portée de la délégation. Lorsque le travail est élaboré, la commission le soumet à l'assemblée générale, qui le vote ou le modifie.

Le règlement, ainsi délibéré par les usagers eux-mêmes, est soumis à l'autorité supérieure de la province : au dix-huitième siècle, c'était à la royale audience ou cour de justice (règlement de Mestalla, 1771); de nos jours, c'est au gouverneur civil siégeant au sein de la députation provinciale[1] (règlement de Tormos, 1843). Après ces diverses phases d'instruction, le règlement est définitivement envoyé à l'administration centale et fait l'objet d'un décret (*Real Orden*).

Toutefois, lorsque le règlement ne concerne qu'un centre d'irrigation isolé, sans liens communs avec des centres voisins, le gouverneur civil de la province a le pouvoir de l'approuver et de le rendre exécutoire. Mais ce n'est pas le cas des règlements de la huerta de Valence.

III. — Des assemblées générales.

Les usagers de chaque acequia se réunissent en assemblée générale à des époques fixes, généralement tous les deux ans. Les principales attributions de ces assemblées sont la nomination, à la majorité des voix, des personnes qui doivent constituer le comité permanent d'administration, dont il sera question au paragraphe suivant, et le vote des taxes.

La nomination des membres du comité d'administration

---

[1] Le gouverneur civil, ou chef politique supérieur, remplit dans chaque province des fonctions analogues à celles de nos préfets. Les députations provinciales sont l'équivalent de nos conseils généraux.

se fait en général sur une liste double ou triple présentée par le comité d'administration sortant.

Le vote des taxes est quelquefois délégué par l'assemblée générale au comité d'administration.

L'assemblée générale doit aussi résoudre toutes les questions importantes qui peuvent se présenter, et pour lesquelles le comité d'administration ne se croit pas les pouvoirs nécessaires. Ce comité a le droit de la convoquer extraordinairement quand il le juge nécessaire.

Tous les propriétaires compris dans la communauté en font partie. Dans quelques-unes pourtant, comme celle de Tormos, les propriétaires d'une contenance inférieure à deux cahizadas (16^{ar},61) en sont exclus. Chacun des votants ne dispose que d'une voix, quelle que soit l'étendue de terre qu'il représente, alors même qu'il serait chargé des pouvoirs de plusieurs autres propriétaires.

L'agitation inhérente à ces assemblées publiques a fait sentir depuis longtemps la nécessité de réglementer le mode de présentation des questions qui leur sont soumises. On lit dans le règlement du canal de Mestalla :

« ARTICLE 9. Considérant le grand nombre d'observations hors de propos et d'avis opposés qui se produisent dans les assemblées générales, sans que souvent l'on puisse s'entendre, en raison des cabales passionnées qui s'agitent, plus dans le but de disputer que pour arriver au bien, nous arrêtons et ordonnons que, dans l'avenir, quelles que soient les prétentions des usagers, ceux-ci aient à les soumettre au comité d'administration, pour qu'il soit décidé s'il est convenable aux intérêts de la communauté d'y avoir égard ; et dans le cas de l'affirmative, le syndic présentera la proposition à l'assemblée générale pour qu'elle y soit discutée et qu'on ait à se conformer à la décision de la majorité. »

Les assemblées générales sont ordinairement présidées par le comité d'administration. Cette règle souffre quelques exceptions : dans la communauté de Mestalla elles sont présidées par l'alcade de Valence. Dans celle de Tormos, dont le règlement est récent, la présidence est donnée au gouverneur civil.

IV. — Constitution des pouvoirs. — Syndic. — Élus. — Employés secondaires.

Le premier des fonctionnaires d'une communauté d'arrosage, c'est le syndic. Nous ne voyons pas dans les institutions françaises de fonctions qui puissent être comparées aux siennes. D'un côté, par l'infériorité de sa position sociale, par les détails matériels dont il est tenu de s'occuper, par la responsabilité pécuniaire qui lui est imposée, s'il laisse en souffrance quelques-unes de ses obligations, on serait tenté de le considérer comme un employé très-secondaire. Mais il est en même temps le premier administrateur du canal, le dispensateur des fonds de la communauté, le régulateur suprême des répartitions d'eau en temps de sécheresse; et enfin et par-dessus tout, il est constitué, de concert avec les syndics des autres acequias de la huerta, juge sans appel de toutes les contestations relatives aux arrosages.

Les conditions exigées pour être nommé syndic sont : d'être *Laboureur,* d'une honorabilité sans tache, de posséder en propre dans la zone de l'acequia une certaine étendue de terre, de ne rien devoir à la communauté, de n'être pas propriétaire de moulin.

Savoir lire et écrire n'est pas partout chose indispensable. Cette obligation apparaît pour la première fois dans le règlement de Tormos. Ce qui est surtout indispensable, c'est d'être laboureur, de conduire la charrue de ses propres mains. Un propriétaire rentier ne saurait être nommé. Cette qualité est tellement indispensable que, dans la langue officielle aussi bien que dans la langue usuelle, le mot de laboureur a été en quelque sorte soudé à celui de syndic ; dans la plupart des règlements le syndic est appelé d'un seul mot *syndic-laboureur* (sindico-labrador).

Le syndic est nommé à la majorité des voix par l'assemblée générale des usagers. La durée de ses fonctions varie d'une acequia à l'autre, entre deux, trois ou quatre ans. Presque partout il peut être réélu à l'expiration de son mandat.

La même assemblée générale nomme les Elus (*Electos*). Leur nombre varie suivant les acequias : celle de Cuart en a 6, celle de Mislata 5, celle de Tormos 8, etc. Ces élus forment la représentation légale de l'ensemble des usagers. Ils réunissent à très-peu près les mêmes attributions que les commissions syndicales dans nos institutions françaises.

Leurs fonctions durent le même nombre d'années que celles du syndic. Comme ce dernier, ils sont, en général, rééligibles.

Les élus, réunis au syndic, constituent l'autorité permanente de l'association, le comité d'administration (*Junta de gobierno*) ; mais il faut bien remarquer que, dans ce comité, la position du syndic n'a rien d'analogue à celle de nos présidents de syndicat. La présidence, dans la plupart des règlements, n'est donnée à personne, et le règlement récent de Tormos, le seul qui s'en occupe, donne cette présidence à un élu choisi parmi les propriétaires rentiers, ce qui exclut le syndic-laboureur.

Les fonctions de syndic et d'élu sont, pour la plupart des acequias, le produit de l'élection directe de l'assemblée générale. Il n'y a d'exception que pour celles de Favara et de la Rovella. Ces deux communautés nomment une commission, la première de vingt membres, et la seconde de quinze ; ce sont ces commissions qui sont chargées d'élire le syndic et les élus. Mais le principe est toujours le même.

Le choix des autres employés ou agents de la communauté est donné quelquefois, pour certains d'entre eux, à l'assemblée générale, mais c'est rare. Presque toujours ces employés, dont les uns sont temporaires et les autres permanents, sont à la nomination soit du syndic seul, soit du syndic réuni aux élus, ou autrement dit du comité d'administration.

Ces agents sont nombreux. On compte :

Le *Cequiero*[1], dont les fonctions équivalent à celle d'un conducteur de travaux. Il est chargé, sous les ordres du syndic, de tout ce qui est relatif à l'entretien et au curage des canaux, lorsque ces travaux se font en régie. S'ils se font en vertu d'une adjudication, l'entrepreneur remplace le cequiero :

Les *Veedores* ou Inspecteurs. Leurs fonctions consistent à inspecter les travaux de curage et d'entretien, quand ils se font par entreprise. Elles consistent surtout à assister le syndic dans l'appréciation des arrosages hors tour qu'il faut donner aux terres pour sauver les récoltes au moment des sécheresses, ainsi qu'on le verra plus loin.

Les *Atandadores*[2] ou surveillants des tours d'arrosage. Nul ne peut arroser si l'atandador, appréciant que le champ supérieur est convenablement arrosé, ne lui permet de prendre l'eau. Le nombre de ces agents est fixé par le syndic pour chaque bras ou rigole secondaire ; mais leur nomination est laissée quelquefois aux usagers eux-mêmes de chaque bras qui forment à cet effet une petite assemblée spéciale. (Règlement de Tormos, art. 18.)

Le *Garde*, qui est spécialement chargé de parcourir incessamment l'acequia pour détourner les obstacles qui

---

[1] Le mot *cequiero* vient de *cequia*, qui, dans l'idiome valencien, a la même signification que *acequia* en castillan. Acequia signifie la branche mère, à l'exclusion des bras secondaires et rigoles, qui sont désignés par les mots de *brazos, filas, rolls*, etc.

[2] *Atandador* vient du mot *tanda*, qui signifie *tour d'arrosage*.

s'opposeraient au libre cours des eaux ; de veiller au barrage de prise d'eau, de fermer les vannes au moment des crues, de faire couler l'eau à pleins bords dans le canal toutes les fois que l'état de la rivière le permet, et de s'assurer que la dotation du canal n'est pas fraudée au moment de la sécheresse.

Le *Collecteur*, chargé de percevoir les taxes.

Enfin, le *Notaire* et l'*Avocat* pour la passation des actes et pour la défense en justice des intérêts de la communauté.

V. — Vote, répartition et perception des taxes.

Ainsi qu'on l'a dit plus haut, les taxes sont votées en principe par l'assemblée générale, et quelquefois par le comité d'administration, agissant en vertu d'une délégation spéciale de l'assemblée.

On distingue les taxes extraordinaires, qui ne sont votées que pour faire face à des dépenses tout à fait exceptionnelles, et les taxes ordinaires, qui sont votées régulièrement tous les ans, pour couvrir les frais de personnel, les frais de curage et ceux relatifs à ces mille réparations de plus ou moins d'importance qu'entraîne chaque jour l'entretien des canaux.

Dans beaucoup d'associations, les taxes ordinaires sont partagées en deux catégories : l'une est la taxe proprement dite (*Tacha*), et l'autre le *Cequiage*, ou portion de la taxe applicable spécialement aux curages.

Dans quatre associations il n'existe pas de limite au montant des taxes ; l'assemblée générale peut voter tout ce qu'elle estime nécessaire : ce sont celles de Cuart, Favara, Rovella et Benacher y Faitanar.

Le règlement de Tormos impose au vote de l'assemblée générale le maximum de 7 réaux par cahizada (3 fr. 70 c.

par hectare [1]) pour la taxe ordinaire, sans distinction entre la *tacha* et le *cequiage* ; mais il autorise toutes les sommes qui seront votées sous le nom d'impôts extraordinaires.

Le règlement de Mestalla impose pour maximum, sans distinction entre la *tacha* et le *cequiage*, 1 fr. 75 c. par hectare (5 sous valenciens par cahizada [2]).

Dans les règlements de Mislata et de Chirivella, le maximum de la taxe est de 4 fr. 20 c. par hectare (12 sous par cahizada), se décomposant en 2 fr. 80 c. de *tacha* et 1 fr. 40 c. de *cequiage*;

Enfin, dans le règlement de Rascaña, il y a un maximum de 2 fr. 10 c. par hectare (6 sous par cahizada), se décomposant en 1 fr. 05 c. pour la *tacha* et 1 fr. 05 c. pour le *cequiage*.

On voit, par la manière même dont l'impôt est voté, que chacun des membres de l'association paye proportionnellement à la superficie qu'il possède. Il y a pourtant une exception à cette règle dans le règlement de Mestalla. Les articles 12 et 14 stipulent que le montant de la somme totale à répartir sera partagée en trois parties égales, dont une sera payée par les propriétaires de moulins au prorata de leur nombre de meules, et les deux autres seront partagées par égales parts entre les trois bras dans lesquels se divise l'acequia. La part de l'impôt afférente à chacun des bras doit être partagée entre les propriétés desservies par ces bras, proportionnellement à leur étendue ; « et bien qu'il ne corresponde pas à chaque bras le même nombre de cahizadas, le partage de la taxe entre chacun des trois bras ne se fera pas moins par parties égales, par le motif que la quantité d'eau reçue pour chacun d'eux est la même. » Il résulte de là que la répartition des taxes est faite ici pro-

---

[1] Un réal vaut 0f,263. Une cahizada vaut 49a,8657.

[2] Le sou valencien vaut 0f,175.

portionnellement au volume d'eau que chaque propriété reçoit ou du moins a le droit de recevoir.

La perception des taxes est faite par le collecteur. Les moyens d'action contre les contribuables en retard sont très-énergiques. Tout individu qui n'a pas payé dans les délais fixés est privé de l'eau d'arrosage d'une manière absolue. S'il la prend malgré cette défense, il est passible d'une amende de 25 livres valenciennes [1] (92 francs). S'il est démontré que l'eau lui a été donnée par un employé du canal, c'est celui-ci qui paye l'amende de 25 livres. Cette amende est la même dans tous les règlements, excepté dans celui de Tormos, où elle est réduite à 150 réaux (39 fr. 45 c.).

Nous venons de dire que la perception des taxes était faite par le collecteur. Il y a dans certains cas une exception en ce qui concerne la taxe du cequiage spéciale aux curages : c'est lorsqu'on met les travaux en adjudication. Dans ces adjudications, les concurrents, qui sont d'ailleurs tenus de déposer un cautionnement, s'engagent à exécuter les curages conformément aux clauses du devis, et moyennant la somme de... par cahizada. L'adjudication est tranchée en faveur de celui des concurrents qui a demandé la moindre somme par unité de surface. Dans ce cas, l'entrepreneur a l'obligation de percevoir lui-même les taxes de cequiage, et il est investi des pouvoirs nécessaires à cet effet.

VI. — Mode d'exécution des travaux.

Les travaux de curage et d'entretien et les réparations simples s'exécutent tantôt en régie, tantôt par entreprise. Ce dernier mode est généralement recommandé.

Dans le premier cas, les travaux sont dirigés par l'employé nommé *cequiero*, sous l'autorité du syndic.

---

[1] La livre valencienne vaut 3 fr. 68 c.

Dans le second cas, ils sont faits par l'entrepreneur, sous la surveillance des *veedores* ou inspecteurs ; et l'eau n'est remise dans le canal que lorsque les travaux ont été reçus par le syndic.

Le comité d'administration ne fait faire aux frais de l'association que les travaux de curage et d'entretien relatifs au barrage de prise d'eau et à la branche mère ou acequia. Le curage de tous les bras secondaires et rigoles est laissé à la charge des riverains, qui sont tenus de curer, chacun en droit soi. Si le curage n'est pas fait dans les délais fixés par le syndic, celui-ci le fait faire en régie, aux frais des riverains.

Les règlements ne s'occupent guère en détail que de ces travaux d'entretien et réparations simples. Pour les travaux exceptionnels donnant lieu au vote d'une imposition extraordinaire, le comité d'administration fait intervenir des hommes spéciaux, qu'il charge de rédiger les projets et devis, et qui sont pris en dehors du personnel normal de l'association. Les travaux s'exécutent suivant le mode que le comité juge le plus opportun d'adopter.

VII. — Règles relatives à la répartition des eaux.

Mécanisme réglementaire presque nul ; intervention incessante des employés et agents pour apprécier l'état de souffrance où peuvent être les récoltes et y porter secours par des suppléments d'eau : tel est, en deux mots, le caractère essentiel des répartitions qui se font dans la plaine de Valence.

Pour apprécier la sagesse de cette idée, pour se rendre compte de la possibilité de son application, il faut se reporter à ce que nous avons dit au chapitre 1er sur la grande variété des cultures usitées dans la huerta, depuis les céréales, qui absorbent très-peu d'eau et peuvent à la rigueur s'en passer, jusqu'aux jardins maraîchers, qui en exigent un grand volume.

Dans les pays où la répartition des eaux est faite d'une manière invariable et mécanique, où chaque propriété reçoit les eaux pendant un nombre fixe d'heures à chaque tour d'arrosage, il appartient au propriétaire de régler chaque année l'étendue de terrain qu'il met à l'arrosage, en raison de la quantité d'eau à laquelle il a droit et du genre de culture qu'il adopte.

A Valence, il n'en est pas ainsi. Chaque propriétaire est libre de faire sur toute l'étendue de sa propriété le genre de culture qui lui convient le mieux, et l'administration lui donne, dans les limites du possible, toute l'eau dont il peut avoir besoin. Si l'on supposait que l'étendue totale ou seulement une notable partie de la huerta pût être, une année, livrée à la culture maraîchère, par exemple, il est évident qu'un pareil système conduirait à des conséquences désastreuses, car le volume d'eau disponible serait en disproportion complète avec les besoins. Mais c'est là une supposition entièrement spéculative. La loi économique, qui veut que la production des denrées soit en rapport de la la consommation, a pour conséquence d'établir un juste équilibre entre les diverses natures de cultures, et le propriétaire n'a pas trop à craindre de voir périr par le manque d'eau la culture qu'il s'est décidé à faire. Ce dernier résultat toutefois ne s'obtient que par l'intervention incessante des employés.

Pour se rendre un compte exact de la manière dont fonctionne cette partie de l'administration des arrosages, il faut distinguer trois époques : les époques d'abondance, celles d'étiage ordinaire, celles de sécheresse exceptionnelle. Pour les deux premières époques, il n'y a d'autre différence que celle-ci : c'est que dans un cas on fait entrer l'eau dans l'acequia à pleins bords, et que dans l'autre on se contente de la dotation afférente à l'acequia, ainsi qu'il a été expliqué au chapitre 1er.

Disons maintenant qu'à chaque bras ou rigole secondaire correspond une zone déterminée de terrains, et qu'il est défendu d'une manière absolue aux usagers d'en porter les eaux sur une autre zone. Ajoutons que le volume d'eau qui doit entrer dans chacun de ces bras ou rigoles est déterminé par des vannes ou orifices à parois maçonnées dont les dimensions sont les mêmes de temps immémorial ; que certains d'entre eux reçoivent l'eau d'une manière continue ; que d'autres ne la reçoivent que d'une manière intermittente tels et tels jours de la semaine.

Tous ces détails sont réglés d'une manière invariable par les règlements. C'est le seul détail matériel absolu qu'ils comportent. Ils comportent encore un principe également absolu : c'est que l'eau ne rétrograde jamais. L'arrosage pour chaque bras ou rigole commence par le premier champ à l'amont et se continue sans interruption jusqu'au dernier, pour recommencer ensuite à l'amont. Dans les bras intermittents, si toute la zone n'a pu être arrosée dans un tour, l'arrosage reprend au tour suivant par le champ qui vient immédiatement après le dernier arrosé.

Le temps d'arrosage accordé à chaque champ n'a d'autre limite que les besoins de ce champ. C'est l'*atandador* ou inspecteur des tours d'arrosage qui apprécie le moment où il faut retirer l'eau d'un champ pour la donner à un autre. Nul usager ne peut prendre les eaux lui-même ; mais il est tenu de faire l'arrosage ; il n'y a pas d'arroseurs publics.

Dans les deux périodes d'abondance et d'étiage ordinaire dont nous nous occupons en ce moment, et surtout dans la dernière, il arrive quelquefois que des champs sont en souffrance. Le syndic doit leur accorder un supplément d'eau, appelée *Eau de grâce*. Ce supplément est pris sur les bras dont les récoltes ne périclitent pas.

Mais dans les époques de sécheresse extraordinaire, qui

se présentent du reste assez souvent, toutes les règles relatives et à la dotation des branches mères, et à la répartition de l'eau dans les zones, sont modifiées.

Les syndics de toutes les associations dont nous nous
occupons ici se réunissent et décident s'il y a lieu d'a-
dopter le *tandeo* ou régime du temps de disette, et de réclamer l'application des priviléges octroyés par le roi Don
Jayme Ier aux sept acequias inférieures de la plaine.

Ces priviléges consistent en ceci :

1° Les prises d'eau des villages de Pedralba, Villamarchante, Benaguacil et Ribarroja, situés dans la montagne,
à l'amont de la huerta de Valence, doivent être fermées
pendant quatre jours et quatre nuits consécutifs, et leurs
eaux affectées aux sept acequias inférieures de la plaine, à
l'exception de l'acequia de Moncade, qui, on se le rappelle,
est la première de celles de la plaine, mais 'est soumise à
un régime différent ;

2° L'acequia de Moncade elle-même doit céder pendant
quarante-huit heures de chaque semaine, les lundi et mardi,
le quart ou la moitié de ses eaux, suivant le cas ; mais ces
eaux, cédées par Moncade, sont destinées uniquement aux
quatre acequias inférieures, Mestalla, Favara, Rascaña et
Rovella, à l'exclusion des trois autres.

Lorsque les syndics réunis ont décidé qu'il y a nécessité
de réclamer ces eaux supplémentaires, ils s'adressent,
d'une part, à l'alcade de Valence pour obtenir l'autorisation
d'aller prendre les eaux aux villages de la montagne désignés ci-dessus, d'autre part, à l'autorité chargée de l'administration des eaux de Moncade, et ils montent tous ensemble, accompagnés de leurs gardes, pour mettre ces mesures
à exécution. S'il surgit des difficultés, le gouverneur civil
intervient.

Quelquefois la sécheresse est tellement forte, que ce
supplément d'eau n'est pas suffisant pour permettre de faire
convenablement les arrosages. Les eaux, ramifiées en une

foule de bras, ne marchent que lentement et ne peuvent pas toujours arriver aux limites extrêmes des territoires. Les syndics réunis décident alors que toutes les eaux seront affectées alternativement pendant deux jours aux acequias de la rive droite, et deux jours à celles de la rive gauche.

Après avoir pris en commun ces mesures relatives à l'alimentation des acequias ou branches mères, chacun des syndics rentre dans son rôle ordinaire et ne s'occupe plus que de la répartition entre les terres de l'association dont il fait partie.

Il n'y a plus en ce moment aucune régularité dans les tours d'arrosage; tout est laissé à l'appréciation du syndic, aidé des *veedores* (Inspecteurs). Leur seule obligation est de sauver les récoltes qui périclitent le plus, en donnant la préférence à certaines catégories protégées par l'usage; et, pour obtenir ce résultat, ils ont tout pouvoir pour fermer les vannes et enlever l'eau aux récoltes qui peuvent à la rigueur s'en passer. L'usager qui ouvrirait une vanne fermée par ordre du syndic est passible d'une forte amende.

Les chanvres passent en première ligne, c'est la culture réputée la plus riche. Il est à remarquer d'ailleurs que la récolte du chanvre se faisant au milieu de juillet, à une époque où la sécheresse ne se fait pas sentir depuis bien longtemps, il suffit toujours d'un seul arrosage, sous le régime du *tandeo*, pour sauver toutes les récoltes de chanvre. Quand le chanvre est arrosé, il y a pour chaque culture un ordre de préférence établi par l'usage. On donne l'eau aux cultures privilégiées, aux artichauts, par exemple. Si la quantité d'eau n'est pas suffisante pour permettre d'arroser assez tôt cette seconde nature de culture dans toute l'étendue du territoire, alors on ne donne à chaque champ d'artichauts que l'eau nécessaire pour arroser les trois quarts ou la moitié du champ; le reste est sacrifié, etc., etc.

Ainsi, dans les moments critiques de disette, le règlement cesse d'exister. Il n'y a d'autre règlement que l'obligation absolue imposée à chacun d'obéir aux décisions du syndic. L'intelligence et le sens pratique de celui-ci font tout.

VIII. — Responsabilité pécuniaire des employés.

Le principe de la responsabilité pécuniaire des employés et administrateurs est appliqué sur une très-large échelle. Exemple : toutes les fois que l'état de la rivière le permet, le garde est obligé de faire couler l'eau à pleins bords dans l'acequia. A défaut, il est puni d'une amende de 6 livres valenciennes la première fois, de 12 la seconde, de la révocation la troisième (art. 44 du règlement de Mislata).

Autre exemple : le même règlement impose au notaire de l'association d'inscrire sur le registre matricule toutes les mutations de propriété, et lui alloue 2 sous (0 fr. 35 c.) d'honoraires pour chaque inscription faite. Mais pour toute inscription omise, il y a une amende d'une livre (3 fr. 68 c.).

Le syndic lui-même, malgré l'éminence de ses fonctions, n'est pas exempté de ce genre de responsabilité. Les règlements les plus anciens surtout font peser sur lui des amendes très-nombreuses. D'après celui de Favara, le syndic est passible de 6 livres, s'il néglige de rendre compte aux élus des réparations urgentes qu'il y a à faire (art. 27). Il doit tenir la main à ce que le garde accomplisse ses obligations, et lui imposer au besoin l'amende prévue par le règlement, sous peine de payer lui-même une amende double (art. 28). S'il néglige d'assister aux curages, il est passible d'une amende de 30 sous par jour (art. 30). Il est défendu au syndic d'autoriser des barrages illicites dans l'acequia sous peine de 10 livres la première fois, 20 la seconde, et de privation d'emploi la troisième, etc., etc.

Ajoutons toutefois qu'en ce qui concerne le syndic, ce genre de responsabilité tend à disparaître des règlements. Dans celui de Tormos, la responsabilité est toujours impo-

sée, mais elle n'est plus précisée d'une façon aussi absolue, aussi matérielle, et l'on peut ajouter aussi blessante.
On a compris que la responsabilité morale est chose suffisante pour un employé de l'ordre des syndics. Rien, d'ailleurs, n'y est négligé pour que le syndic reste toujours bien
convaincu de la nécessité d'accomplir toutes ses obligations. L'article 11 donne au comité d'administration le droit
de statuer sur toutes les plaintes qui seraient faites par les
usagers contre le *syndic* et les autres employés.

Il est un cas pourtant où le règlement même de Tormos
se montre aussi rigoureux que les autres. C'est celui où,
dans un moment de disette, le syndic et avec lui le comité
d'administration auraient refusé l'eau à ceux qui en avaient
besoin, pour la donner à ceux qui invoqueraient des droits
et priviléges. Dans un cas pareil l'article 27 du règlement
impose une amende de 200 réaux (52 fr. 60 c.) au comité
d'administration lui-même.

IX. — Contraventions. — Pénalité.

Tous les règlements mentionnent avec précision les divers genres de contravention qui peuvent se commettre
dans la pratique des arrosages, et édictent pour chacune
d'elles une pénalité bien définie, dont le principe est toujours une amende proportionnée à la faute et la réparation
des dommages causés aux tiers.

Nous ne voudrions pas allonger inutilement ce paragraphe en donnant la nomenclature de ces amendes, d'autant
moins qu'elles sont variables d'une acequia à l'autre,
qu'elles ne sont plus en rapport avec la valeur actuelle de
l'argent, et que leur révision doit être faite dans un avenir
très-prochain. Le seul règlement qui puisse donner à cet
égard des indications profitables est celui de Tormos, qui
ne remonte qu'à 1843 ; mais comme nous donnons à l'ap-

pendice la traduction de ce règlement, nous ne pouvons mieux faire que d'y renvoyer le lecteur.

Les seuls principes généraux que nous ayons à faire ressortir ici sont les suivants :

Nul employé ne peut faire grâce de l'amende encourue, sous peine de la payer lui-même.

Tous les intéressés, soit employés, soit usagers, sont aptes à dénoncer une contravention. Le règlement de Mestalla est très-explicite à ce sujet. On y lit, article 103 : « Les contraventions pourront être dénoncées par tout administrateur ou employé de l'acequia, tels que syndic, sous-syndic, élus, cequiero, atandadores, garde ; ainsi que par tout autre intéressé, propriétaire ou fermier, et même par les domestiques à gages agissant par eux-mêmes, et par les fils de ces mêmes intéressés, agissant avec l'autorisation de leurs parents. Ces dénonciations doivent être faites au syndic ou, à son défaut, à l'un des élus, pour que ceux-ci y donnent la suite convenable. »

Nous traiterons, dans le paragraphe suivant, de la juridiction chargée de prononcer sur ces contravations.

X. — Du Tribunal des eaux.

L'institution qui va nous occuper est un monument remarquable des idées administratives et judiciaires du peuple maure ; elle s'est conservée à peu près intacte jusqu'à nos jours, et dans son esprit, et dans ses règles de procédure, et dans ses formes de représentation extérieure. C'est en quelque sorte une épave du temps. Le peuple l'entoure de la même vénération que s'il s'agissait d'un monument sacré de pierre ou de marbre ; et toutes les fois qu'un pouvoir a tenté d'y toucher, il a été obligé de reculer, sous la pression de l'opinion publique.

Chacun des règlements que nous sommes en train d'analyser impose à son syndic-laboureur l'obligation de se rendre tous les jeudis, de onze heures à midi, sur la place de la *Seo* ou cathédrale de Valence, à l'effet de juger, de concert avec les autres syndics, les plaintes formulées par les arrosants, de prononcer les amendes encourues, et de statuer sur toutes les affaires d'administration qui doivent être résolues en commun.

Cette réunion, qui porte le nom de *tribunal des eaux* (tribunal de aguas), se compose de huit syndics; ce sont ceux de Tormos, Mislata, Mestalla, Favara, Rascaña, Rovella, Cuart et Benacher y Faitanar. Celui de Chirivella n'en fait pas partie, parce qu'il ne représente qu'une minime fraction (1/5) des eaux de Mislata. Celui de Benacher y Faitanar y est admis, parce que le débit de cette branche de l'acequia de Cuart est très-important (la moitié).

Le tribunal des eaux a des attributions à la fois administratives et judiciaires. On a déjà vu dans les paragraphes précédents quelles étaient les circonstances où les attributions administratives des syndics réunis avaient le plus généralement lieu de s'exercer : c'est aux époques de disette, alors qu'il est indispensable de prendre des mesures en commun, soit pour réclamer les eaux des quatre prises situées dans la montagne, ou une partie de celles de Moncade, soit pour partager ces mêmes eaux à tour de rôle entre les deux rives du fleuve. Il y a là une idée administrative profonde et d'une grande sagesse. Les Maures avaient su comprendre qu'il n'était pas possible de laisser fonctionner constamment chaque acequia indépendamment l'une de l'autre; que dans certaines circonstances il était indispendable de créer entre elles un lien commun, une autorité centrale, et ils avaient constitué cette autorité par la réunion des premiers employés de chaque acequia.

Ils avaient de plus constitué cette réunion des syndics en tribunal chargé de prononcer sur les contraventions en matière d'arrosage, ainsi que sur les contestations survenues entre les usagers.

Ainsi qu'on l'a vu plus haut, les syndics qui composent le tribunal sont au nombre de huit, tant qu'il s'agit de débattre des questions administratives. Mais les attributions juridiques sont conférées seulement à sept d'entre eux. Le syndic de Cuart n'en jouit pas.

Tous les jeudis, à onze heures, la foule se réunit sur la place de la Sco, devant le portail latéral de la cathédrale, sur le parvis duquel doit siéger le tribunal.

Cet emplacement est le même que du temps des Maures; la tradition rapporte, en effet, que c'était là l'entrée principale de la mosquée arabe, et l'on sait, par ce qui se pratique encore de nos jours en pays musulmans, que c'est toujours au seuil des mosquées que se rend la justice. On apporte sur le parvis un grand divan de forme demi-circulaire. Les sept syndics-laboureurs, dans une mise décente, mais qui ne diffère en rien de leur mise des jours fériés, sortent de la foule et y prennent place. Autour d'eux se tiennent les gardes des acequias pour fournir les renseignements nécessaires, l'alguazil ou huissier du tribunal chargé d'appeler les causes, et le notaire chargé d'enregistrer les sentences, mais seulement lorsque les intéressés le requièrent. La foule se tient au pied du parvis, à quelques pas de distance.

Il y a là une mise en scène simple, digne, patriarcale, qui impressionne vivement, et qui justifie bien l'espèce de culte que le peuple valencien professe pour son tribunal des eaux.

Les causes appelées sont de deux sortes. Tantôt il s'agit de la répression d'une contravention dénoncée par un agent d'une des associations; tantôt c'est une plainte formulée par un usager contre un autre usager.

Dans tous les cas, le syndic de l'acequia de laquelle dépend la partie mise en cause est chargé en quelque sorte des fonctions de ministère public. C'est lui qui expose l'affaire et interroge les parties. Mais, afin de sauver son indépendance à l'égard de ses commettants, l'usage veut qu'il ne prenne pas part au vote. Quand la cause est entendue, les autres syndics se rapprochent en cercle, délibèrent à voix basse, et rendent immédiatement la sentence dans l'idiome même du peuple de Valence, ce qui, bien que secondaire, ne contribue pas peu à la popularité du tribunal.

La sentence est sans appel. Elle ne donne lieu à aucune écriture, à moins que les parties ne l'exigent, ainsi que nous l'avons dit plus haut en constatant la présence du notaire. Elle ne donne lieu non plus à aucuns frais, si les parties payent immédiatement l'amende ou la réparation des dommages; mais si elles résistent, le tribunal est armé des pouvoirs les plus étendus pour opérer des saisies jusqu'à complet payement, et dans ce cas l'amende est augmentée de quelques frais accessoires.

Les peines prononcées par le tribunal sont toujours celles édictées par le règlement de l'association à laquelle appartient le délinquant.

Le tribunal ne doit s'occuper que des questions de fait et de police concernant les arrosages, sans s'immiscer dans les questions de propriété[1].

Dans ces limites, la juridiction du tribunal n'est absolue et coercitive que pour ceux qui l'ont acceptée en comparaissant devant lui. Mais chacun a le droit de s'y soustraire, et l'on procède alors de la manière suivante : un individu est cité par le garde devant le tribunal des eaux. Il ne comparaît pas. Nouvelle citation pour le jeudi suivant. Nouvelle abstention. L'affaire est aussitôt transmise au gouverneur civil, qui en saisit le juge de première instance[2], et celui-ci

---

[1] Voir au chapitre XXIV le décret du 27 octobre 1848, qui a réglé les attributions juridiques de ces tribunaux privatifs.

[2] En Espagne, le tribunal de première instance ne se compose que d'un seul juge.

poursuit alors le délinquant suivant les formes du droit commun. Mais toute cette procédure fait beaucoup de frais ; on nous a montré une affaire dans laquelle une amende primitive de 70 réaux s'était élevée, avec les frais, à 470 réaux. Aussi est-il très-rare que les usagers refusent de comparaître devant le tribunal des eaux.

Ici se termine ce que nous avions à dire du régime administratif des sept acequias inférieures de la plaine de Valence. Il nous reste à parler de l'acequia royale de Moncade.

CHAPITRE III

Régime administratif du canal royal de Moncade.

———

On se rappelle ce que nous avons dit du canal de Moncade, au chapitre 1ᵉʳ. Il complète, avec les sept canaux dont nous venons de nous occuper, le réseau d'irrigation de la huerta de Valence ; mais en raison des circonstances dans lesquelles sa concession fut faite aux usagers par le roi Don Jayme Iᵉʳ, le régime d'administration auquel il est soumis n'est plus le même que celui des sept autres canaux.

Il n'existe pas de règlement bien précis pour le canal de Moncade, abrogeant tous ceux antérieurs, et faisant connaître d'une manière nette et méthodique la réglementation en vigueur. Les règlements de Moncade consistent dans une compilation assez indigeste, faite vers le milieu du dix-huitième siècle, de tous les décrets, concessions, statuts, règlements et fragments de règlements qui ont pu être retrouvés dans les archives, depuis la première concession du roi Don Jayme Iᵉʳ, qui remonte à l'an 1268, jusque vers la fin du dix-septième siècle.

M. Jaubert de Passa donne, dans son ouvrage, une traduction complète de ce travail. Il n'existe rien de plus nouveau.

Fidèle à la marche que nous avons adoptée dans le chapitre précédent, nous allons tâcher de mettre en relief les principes généraux : c'est la seule chose qui nous paraisse de quelque utilité.

On ne retrouve plus ici les assemblées générales d'usagers investies du droit de voter les impôts, et de nommer les personnes chargées de la représentation légale de la communauté. Ce droit d'élection directe s'est transformé de la manière suivante : sur les vingt-trois villages dont les territoires sont desservis par le canal, il en est douze dont les droits remontent à la concession du roi Don Jayme. Ces douze villages ont le privilége de fournir leur premier *regidor* (conseiller municipal), à l'effet de constituer la représentation de la communauté. Ces douze regidors prennent le nom de syndics ; ils sont bien, si l'on veut, le produit de l'élection, puisque c'est là le mode adopté pour la nomination des *ayuntamientos* (Conseils Municipaux) ; mais ce n'est plus une élection faite directement en vue des arrosages ; ce n'est pas d'ailleurs une élection faite par l'universalité des arrosants. On ne peut donc pas dire qu'il y ait ici une représentation légale émanée du suffrage universel.

Les douze syndics réunis nomment à tous les emplois, savoir :

Le *Cequiero real*, qui est le premier employé de la communauté ; il doit être d'une honorabilité parfaite, posséder des terres dans la zone du canal de Moncade, et ne pas en posséder dans la zone des autres canaux ;

Le *Greffier-laboureur*, qui doit être aussi usager de la communauté ; il assiste le cequiero real dans la plupart des affaires d'administration, et expédie les sentences et les ordres ;

Les *Veedores*, ou inspecteurs d'arrosage ;

Les *Gardes*, et enfin un *Avocat* et un *Notaire*.

Avant d'aller plus loin, il est essentiel de faire remarquer que la qualification de *syndic* employée dans le règlement de Moncade n'a plus du tout le même sens que dans les règlements des sept autres canaux inférieurs de la plaine. Les *syndics* de Moncade répondraient plutôt aux *élus* de ces derniers canaux, mais ils ont des attributions plus étendues.

Même observation pour le *cequiero real* de Moncade. Cette

qualification ne doit plus rappeler les cequieros des canaux inférieurs. Les fonctions de cequiero real répondent à celles de syndic dans les autres canaux, mais leurs attributions sont également plus étendues.

L'administration centrale du canal étant organisée comme il vient d'être dit, chacun des villages compris dans la communauté a le droit de nommer à l'élection un sous-cequiero, lequel remplit, dans les limites de son territoire, les mêmes fonctions que le cequiero real pour tout ce qui concerne la distribution des eaux, l'entretien et le curage des canaux secondaires et la perception des taxes.

Les taxes sont votées par les douze syndics et le cequiero real réunis. La taxe normale est de 10 sous valenciens par cahizada (3 fr. 51 c. par hectare). Le recouvrement est fait, à la diligence de ce dernier, soit par les sous-cequieros, soit par un collecteur, si les syndics estiment qu'il convient d'en nommer un.

Les taxes sont réparties entre les usagers proportionnellement à l'étendue de leurs propriétés.

La répartition des eaux n'est pas faite de la même manière que dans les autres parties de la huerta. Au lieu d'avoir simplement un tour successif d'arrosage, les usagers ont droit à l'eau à des jours et heures fixes. Il leur est défendu de la céder à leurs voisins ; il n'y a d'exception qu'en faveur des moulins. Un article du règlement porte que toutes les fois qu'une terre sera suffisamment arrosée, l'usager pourra disposer, en faveur des moulins, de la partie de l'eau qui lui appartient, sans encourir aucune peine.

Le tableau de répartition des jours et heures d'arrosage varie suivant que les eaux sont abondantes ou rares. Mais, dans les moments de sécheresse exceptionnelle, les syndics ont le pouvoir de suspendre l'application des tableaux de répartition et d'enlever l'eau aux cultures qui en ont le moins besoin.

Tout individu qui arrose sa terre hors des heures qui lui

sont assignées est passible d'une amende de 10 livres
(36 fr. 80 c.).

Tous les genres de contravention sont d'ailleurs prévus
avec la même précision que dans les règlements des autres
canaux, et frappés d'amendes proportionnées à leur importance.

Nul employé, pas même le cequiero real, ne peut remettre tout ou partie de l'amende encourue, sous peine de
la payer lui-même. Ce droit de remise est réservé aux
douze syndics, à la condition que leur décision soit prise à
l'unanimité. La responsabilité pécuniaire des employés est
excessivement rigoureuse. Il n'est pas une obligation imposée au cequiero real lui-même dont le non-accomplisse-
ment ne soit puni de l'amende. Les usagers ont même le
droit, après en avoir reçu l'autorisation des syndics, de
poursuivre le cequiero real, s'il néglige d'assurer au canal
la quantité d'eau à laquelle il a droit, s'il néglige de faire
curer le canal, de faire réparer les brèches, etc.

C'est au cequiero real qu'il appartient, en temps de sécheresse, de céder aux acequias inférieures de la plaine
une partie des eaux de Moncade, lorsqu'il en est requis par
les syndics de ces acequias ; mais il ne peut le faire sans
l'autorisation des syndics de Moncade, sous peine d'une
forte amende.

Quant à la juridiction chargée de la répression des contraventions et du jugement des contestations, elle est entièrement différente de celle du tribunal des eaux dont relèvent les acequias inférieures.

Le cequiero real est juge de première instance. On peut
appeler de sa décision devant les douze syndics ; et enfin
le jugement des syndics eux-mêmes peut donner lieu à un
dernier appel devant l'audience royale (cour de justice) de
Valence.

Cette juridiction des syndics pour tout ce qui concerne
les contestations relatives à l'usage des eaux a fait souvent

l'objet de tentatives d'empiétement, soit de la part des magistrats de Valence, soit de la part des juges au civil et au criminel ; mais ce privilége a été itérativement et plusieurs fois confirmé, dès le quatorzième siècle, par les rois Don Jayme II et Don Pedro. Il est depuis longtemps consacré d'une manière indiscutable, et tout individu qui appellerait d'un jugement du cequiero à une autre juridiction que celle des douze syndics est passible pour ce seul fait d'une amende de 25 livres (92 francs).

Telles sont les principales règles administratives qui régissent les arrosages du canal royal de Moncade. On voit quels sont les points où elles se rapprochent de celles admises dans les autres associations, quels sont ceux où elles s'en écartent.

Les différences les plus notables consistent dans le mode de nomination des représentants légaux de la communauté, et surtout dans la nature du tribunal chargé de juger les contestations et de statuer sur les délits. Au lieu de la procédure simple, sommaire et sans appel du tribunal des eaux, nous avons ici une procédure à trois degrés de juridiction, dont la dernière est la Royale Audience, c'est-à-dire la Cour d'appel de la justice ordinaire.

CHAPITRE IV

IRRIGATIONS DE VALENCE (SUITE).

Du syndicat général d'arrosage du Turia.

Pour compléter l'étude des arrosages de la plaine de Valence, il nous resterait à parler de la culture du riz, qui se pratique sur une échelle assez vaste dans les territoires de Rusafa et d'Alfafar, au sud-est de la ville. Ces irrigations sont loin d'avoir la même antiquité que celles de la huerta proprement dite ; elles ne datent guère que d'une quarantaine d'années, et le règlement qui les régit est du 15 mai 1842. Mais nous sentons le besoin d'abréger, et comme nous allons avoir bientôt à nous occuper spécialement des rizières en traitant des irrigations du grand canal du Jucar, comme d'ailleurs le règlement de ce dernier canal ne date que de 1845 et pourra dès lors nous faire connaître, tout aussi bien que celui des rizières du Turia, les principes modernes de l'administration, nous demandons la permission de passer outre.

Mais, tout en laissant de côté les rizières du Turia, il nous reste, pour terminer l'étude des irrigations de cette rivière, à faire connaître un document très-important : c'est le règlement du syndicat général du Turia , institué en 1853 pour centraliser l'administration des eaux de la rivière et de ses affluents, depuis sa source jusqu'à son embouchure [1].

---

[1] « Reglamento para el sindicato general de riegos del Rio Turia y sus afluentes en la provincia de Valencia, 11 de enero (janvier) de 1853. »

La nécessité de cette institution a dû se révéler déjà par plusieurs des détails que nous avons donnés dans les chapitres précédents. Nous avons dit qu'avant d'arriver à la plaine de Valence, le Turia subissait dans la montagne un très-grand nombre de saignées ; que ces saignées étaient faites sans autre réglementation que quelques pierres maçonnées placées sur les bords de la rivière depuis un temps immémorial ; que, parmi ces saignées, celles des quatre villages les plus rapprochés de la plaine étaient assujetties à être fermées dans les temps de disette, afin d'augmenter le volume des eaux destinées à la plaine. Nous avons dit encore que, pendant ces mêmes temps de disette, l'acequia de Moncade était obligée de céder aux quatre acequias inférieures la moitié ou au moins le quart de ses eaux.

Mais, pour que l'agriculture de la plaine ne périclite pas, il est essentiel de veiller à ce que les prises d'eau de la montagne soient réglementées ; et les anciens règlements que nous avons fait connaître, et qui s'occupent uniqucment du régime individuel de chacune des acequias de la plaine, ne traitent absolument pas des prises d'eau de la montagne.

D'un autre côté, dans la plaine même de Valence, il s'est élevé des doutes sur l'exactitude des dimensions qu'ont aujourd'hui certaines prises d'eau. Il y a là un travail de révision excessivement délicat à opérer, et les règlements anciens ne donnent à aucune autorité l'initiative de ces révisions.

Enfin on peut songer à parer aux disettes d'eau, qui désolent si souvent la huerta, par la construction de grands ouvrages de retenue dans la montagne ; mais encore ici il manque une autorité légalement chargée de l'initiative. Cette initiative pourrait sans contredit être prise par les gouverneurs civils, mais l'intervention trop directe de ces hauts fonctionnaires aurait porté une atteinte profonde au principe, consacré de temps immémorial, de l'adminis tration des arrosages par les intéressés eux-mêmes. Le gouvernement a voulu, tout en centralisant, conserver ce principe, et l'institution du syndicat général répond à cette idée.

Le problème à résoudre était délicat ; il s'agissait d'enter une institution nouvelle sur des institutions anciennes, de donner à celle-là des pouvoirs en quelque sorte supérieurs, tout en conservant à celles-ci les pouvoirs dont elles jouissaient depuis un temps immémorial. Il fallait surtout n'entamer en rien les attributions tant administratives que judiciaires du tribunal des eaux, cette idole du peuple Valencien.

Nous verrons plus loin que le syndicat général a rencontré et rencontre encore de nombreuses oppositions, et que son fonctionnement n'a pas encore pris des allures normales, par suite de la force d'inertie contre laquelle il vient se heurter. Mais quoi qu'il en soit de ces oppositions temporaires, qui tiennent très-probablement au système suivi pour le recrutement des membres du syndicat, système que l'on pourrait modifier sans inconvénient, il n'en est pas moins vrai que cette institution nouvelle répond à un besoin réel, et nous ne doutons pas que tôt ou tard elle n'arrive à prendre tout son développement, au grand bénéfice de l'agriculture.

Avant de faire connaître les principaux articles du règlement du syndicat général, il nous paraît utile de donner le texte du décret approbatif imprimé en tête de ce règlement. On y verra de quelles précautions le gouvernement s'entoure pour que l'opinion publique ne soit pas froissée sur la portée de l'institution nouvelle, en ce qui concerne le tribunal des eaux.

LE MINISTRE AU GOUVERNEUR CIVIL DE LA PROVINCE DE VALENCE.

« Madrid, 11 janvier 1853.

« Vu le projet de règlement du syndicat général d'arro-

sage du Turia, préparé par la commission élue en conformité des décrets des 10 février et 31 mars de l'année
passée ;

« Ouï le rapport du conseil provincial et celui du gouverneur civil de la province ;

« S. M. la Reine (que Dieu garde) a daigné approuver
l'institution dudit syndicat général pour les arrosages du
Turia, ainsi que le règlement dudit syndicat, que je vous
adresse ci-joint, revêtu de l'approbation royale.

« C'est la volonté expresse de Sa Majesté qu'il soit bien
entendu que le tribunal privatif des eaux de Valence, de
vénérable antiquité, reste maintenu, ainsi d'ailleurs qu'il est
dit dans le règlement même, et finalement qu'il ne soit rien
innové ni décidé par le syndicat en tout ce qui touche à la
question du régime général de disette (*tandeo general*),
qui fait l'objet d'une instruction spéciale à laquelle il sera
donné suite en son temps.

« Par ordre royal, je vous informe de ce qui précède
pour que vous y donniez la suite ordinaire. La présente
dépêche, ainsi que le règlement, seront imprimés dans le
bulletin officiel de ce ministère et dans celui de la province
de Valence, afin que nul n'en ignore. »

Le syndicat général est composé de sept membres :

1° Un des membres est nommé par l'ayuntamiento de la
ville de Valence, et pris parmi les conseillers municipaux;

2° Le second membre est nommé par le tribunal des
eaux, et pris également parmi les membres de ce tribunal.

Il y a de plus :

3° Un syndic pour représenter les acequias de la plaine
situées sur la rive gauche, Tormos, Rascaña et Mestalla ;

4° Un syndic pour représenter les acequias de la rive
droite, Rovella, Favara, Mislata, Cuart, Chirivella, Benacher y Faitanar;

5° Un syndic pour l'acequia de Moncade ;

6° Un syndic pour les villages de Rivarroja, Villamarchante, Benaguacil, Puebla de Vallbona, Pedralba et Bugarra. Ce sont les villages de la montagne dont les prises d'eau sont assujetties à être fermées en temps de disette ;

7° Un syndic pour les villages de Gestalgar, Chutilla, etc. (quinze villages situés plus à l'amont).

Les syndics désignés sous les n°⁸ 3, 4 et 5, qui représentent des centres d'irrigation pourvus de règlements, sont nommés par les comités d'administration des acequias comprises dans chaque section, lesdits comités devant se réunir à cet effet.

Quant aux syndics des sections désignées par les n°⁸ 6 et 7, qui n'ont pas de règlements d'arrosage, les ayuntamientos de chaque village nomment un délégué, et les délégués de tous les villages compris dans la même section se réunissent et élisent le syndic.

Le directeur du syndicat est pris parmi les syndics ; il est nommé par la Reine, sur une liste triple présentée par le syndicat lui-même, et sur le rapport du gouverneur civil de la province.

Les séances du syndicat sont présidées par le gouverneur civil ; en cas d'absence, elles le sont par le directeur du syndicat.

Telle est la composition du syndicat général. On voit que tous les intérêts y sont représentés avec le plus grand soin et qu'il est le produit de l'élection ; mais il y a dans ces élections un vice que nous ferons ressortir plus loin, et qui a les conséquences les plus graves pour la vitalité du syndicat.

Pour le moment nous allons continuer l'étude du règlement et faire connaître les attributions principales du syndicat. Nous n'avons rien de mieux à faire pour cela que de traduire les articles qui traitent de ces attributions ; ils feront parfaitement connaître l'esprit et la portée de l'institution.

« ARTICLE 23. Le syndicat a dans ses attributions :

« 1° La conservation et la surveillance de la distribution actuelle des eaux, pour qu'elle soit conforme aux royaux priviléges des rois Don Jayme Ier et Don Jayme II d'Aragon, aux sentences exécutoires, règlements en vigueur, usages et coutumes qui subsistent depuis un temps immémorial ;

« 2° La reconnaissance de toutes les prises d'eau de la rivière, et la fixation, conformément aux droits de chacune, des dimensions qu'elles doivent avoir, en rectifiant au besoin les embouchures de chaque acequia, pour qu'elles ne prennent que l'eau de leur dotation ; et, dans le cas où les intéressés ne seraient pas d'accord, le recours à l'autorité compétente pour obtenir qu'elle prescrive ce que le syndicat général croira juste. Sont réservés toutefois les droits privés pour être jugés par qui de droit.

« ART. 24. Il appartient au syndicat de faire auprès de l'autorité administrative compétente, et au besoin auprès du gouvernement, les démarches qui pourront être nécessaires :

« 1° Pour empêcher qu'à l'avenir on ne fasse sans l'autorisation royale de nouvelles dérivations du Turia ou de ses affluents, dans le but de mettre à l'arrosage des terres qui n'ont aucun droit à l'eau, ou dans tout autre but ;

« 2° Pour que, dans les provinces supérieures qui sont traversées par la rivière ou ses affluents, on ne fasse aucun ouvrage de nature à empêcher le libre cours des eaux, on ne mésuse de ces eaux sans profit, on ne s'en serve au préjudice de ceux qui y ont des droits dans la province de Valence ; et, dans ce but, le syndicat s'opposera par les moyens légaux 'à toute nouvelle concession qui pourrait être sollicitée dans lesdites provinces supérieures ;

« 3° Pour que, dans les mêmes provinces, on retire les eaux à tous ceux qui s'en servent aujourd'hui sans juste titre ;

« 4° Pour que, si la chose est possible, on obtienne la

centralisation de l'administration et de la direction supérieure de la rivière entre les mains de l'autorité administrative de la province de Valence, qui est la province littorale et celle dans laquelle les eaux s'emploient avec le plus de droit, d'extension et d'utilité générale.

« Art. 25. Il entre dans les attributions du syndicat d'assurer l'exécution des mesures spéciales qui pourront être prises en cas de disette, conformément aux priviléges royaux, usages et coutumes observés depuis un temps immémorial [1].

« Art. 26. Le syndicat statuera sur la construction de tous les ouvrages qu'il pourra être opportun de faire pour augmenter le volume des eaux de la rivière au bénéfice des irrigants de la province de Valence [2]. . . . .

. . . .

« Art. 27. Le syndicat étant directement chargé de l'administration, de la direction et de la police de la rivière, il lui appartient de faire exécuter les travaux nécessaires pour éviter les préjudices que les crues pourraient causer aux barrages, aux rives et aux embouchures des acequias. .

. . . .

« Art. 28. Le syndicat veillera à ce qu'il ne soit fait dans le lit, sur les rives, aux barrages ou aux prises d'eau, aucun ouvrage de maçonnerie, terrassement, fascinages ou plantations d'arbres, sans qu'il ait préalablement examiné

---

[1] Voici le texte : « Es de las atribuciones proprias del sindicato llevar a efecto el tandeo que en caso de necesidad se acuerde. »

Le syndicat n'est pas investi du droit de proclamer le *tandeo* ou régime de disette : c'eût été un empiétement sur les attributions séculaires du tribunal des eaux. Il est seulement chargé d'assurer l'exécution de la décision prise par le tribunal.

[2] Sous l'empire de cette clause, les ingénieurs du gouvernement ont étudié récemment un projet de barrage-réservoir à construire dans les gorges du Turia. Ce barrage doit avoir 35 mètres de hauteur. Il est projeté en maçonnerie, et doit être fondé sur le rocher.

si ces ouvrages ou plantations ne peuvent être nuisibles.

. . . .

. « Art. 29. Il appartient au syndicat de défendre devant les autorités ou tribunaux les droits de la généralité des arrosants. A cet effet, il devra être observé les règles suivantes :

« 1° Les questions de droit, qu'elles se rapportent à la propriété ou à la possession, sont de la compétence des tribunaux ordinaires. Les questions relatives à l'observation des règlements, répartition de taxes, règlements de comptes, difficultés avec les entrepreneurs, et celles qui peuvent être la conséquence d'un acte administratif, ressortissent au conseil provincial.

« 2° Le syndicat sera entendu dans toutes les demandes présentées à Sa Majesté ou à l'administration centrale, provinciale ou locale, et ayant trait aux concessions d'eau, à l'établissement de moulins et machines, à la conduite des bois de flottage, etc...., afin qu'il puisse sauvegarder les droits des irrigants, en faisant au besoin les réclamations nécessaires.

« Art. 30. Dans le même but, il veillera à ce que les acequias utilisent l'eau de leur dotation de la manière la plus avantageuse, en empêchant le gaspillage de ce puissant élément de richesse publique. Les syndics des acequias devront obéir sur ce point aux ordres du syndicat général, sauf leur recours devant l'autorité administrative, s'ils se croient lésés.

« Art. 31. Il veillera également à l'observation des règlements particuliers de chaque acequia ; et lorsqu'il ne pourra pas agir par lui-même, il rendra compte à l'autorité administrative des abus qu'il aura remarqués.

« Art. 32. Il proposera à la même autorité la réforme des règlements particuliers dans les parties qui lui paraîtront vicieuses ou incomplètes, notamment en ce qui concerne la pénalité. Il poussera à l'établissement de règlements pour les centres d'irrigation qui en manquent ; et dans l'un et l'autre cas, il devra tendre à donner à tous ces règlements une convenable uniformité sur tous les points qui ne dépendent pas de circonstances spéciales ou locales. . . . . .

« Art. 67. Les gardes du syndicat général veilleront à ce que chaque acequia ne prenne que l'eau à laquelle elle a droit ; et, à cet effet, ils seront dépositaires des clefs des mécanismes des vannes de prise d'eau. . . . .

·« Art. 68. En temps de disette, les gardes veilleront à ce que le *tandeo* s'observe en la forme prescrite, sans permettre que l'eau entre dans d'autres acequias que celles dont c'est le tour, et en plus grande quantité qu'il ne faut. Ils rendront immédiatement compte au directeur de tout abus qui pourrait être commis, et de toute menace, intimidation et violence dont ils pourraient être l'objet. . . . .

. . . .

« Art. 77. Est maintenu le tribunal privatif des eaux de Valence, de vénérable antiquité, composé des syndics particuliers des acequias, avec les attributions qui lui correspondent et que lui reconnaît et conserve le décret royal du 27 octobre 1848[1], pour la connaissance et le jugement sans appel des questions de fait et de police d'arrosage entre les usagers.

« Art. 78. . . . .

. . . .

« Attendu que l'action du syndicat général s'étend à tout ce qui concerne l'administration, la direction et la police de la rivière et de ses eaux, la distribution première de celles-ci, y compris les barrages des acequias, les vannes de prise d'eau et leurs mécanismes ; les fonctions des syndics et comités d'administration des acequias seront limitées, à l'avenir, à la distribution des eaux de ces acequias entre les usagers, à la police desdites eaux et autres affaires prévues

---

[1] Voir ce décret au chapitre XXIV.

par les règlements particuliers, en tout ce à quoi il n'est pas dérogé par les présents statuts. »

On voit, par ces citations du règlement, quel est le but et la haute portée de l'institution. Elle remédie à ce qu'il y a d'incomplet dans les vieux règlements ; elle crée un lien commun entre toutes les prises d'eau de la rivière, depuis sa source jusqu'à son embouchure, et n'ayant pas d'intérêt direct à favoriser une acequia plutôt qu'une autre, rendue maîtresse de toutes les prises d'eau, elle supprime toute tentative d'usurpation.

Cette idée d'un syndicat général embrassant tout le cours d'une rivière dénote, chez les administrateurs espagnols, un grande hauteur de vue, et le règlement dans lequel cette idée est formulée peut servir de modèle dans bien des cas, en Algérie notamment, où les rivières sont si peu abondantes, et où les prises d'eau inférieures ont si souvent à souffrir des prises faites dans la montagne. Toutefois ce règlement mérite une critique, critique qui ne l'atteint pas dans son principe, mais qui a trait à la manière même dont sont recrutés les membres du syndicat. Ce détail peut au premier abord paraître secondaire ; mais à Valence, en présence des coutumes et usages immémoriaux qui régissent les arrosages et auxquels le règlement nouveau, tout en respectant les principaux priviléges, a dû un peu toucher, ce détail du mode de nomination des syndics a pris une importance capitale, tellement capitale, que le fonctionnement du syndicat général s'en trouve paralysé.

Le nouveau règlement est resté jusqu'à ce jour à peu près à l'état de lettre morte, et le peu de vitalité dont le syndicat général ait pu faire preuve, s'est borné au contrôle exercé par ses gardes sur les réparations qui se sont faites aux barrages, non pas par les soins du syndicat général, comme le voudrait le nouveau règlement, mais bien, suivant l'antique usage, par les associations particulières.

L'explication de cette situation regrettable est simple :

c'est que le syndicat est composé de façon à avoir constamment dans son sein une majorité hostile à son fonctionnement.

Sur les sept membres qui le composent, il en est quatre, celui qui représente le tribunal des eaux et ceux qui représentent l'acequia de Moncade, les acequias de la rive gauche et les acequias de la rive droite, qui sont une émanation directe des anciens comités d'administration. Or il n'est pas besoin d'insister beaucoup pour faire comprendre que ces comités qui, par les articles 30 et 31 du règlement, sont placés sous la surveillance du syndicat général, que ces comités auxquels, par les articles 67 et 78, on enlève les clefs de leurs prises d'eau, soient hostiles au syndicat général. Celui-ci se brise contre la force d'inertie opposée par la majorité de ses membres.

Il ne nous appartient pas d'indiquer le remède à apporter au mal. Il nous semble pourtant que, si l'on veut faire fonctionner sérieusement cette utile et remarquable institution, il faudrait reviser complétement la partie du règlement relative à la nomination des syndics. Les syndics et élus des associations particulières, loin d'être appelés à désigner un membre du syndicat général, devraient, à notre sens, en être écartés, par ce seul fait qu'ils sont syndics et élus. Il n'y aurait d'exception qu'en faveur du tribunal des eaux; car, avec l'intention formelle, manifestée par le gouvernement, de respecter les prérogatives de ce tribunal, il est indispensable que celui-ci soit directement représenté dans le sein du syndicat général. Cela suffirait pour atteindre le but, et en admettant que ce syndic continuât à être hostile, cette hostilité ne serait plus du moins en majorité.

Quant au mode à adopter pour la nomination des trois syndics représentant les acequias de la huerta, nous ne voyons pas pourquoi l'on n'en confierait pas l'élection directement au suffrage universel des intéressés; ou bien, plus simplement peut-être, pourquoi l'on ne suivrait pas le

système admis pour la nomination des deux syndics qui représentent les usagers de la montagne, à savoir : désigna-
tion d'un délégué par les ayuntamientos de chacun des
villages compris dans une section, élection du syndic par
les délégués réunis.

On aurait ainsi, ce nous semble, quelque chance d'avoir
un syndicat général où la majorité ne serait pas hostile par
essence; et les divers intérêts en présence n'en seraient pas
moins bien représentés au sein de ce syndicat.

CHAPITRE V

Description du canal royal et de ses principaux ouvrages. — Détails
statistiques. — Culture du riz.

———

De même que le Turia, la rivière du Jucar prend sa source
dans la haute chaîne de montagnes qui sépare le bassin de
l'Océan de celui de la Méditerranée. Les deux vallées suivent des directions à peu près parallèles, et aux points où,
débouchant de la montagne, elles entrent dans la plaine qui
longe le littoral, elles ne sont séparées l'une de l'autre que
par une distance d'environ 30 kilomètres. Toute cette distance est livrée aux arrosages ; les eaux dérivées du Turia
sur la rive droite y occupent une largeur de 5 à 6 kilomètres. Le reste est fécondé par les eaux du Jucar.

Les arrosages du Jucar font donc imédiatement suite à
ceux du Turia, de façon à constituer avec ceux-ci, tout le
long du littoral espagnol, une magnifique zone de terrains
livrés sans lacune à l'arrosage, et dont la longueur totale,
comptée depuis Murviedro (ancienne Sagonte) jusqu'au
village de Cullera placé à l'embouchure du Jucar, n'est pas
inférieure à 60 kilomètres.

Le système de dérivation adopté sur le Jucar n'est pas le
même que sur le Turia. Au lieu d'avoir, comme dans la
plaine de Valence, une série de barrages échelonnés dans
le lit même de la rivière et donnant lieu à plusieurs canaux
indépendants, il n'y a ici qu'un barrage et une dérivation
unique.

Les eaux sont barrées au droit du village d'Antella, situé

dans la montagne, un peu à l'amont du débouché de la vallée dans la plaine. Elles entrent en entier (du moins au moment des bas étiages) dans un canal creusé sur la rive gauche de la rivière, et au pied des coteaux, et c'est de ce canal que les eaux sont dirigées dans les bras et rigoles secondaires (voir la carte, pl. III)[1].

La dérivation du Jucar est de beaucoup la plus importante de toutes celles que nous avons visitées pendant notre voyage. Son importance est telle qu'elle serait remarquée même dans les pays les plus favorisés par l'abondance des eaux, et pour fixer de suite les idées à cet égard, nous ferons connaître les dimensions générales du canal, et le débit qu'il comporte. Un jaugeage fait, le 18 juillet 1862, à 4 kilomètres environ à l'aval du barrage, nous a accusé $25^{m.c.},80$ par seconde[2]. En ce point, la largeur du canal, prise à la ligne d'eau, était de $11^m,50$, et la profondeur d'eau variait, dans la section transversale, entre 4 mètres et $4^m,60$.

On doit voir, par le seul énoncé de ces chiffres, de quelle importance sont les ouvrages dont nous allons avoir à nous occuper.

Étudions d'abord le barrage de prise d'eau (pl. IV).

Le barrage, nous l'avons déjà dit, est placé en face du village d'Antella, en un point où le régime de la rivière est caractérisé par les circonstances suivantes : lit mobile et affouillable, ne contenant que du sable et du gravier ; largeur entre les rives, 130 mètres ; hauteur des crues ordinaires, 5 mètres au-dessus de l'étiage ; hauteur de la plus forte crue connue (17 novembre 1805), $7^m,25$ au-dessus du

---

[1] Cette carte, comme celle de la plaine de Valence, est extraite de l'ouvrage de M. Jaubert de Passa.

[2] Ce jaugeage a été fait par la méthode des flotteurs. Les vitesses ont été observées au milieu et sur les bords, sur une longueur de 50 mètres, parfaitement rectiligne. Nous avions fait remonter un batelet, pour pouvoir faire l'opération.

même étiage. Débit d'étiage, variant de 24 à 32 mètres cubes à la seconde, suivant les années; en 1862, il était très-approximativement de 30 mètres cubes.

Le barrage relève les eaux à 4 mètres au-dessus de l'étiage normal de la rivière. Sa longueur totale est de 242 mètres, dont 138 mètres dirigés partie normalement et partie obliquement au thalweg; les 104 mètres restant sont parallèles à ce même thalweg, de façon à resserrer toutes les eaux le long de la rive gauche, et à former en quelque sorte, dans le lit même de la rivière, un prolongement du canal proprement dit.

Dans cette dernière partie du barrage sont ménagées quatre décharges de fond, dont la largeur varie de 2 mètres à $2^m,50$, et dont le radier est établi en contre-bas de la crête du barrage, à des hauteurs variant entre $2^m,10$ et $2^m,60$. Ces pertuis sont fermés simplement par de forts madriers de $0^m,12$ d'épaisseur appliqués horizontalement contre les feuillures de la maçonnerie, et que les éclusiers manœuvrent avec des harpons.

Le corps du barrage est tout en maçonnerie et revêtu extérieurement sur toutes ses faces par d'énormes pierres de taille parfaitement appareillées, et dont beaucoup sont reliées par des crampons en fer.

Le profil transversal de l'ouvrage présente une largeur colossale. La partie principale, revêtue en pierre de taille, a, dans certains points, jusqu'à 24 mètres de largeur; cette largeur n'est jamais inférieure à 17 mètres. A la suite vient une risberme en gros blocs maçonnés, dont la largeur varie entre 6 mètres et $10^m,70$. Et enfin, après cette risberme, il y a un tapis d'enrochements dont la largeur sur certains points atteint 57 mètres. Il en résulte que la largeur totale du barrage, y compris les maçonneries et les enrochements, arrive à 90 mètres.

Ces enrochements sont fixés au sol d'une manière particulière qu'il peut être intéressant de connaître. Perpendiculairement au courant qui vient du déversoir, et espacées de 4 à 5 mètres, on pose sur le sol des pièces de bois plates d'environ $0^m,20$ d'équarrissage; en travers et reposant sur les premières, des pièces en grume espacées d'environ $0^m,80$. Les pièces plates aussi bien que les rondes sont percées de trous carrés de $0^m,08$ de côté, à leurs points de croisement. On fait pénétrer dans ces trous des piquets ronds de $0^m,07$ à $0^m,08$ de diamètre, que l'on bat à la masse dans le sol jusqu'au refus; ils pénètrent généralement de 2 mètres à $2^m,50$, et l'on coince leurs extrémités dans les trous carrés des pièces de charpente. Ainsi tout ce grillage se trouve en quelque sorte chevillé dans le sol par une énorme quantité de piquets. On remplit enfin les cases du grillage avec une couche de gros enrochements que l'on coince entre eux. Les enrochements ainsi disposés ont de la stabilité; mais le système est d'un entretien très-coûteux par suite de la pourriture des bois, qu'il faut remplacer tous les cinq ou six ans.

En raison de l'énorme largeur du profil transversal, l'inclinaison de la crête du barrage est excessivement douce. Elle atteint au plus 10 pour 100 sur le profil AB (fig. 1, pl. IV), et ne s'élève qu'à $0^m,065$ par mètre sur le profil GH (fig. 3, pl. IV). Les travaux accessoires à la suite, tels que la risberme de libages et le glacis d'enrochements, ont des pentes encore plus faibles.

La construction de cet ouvrage remonte à la fin du siècle dernier; mais toute la partie comprise entre la rive droite et l'emplacement des deux pertuis accolés, fut emportée par une crue, en 1828, et sa reconstruction n'a été terminée qu'en 1835[1]. Nous ne savons pas de quelle façon est fondée la première partie; mais quant à la seconde, nous

---

[1] Cette date est consacrée par une plaque de marbre placée au-dessus de la porte de la maison des vannes. On y voit que ce travail fut fait sur les fonds de la communauté (*de los caudales de la comunidad de regantes*).

avons rencontré sur les lieux un garde du canal, qui y avait travaillé comme ouvrier, et qui nous a expliqué que la hauteur totale des maçonneries était d'environ 6^{m},50, que la fouille avait été entièrement ouverte dans le gravier, que le fond de la fouille avait été garni de pieux battus en quinconce à la sonnette, avec une fiche de 4 à 5 mètres, et que les têtes de ces pieux étaient noyées dans les premières assises de la maçonnerie. C'est d'après ces renseignements que nous avons dessiné (pl. IV) la section intérieure du barrage.

Par ses dimensions colossales, par le luxe de ses matériaux, cet ouvrage fait l'admiration de la foule ; mais l'ingénieur doit l'examiner d'un œil plus sévère.

Le principe adopté d'une pente superficielle excessivement douce, dans le but d'amortir les affouillements, est certainement excellent ; mais ce principe demande à être combiné avec celui des chutes brusques, sans quoi il conduit à des surépaisseurs qui sont inadmissibles. C'est pour ne pas avoir eu égard à cette considération que les constructeurs du barrage du Jucar ont été conduits à ce fabuleux profil de 90 mètres de largeur pour un relèvement d'eau de 4 mètres. On verra du reste plus loin, dans le barrage de Murcie, un exemple remarquable de la combinaison que nous indiquons ici. On en verra aussi bientôt un, sur le canal même du Jucar, dans les déversoirs de superficie qui sont placés le long du canal. Ces déversoirs eussent pu donner, sauf quelques légères modifications, un excellent type des dispositions à adopter pour le barrage lui-même.

Ainsi considéré dans son ensemble, le barrage du Jucar ne nous paraît pas une œuvre à imiter.

Nous ne critiquerons pas d'une manière générale l'emploi de la pierre de taille comme revêtement. C'est évidemment très-coûteux, mais cette partie des barrages est exposée à des corrosions si violentes que, lorsqu'on emploie des moellons smillés de dimensions ordinaires, présentant des joints très-multipliés, assez larges et peu profonds, on est presque toujours conduit à les sceller au ciment. Or il est des localités où l'emploi de la pierre de taille peut ne pas être plus coûteux que celui du ciment sur une aussi vaste échelle.

Quant à la défense en enrochements placée au pied de l'ouvrage, elle ne répond nullement à l'idée que le mot d'enrochements réveille dans l'esprit ; ce n'est plus une défense mobile destinée à combler l'affouillement au fur et à mesure qu'il se produit, c'est simplement un glacis d'une grande largeur et d'une pente presque insensible. Peut-être, en maçonnant les enrochements qui le composent, obtiendrait-on, sans plus de frais, une défense aussi efficace et dont l'entretien serait bien moins dispendieux, en raison de la suppression du grillage en charpente ; il faut reconnaître pourtant que ce grillage produit de bons effets en empêchant la propagation des dégradations ; nous avons vu des compartiments dégarnis depuis plusieurs années sans que le mal se soit aggravé.

Les eaux arrêtées par le barrage s'engagent dans le canal, en passant sous un pont éclusé de trois arches ayant chacune 2 mètres de largeur. Ces arches supportent une maisonnette d'environ 10 mètres de long sur 5 de large, dans laquelle sont placés les mécanismes des vannes. Deux de ces vannes sont mues par une grosse vis en bois : un seul homme, armé d'un grand levier, suffit à la manœuvre. Le mécanisme de la troisième a été remplacé, depuis quelques années, par une crémaillère et des roues dentées ; mais on préfère le vieux système.

Donnons quelques détails sur le tracé et les principales dispositions du canal.

Ainsi qu'on le verra plus loin, la construction du canal remonte à deux époques très-éloignées l'une de l'autre. Le canal ancien (voir la carte, pl. III) ne portait guère les arrosages au delà du *Barranco* d'Alginet[1]. Mais, vers la fin du dernier siècle, le duc de Hijar obtint la concession de la seconde partie, et la fit construire jusqu'à son embouchure dans le barranco de Catarroja, sur la rive gauche duquel finissent les arrosages de la huerta de Valence.

C'est vers cette époque que fut construit le grand barrage en maçonnerie que nous avons décrit plus haut. Jusque-là, le barrage avait simplement consisté en enrochements à pierres perdues. On en voit encore les restes dans la rivière sur une assez grande longueur, et il suffit d'indiquer ce mode de construction, qui laisse perdre une si grande quantité d'eau, pour faire comprendre combien les irrigations anciennes du Jucar étaient peu comparables à celles d'aujourd'hui. Du reste, il n'y avait alors qu'une seule vanne d'entrée, au lieu des trois actuelles.

C'est encore vers la même époque que la partie ancienne du canal fut agrandie et perfectionnée ; mais on en dut conserver le tracé, et ce tracé est loin d'être parfait. Il présente des coudes que rien ne justifie ; quelques-uns sont tellement brusques qu'ils se rapprochent de l'angle droit. Les pentes sont très-irrégulières. Les ponts, trop étroits, sont pleins jusqu'à la clef, et occasionnent à l'aval des remous violents qui corrodent les rives. La deuxième partie, celle construite par le duc de Hijar, est à l'abri de ces reproches.

Cette part faite à la critique, voici qui mérite d'être remarqué.

---

[1] Nous conserverons dans notre texte le mot de *barranco*, parce qu'il a une signification précise à laquelle ne répond que très-imparfaitement notre mot générique de *torrent*. Le barranco est un torrent d'un développement assez court, recevant les eaux pluviales d'un bassin assez étendu, et les écoulant par une très-forte pente. Le barranco n'est alimenté par aucune source ; il est toujours à sec, excepté au moment des fortes pluies ; il roule alors pendant quelques heures une quantité énorme de pierres et de gravier, et est très-dangereux.

L'eau est, dans une notable partie du cours supérieur du canal, suspendue à 2 ou 3 mètres au-dessus de la plaine. Elle est maintenue par des digues en terre ordinaire de 3 ou 4 mètres de largeur en couronne, faites avec tant de soin, qu'elles ne donnent pas lieu à la moindre filtration. Lorsque les terres dont on peut disposer sont trop légères, il y a un revêtement intérieur en maçonnerie de $0^m,40$ de largeur en couronne, et d'environ $0^m,80$ au pied avec un fruit de 1 mètre pour 4 mètres de hauteur. Ces revêtements sont très-fréquents.

La longueur totale du canal, sans compter, bien entendu, les canaux et rigoles secondaires, est de 40 kilomètres environ. Sa largeur, nous l'avons déjà dit, est de 11 à 12 mètres à la ligne d'eau, dans la partie supérieure de son cours. Elle va en s'amoindrissant successivement, au fur et à mesure des saignées latérales qui s'y font, de façon à n'avoir plus que 2 à 3 mètres à l'extrémité inférieure.

Ces saignées sont nombreuses ; elles sont toutes réglées par une vanne de $0^m,60$ à $0^m,80$ de largeur, mue par une vis en bois. Cette vis est enfermée dans une petite maisonnette ou guérite d'environ 2 mètres de côté, bâtie à cheval sur les maçonneries du pertuis, et dont les gardes ont la clef.

En outre de ces prises d'eau, nous devons signaler deux natures d'ouvrages importants : les déversoirs et vannes de décharge, et les siphons sous les barrancos. Ce sont les seuls ouvrages à citer.

Nous donnons (pl. III) les dessins d'un de ces déversoirs qui servent à régler le niveau de l'eau dans le canal. Il est situé à 2 kilomètres environ à l'aval du barrage, et se compose de deux parties de $3^m,10$ de longueur chacune. Le déversoir proprement dit est tout en pierre de taille ; sa largeur en couronne est de $1^m,60$, et la hauteur de chute est de $2^m,20$. Au pied de la chute se trouve une risberme en pente douce, de 10 mètres de longueur, et complétement revêtue en pierres de taille. A la suite de la risberme règne un glacis d'enrochements avec grillage en charpente dans le système déjà décrit pour le barrage de prise d'eau.

A côté du déversoir de superficie est une maisonnette renfermant une grande vanne de fond qui s'ouvre seulement au moment des crues.

Il existe, à 4 kilomètres du barrage, un second régulateur de fond et de superficie analogue à celui que nous venons de décrire ; il n'en diffère qu'en ce que le déversoir, au lieu d'être partagé en deux parties, ne présente qu'une longueur unique de 7^m,20.

Occupons-nous maintenant des siphons. Ces ouvrages sont en maçonnerie ; il y en a deux : un sous le barranco de Carlet, l'autre sous le barranco d'Alginet. Nous n'avons vu et nous ne décrirons que le premier, qui est de beaucoup le plus important.

En arrivant sur la rive droite du barranco de Carlet, on voit les eaux disparaître sous une voûte dont on n'aperçoit que le segment supérieur sur une hauteur de 0^m,20. Cette voûte, qui forme l'entrée du siphon, a 3^m,50 d'ouverture. La largeur normale du canal est en ce point d'environ 6 mètres, mais, sur une douzaine de mètres avant d'arriver au siphon, il est encaissé entre des murs en aile qui réduisent cette largeur à 3^m,50.

L'entrée du siphon est fermée par une grille en fer à barreaux verticaux espacés de 0^m,15. Une seconde grille en bois est placée à 8 mètres à l'amont ; au-dessus de l'entrée même du siphon est construite une maison de garde. Cet agent n'a pas d'autre occupation que de veiller nuit et jour au siphon, surtout au moment des crues et des orages ; il doit retirer tous les corps flottants qui s'arrêtent aux grilles.

On traverse à sec le barranco, et, après un parcours de 140 mètres, qui est la longueur même du siphon, on arrive au point de sortie des eaux. Cette sortie est encaissée entre deux murs en aile réunis par trois arcs isolés, qui étaient sans doute destinés à supporter une construction, mais qui sont aujourd'hui très-délabrés. L'orifice de sortie est entièrement noyé, et la vitesse des eaux ne nous a pas permis de sonder à quelle profondeur il se trouve au-dessous de la surface des eaux. Celles-ci s'échappent en gros bouillons irréguliers et intermittents, et reprennent aussitôt leur cours dans le canal.

Si nous mentionnons en outre les têtes de deux puits ou regards qui apparaissent dans le lit même du barranco, au pied de chacune des deux berges, nous aurons fait connaître tout ce qu'il est permis de voir du siphon. Nous présentons pourtant (pl. IV, fig. 5) le dessin complet de cet ouvrage ; mais nous devons dire de quelle façon nous l'avons établi, afin que chacun puisse donner aux dimensions indiquées le degré de confiance qu'il jugera convenable.

Le siphon reste toujours plein d'eau, même à l'époque des curages annuels, parce que, par l'effet de la charge, il ne s'y fait aucun dépôt et qu'il n'est pas nécessaire de le curer. Le nombre des personnes qui en connaissent les dimensions est donc très-restreint. Mais il y a quatre ans, quelques ouvriers, espérant faire dans ce siphon, au moment où les eaux étaient retirées du canal, une pêche miraculeuse, obtinrent l'autorisation de l'égoutter, et nous avons eu la bonne fortune de rencontrer sur les lieux un de ceux qui avaient travaillé à cette opération.

D'après cet ouvrier, le siphon a un radier plat, des pieds droits et une voûte en plein cintre. Cet homme touchait la voûte avec son bras levé, et touchait les deux côtés avec ses bras étendus en croix horizontalement ; c'est en mesurant sur cet homme les dimensions qui viennent d'être indiquées que nous avons fixé la largeur du siphon à 1^m,80, et sa hauteur sous clef à 2 mètres.

Ce même ouvrier nous a dit que le radier était horizontal entre les deux puits ou regards, et incliné depuis ces regards jusqu'aux orifices d'entrée et de sortie. Cela nous a permis de dessiner approximativement le profil en long, sur lequel il reste pourtant d'inconnu la profondeur du siphon au-dessous du lit du barranco. Les deux regards se trouvant fermés à leur partie supérieure par de fortes maçonneries, nous n'avons pu mesurer cette profondeur.

Toujours d'après le même ouvrier, les parois intérieures du siphon seraient recouvertes d'un enduit rougeâtre, excessivement lisse et en parfait état.

Telles sont les données qui résultent des renseignements recueillis. Quant à la différence de niveau des eaux à leur entrée et à leur sortie, nous en avons fait le nivellement direct, qui nous a donné $1^m,49$.

On peut, avec les données qui précèdent, calculer par les formules de l'hydraulique le volume d'eau qui passe par le siphon. Ce calcul nous a montré que la vitesse moyenne de l'eau était de $3^m,05$ par seconde, et le débit de $9^{m.c.},912$ dans le même espace de temps [1].

---

[1] Nous avons employé pour ce calcul la formule donnée par M. Belanger dans son *Cours d'hydraulique de l'École des ponts et chaussées* (année 1841-42, p. 46) :

$$\zeta = L \frac{\chi}{\omega} (aU + bU^2) + 1,49 \frac{U^2}{2g}$$

dans laquelle ζ représente la différence du niveau de l'eau dans les deux bassins ; elle est ici de $1^m,49$.

χ représente le contour de la section du siphon.

ω la section du siphon, et U la vitesse moyenne de l'eau, qui est ici l'inconnue de l'équation.

a et b sont deux coefficients constants déterminés par Eytelwein, et ayant pour valeurs $a = 0.000022$, $b = 0.000280$.

La valeur de g, intensité de la pesanteur, est d'ailleurs, comme on sait, 9.8088.

La résolution de l'équation conduit à $U = 3.05$. Et, en multipliant cette vitesse par la section $\omega = 3.25$, on obtient pour le débit $Q = 9^{m.c.},912$.

L'acequiero mayor du canal, qui se trouvait avec nous sur les lieux, estimait, d'après l'importance des prises d'eau à l'amont, que le volume qui entrait dans le siphon devait être les deux cinquièmes de celui qui coulait à l'endroit où nous avions fait le jaugeage du canal. Ce jaugeage, accusé plus haut, nous ayant donné $25^{m.c.},80$, l'estimation de l'acequiero mayor conduirait à admettre un débit de $10^{m.c.},320$.

Pour une appréciation de ce genre, ce chiffre concorde d'une manière assez satisfaisante avec celui donné par le calcul ; et l'on peut tirer de cette concordance une nouvelle présomption à l'appui de l'exactitude des dimensions du siphon données plus haut.

La description qui précède donne un aperçu suffisant de l'importance de la dérivation dont nous nous occupons. Nous allons la compléter par quelques détails statistiques.

L'étendue des arrosages du Jucar, telle qu'elle figure sur les matrices qui servent à établir les rôles de taxes, est de 150,000 hanegadas, soit environ 12,500 hectares ; mais il y a un assez grand nombre de propriétés qui arrosent et qui ne sont pas portées dans ce chiffre. La réfection du cadastre du syndicat est une question à l'ordre du jour, réclamée depuis longtemps, et qui n'a été ajournée que par la grande dépense qu'elle doit occasionner. En fait, tous les terrains compris dans les limites indiquées au commencement de ce chapitre sont à l'arrosage, et l'acequiero mayor nous disait par aperçu qu'il n'estimait pas à moins de 100,000 hanegadas, soit environ 8,000 hectares, l'étendue des terres livrées à l'arrosage, et qui ne figurent pas sur les matrices des rôles.

Dans toute la partie supérieure du cours du canal jusqu'aux environs du barranco d'Alginet, c'est-à-dire sur les deux tiers environ de son étendue, la plaine est livrée à la culture du riz ; sur le tiers restant, les cultures de huerta dominent [1], bien qu'il y ait encore des rizières.

Ce serait sortir de notre cadre que de nous étendre ici sur la culture du riz. Nous en dirons pourtant quelques mots, dans ses rapports avec l'emploi des eaux.

Le riz se sème vers le milieu de mars et se repique vers la fin de mai. Pendant cette première période, les arrosages, quoique étant très-fréquents, n'ont pas besoin d'être continus. Mais, à partir de l'époque du repiquage jusqu'au milieu de septembre, le riz reste constamment sous l'eau.

Les repiquages se font espacés de 10 à 15 centimètres, et les touffes restent parfaitement distinctes par le bas tout le temps de la végétation. Cette disposition, jointe à la couleur vert jaune de l'herbe, donne à ces champs un aspect tout différent des champs de blé. Il pousse au bout de chaque touffe des épis analogues à ceux du blé. Ces épis contiennent les grains de riz enveloppés d'une écorce brune très-dure ; on passe les grains sous la meule pour les débarrasser de cette écorce, et le riz sort blanc du moulin, dans l'état où il est livré au commerce.

Rien n'est admirable comme la disposition des vastes rizières du canal du Jucar. Les champs sont disposés par grands carrés horizontaux encaissés dans de petits bourrelets qui maintiennent l'eau de tous côtés. Ceux de ces bourrelets placés du côté aval sont crevés de distance en distance par un coup de pioche au niveau précis où l'eau doit être maintenue dans le champ (7 à 8 centimètres de hauteur), et servent d'exutoires. Ces eaux tombent soit directement dans le carré voisin, soit dans un fossé qui les conduit sur d'autres carrés. Ce système se reproduit à perte de vue dans toute la plaine.

Tous ces écoulements sont si bien entendus qu'il n'y a pas une goutte d'eau extravasée. Nous avons parcouru à

---

[1] Voir au chapitre Ier ce qu'il faut entendre par *culture de huerta*.

cheval pendant six heures tous les chemins ruraux et sentiers qui traversent ces rizières : l'eau va, vient, se croise, circule dans tous les sens; nulle part il n'y a de l'eau répandue sur les chemins.

Le riz reste ainsi constamment sous l'eau pendant trois ou quatre mois, et c'est avec les pieds dans l'eau que les cultivateurs sont obligés de faire toutes les façons qu'exige cette culture ainsi que sa récolte.

Le même champ peut produire indéfiniment du riz, pourvu qu'on y mette le fumier nécessaire.

Nous croyons pouvoir donner, par des considérations d'ensemble, une évaluation de la quantité d'eau absorbée par les arrosages du riz dans la plaine d'Alcira :

Le jaugeage du canal dont nous avons parlé plus haut, fait à 4 kilomètres du barrage, nous a accusé par seconde un débit de. . . . . $25^{m.c.},800$

Le débit du siphon a été trouvé de. . . . . . 9 ,912

La différence, soit $15^{m.c.},888$, est toute employée sur les terrains compris entre le point où a été fait le premier jaugeage et le barranco de Carlet, lesquels, à part quelques petits espaces aux environs des villages, sont tous en rizières. Or, en faisant la triangulation de ces terrains sur la carte de la planche III, nous avons trouvé très-approximativement 6,400 hectares.

Ce qui fait par seconde et par hectare un débit continu de $2^{lit.},48$.

On peut présenter ce résultat sous une autre forme, en remarquant que la journée comprend 86,400 secondes et l'hectare 10,000 mètres carrés, et dire que l'arrosage du riz consomme par vingt-quatre heures une lame d'eau de $0^{m},021$ de hauteur. Cette consommation est faite en partie par l'évaporation, en partie par le sol. L'évaporation qui correspond au climat de Valence ne doit pas être très-différente de celle qui a été constatée en Algérie, dans la plaine de la Metidja, et qui est pendant l'été de $0^{m},011$ par vingt-quatre heures. La lame d'eau de $0^m,024$, consommée journellement par les rizières d'Alcira, serait donc absorbée moitié par l'évaporation et moitié par le sol et la nutrition de la plante.

Nous traiterons, dans le chapitre suivant, du régime administratif du canal royal du Jucar.

CHAPITRE VI

IRRIGATIONS DU JUCAR (SUITE).

Régime administratif du canal royal du Jucar.

———

D'après M. Jaubert de Passa, les eaux du Jucar étaient déjà, du temps des Maures, dérivées sur la rive gauche de la rivière, et c'est aux arrosages que la ville d'Alcira et plusieurs villages voisins devaient leur prospérité. Il ne paraît pas pourtant que ces arrosages fussent, comme à Valence, pratiqués sur une très-grande échelle ; ce fait n'est établi ni par les traditions populaires ni par les quelques documents historiques qui subsistent. Il est essentiel du reste de bien s'entendre quand on parle des arrosages d'une contrée et qu'on veut fixer l'époque historique de leur établissement.

Dériver un filet d'eau d'une rivière dans laquelle la baisse permanente des eaux à l'étiage permet de faire chaque année, à peu de frais, un barrage grossier en pierres, terres et fascines, c'est là un de ces travaux élémentaires qui n'ont pas de quoi exciter l'admiration. Les Arabes de l'Algérie les pratiquent sur tous les cours d'eau qui traversent leurs territoires, et on ne songera certainement pas à les prendre comme des modèles de civilisation. Il n'est pas de peuples primitifs qui n'en aient fait autant ; ils y sont conduits tout naturellement pour satisfaire les besoins matériels de leur alimentation, de même qu'ils sont conduits à aller remplir leur cruche à la source voisine, quand ils ont besoin de boire.

Mais lorsque la dérivation est faite avec des idées d'ensemble, de façon à satisfaire aux besoins d'un vaste territoire ; lorsque l'homme s'enhardit à faire sur la rivière des ouvrages permanents ; lorsqu'il institue un service régulier pour la conservation et le perfectionnement des ouvrages ; lorsqu'il organise la répartition des eaux entre les usagers, tant au point de vue de la police qu'au point de vue de l'emploi de ces eaux ; alors seulement on peut dire que les irrigations sont établies ; alors seulement le génie s'est manifesté, et il est permis de laisser le champ libre à son admiration.

En posant la question de cette façon, nous serons tout porté à admettre avec M. Jaubert de Passa que les Maures ont pu se servir des eaux du Jucar. Mais nous nous rangerons du côté des traditions populaires, quand il s'agira de faire honneur à quelqu'un de l'établissement réel des irrigations de ce territoire : or les traditions rapportent cet honneur au roi Don Jayme Ier d'Aragon, qui conquit le royaume de Valence sur les Maures, en l'an 1239.

On ne retrouve plus ici, comme à Valence, aucune trace de ces institutions, qui portent d'une manière incontestable le cachet des Maures, alors même que la tradition ne consacrerait pas cette origine. Toutes les traditions, tous les documents écrits, s'accordent à attribuer au roi Don Jayme Ier et à ses successeurs l'établissement du canal et l'organisation des arrosages. L'extension de ces arrosages, qui ne fut réalisée que vers la fin du dix-huitième siècle par le duc de Hijar, ainsi qu'il a été dit plus haut, était déjà prévue et concédée dans un privilége du roi d'Aragon Don Martin, qui régnait au commencement du quinzième siècle [1].

---

[1] Ces faits sont consacrés sommairement par une inscription placée sur une des faces de la maison des vannes, à l'entrée du canal. Cette inscription porte :

REAL ACEQUIA.

Yo debo mi principio al Rey Don Jayme ; al Justo Don Martin mi pri-

Il pourrait être intéressant de faire ici l'historique des institutions qui ont régi le canal de Jucar depuis l'époque du roi Don Jayme jusqu'à nos jours. Mais ces développements sortiraient de notre cadre et nous entraîneraient trop loin. On pourra d'ailleurs les trouver très au long dans l'ouvrage de M. Jaubert de Passa.

Pour nous, nous allons entrer de plain-pied dans l'étude du régime actuel, consacré par le règlement du 15 avril 1845.

Ce règlement est fait avec une précision, une netteté d'idées remarquable, et peut, dans bien des· cas, être pris pour modèle. Mais, pour en bien comprendre certaines dispositions, il est essentiel que nous fassions connaître les rapports qui lient, d'une part, le duc de Hijar, concessionnaire du nouveau canal, avec les anciens usagers, et d'autre part, le duc de Hijar avec les usagers qui se servent des eaux à lui concédées.

Ces renseignements, quoique arrivant d'une manière incidente, ont d'ailleurs une importance capitale. Ils apprendront comment il a été procédé dans les temps modernes pour arriver à l'organisation d'irrigations entièrement nouvelles ; et c'est le seul exemple de cette nature qu'il nous ait été donné de recueillir pendant le cours de notre voyage. Partout ailleurs les irrigations remontent à une époque très-reculée ; les droits et les obligations de chacun reposent sur des usages immémoriaux ; mais il est à peu près impossible de savoir exactement les procédés administratifs à l'aide desquels l'association s'est formée. En outre, la concession faite au duc de Hijar vers la fin du siècle dernier se rapproche par sa nature des idées qui se

vilegio, y la gloria de verme concluida al monarca mayor Carlos Tercero.

CANAL ROYAL.

Je dois mon origine au roi Don Jayme, mon privilége à Don Martin le Juste, et la gloire de me voir terminé au grand monarque Charles III.

trouvent en ce moment à l'ordre du jour pour les irrigations de l'Algérie, à savoir la concession des eaux à de grandes compagnies, à charge par elles d'exécuter les travaux, et moyennant une redevance à percevoir sur les usagers. Il n'est donc pas sans intérêt de connaître ce qui, dans cet ordre d'idées, s'est fait en Espagne.

La création des irrigations nouvelles du Jucar soulevait deux questions importantes : 1° Quels rapports établirait-on entre le concessionnaire et les usagers nouveaux ? 2° De quelle façon enterait-on la concession nouvelle sur l'association préexistante des usagers anciens ?

La première question a été traitée et résolue de la manière suivante :

Il est intervenu un traité entre le duc de Hijar et les ayuntamientos de tous les villages renforcés d'un certain nombre de délégués nommés par le suffrage universel. Ces ayuntamientos ont stipulé au nom de tous les propriétaires compris dans les limites de leurs territoires respectifs, et la sanction royale est venue ratifier ce traité et en rendre les stipulations obligatoires pour tous. Ainsi, pour employer les termes de notre langage administratif, il y a eu *association libre* de la part des ayuntamientos, c'est-à-dire qu'un de ceux-ci eût pu parfaitement laisser son territoire en dehors des charges comme des bénéfices de l'arrosage ; mais, une fois qu'un ayuntamiento a eu formulé un vote en faveur des irrigations, l'association est devenue *forcée* pour tous les particuliers représentés par cet ayuntamiento.

Quant aux stipulations de ce traité, elles se réduisent à ceci : le duc de Hijar se charge de construire à ses frais le nouveau canal et les principaux bras secondaires. Il se charge aussi de l'entretien annuel du canal principal seulement ; il se charge enfin de payer de ses deniers, et pour toutes les terres comprises dans la zone irriguée par son nouveau canal, la taxe proportionnelle relative à l'entretion du canal supérieur, du barrage de prise d'eau en rivière et autres ouvrages accessoires. En compensation de ces charges, les ayuntamientos consentent en faveur du duc une redevance annuelle égale au vingtième des récoltes, à percevoir sur toutes les terres comprises dans la zone irrigable par le nouveau canal.

La seconde question a été résolue comme il suit :

Toutes les individualités comprises dans le territoire arrosé par le nouveau canal ont été considérées comme centralisées et résumées en la personne du duc de Hijar. Les droits des villages anciens usagers sont restés les mêmes que par le passé ; l'eau nécessaire aux nouveaux arrosages a été assurée par le perfectionnement du barrage et l'élargissement du canal. Mais la longueur de canal dont l'entretien était à la charge des anciens usagers est restée la même, et il n'y a eu d'autre changement que l'introduction d'un nouveau membre, le duc de Hijar, chargé de payer sa part proportionnelle des dépenses.

En ce qui concerne les usagers, on voit qu'il existe au point de vue de l'impôt une différence notable de régime entre les deux classes. Les anciens, augmentés du duc de Hijar, sont débiteurs de l'association, et la taxe à laquelle ils sont assujettis est variable suivant les dépenses à faire au canal. Les nouveaux sont seulement débiteurs envers le duc de Hijar ; leurs taxes sont tout à fait indépendantes des dépenses du canal, elles varient seulement avec le plus ou moins d'abondance de leurs récoltes, et sont toujours égales au vingtième de celles-ci. Elles peuvent d'ailleurs être payées aussi bien en nature qu'en argent.

Mais quelles que soient ces différences dans le régime de l'impôt, l'autorité dirigeante est une, les principes généraux sont uns sur toute l'étendue du territoire, en tout ce qui concerne l'administration, la police, les règles relatives à la distribution des eaux. Cette unité est proclamée d'une manière solennelle dès les premières lignes du règlement de 1845, dont nous allons maintenant tâcher de faire ressortir les principes généraux.

Constitution des pouvoirs.

Il n'y a plus ici d'assemblée générale des usagers, comme pour les acequias de la plaine inférieure de Valence. Le mode de nomination des représentants de la communauté est un peu analogue à celui que nous avons déjà vu employer pour l'acequia de Moncade.

Les ayuntamientos de tous les villages anciens ou nouveaux usagers, renforcés d'un nombre de propriétaires arrosants égal à celui des conseillers municipaux, nomment un ou deux députés, suivant leur importance ; dix-sept en nomment un, et cinq en nomment deux.

Le duc de Hijar en nomme quatre.

Le régisseur du patrimoine royal (*Baile*), intéressé aux arrosages pour les rizières qui bordent la grande lagune de l'Albufera et qui dépendent du domaine de l'État, en nomme un.

Enfin l'intérêt collectif des villages anciens usagers est représenté spécialement par un fondé de pouvoirs nommé par les députés mêmes de ces derniers villages, et ce fondé spécial de pouvoirs vient s'adjoindre aux autres députés.

Cela fait en tout trente-trois députés qui, sous la présidence du gouverneur civil de la province, constituent la junte ou conseil général investi des pouvoirs suprêmes, et qui doit se réunir une fois par an.

C'est ce conseil qui arrête les budgets, vote l'impôt et en fait la répartition générale entre les centres d'irrigation de la communauté, le duc de Hijar étant considéré comme centralisant tout le territoire des nouveaux usagers.

C'est lui qui autorise l'exécution des travaux neufs et vote les fonds nécessaires ; c'est lui qui nomme à tous les emplois supérieurs, à l'exception de celui d'acequiero mayor, pour lequel il n'a que le droit de présenter une liste triple au choix du gouverneur.

Pour faire face à l'administration courante du canal, il y a, au-dessous du conseil général, un comité d'administration, composé de cinq membres, qui sont :

Le président, nommé par le conseil général à la majorité des voix ;

Un membre, nommé spécialement par les députés qui siégent au conseil général pour les villages de l'ancienne communauté ;

Le fondé de pouvoirs de ces mêmes villages, dont il a été question plus haut ;

Le représentant du patrimoine royal, et enfin le représentant du duc de Hijar.

Au-dessous de ces pouvoirs supérieurs qui constituent la délégation des usagers, viennent les employés. Nous ne voulons pas passer en revue les attributions de chacun d'eux, mais nous devons dire quelques mots du premier d'entre eux, l'acequiero mayor.

De l'acequiero mayor.

Cet emploi est analogue à celui de cequiero real du canal de Moncade et à celui de syndic sur les acequias inférieures du Turia.

C'est un emploi essentiellement actif, pour lequel on exige toutes les connaissances pratiques qui se résument si bien dans les règlements de Valence par le mot de *syndic-laboureur*, et qui comprend en même temps des attributions de haute administration et même des attributions juridiques.

L'acequiero mayor est le régulateur suprême de la distribution des eaux, pourvu qu'il suive les principes de distribution consacrés par l'usage et les ordres qu'il peut recevoir du gouverneur civil et du comité d'administration, qui sont ses chefs immédiats (art. 51 du règlement).

Il doit avoir au moins vingt-cinq ans, posséder des connaissances peu communes (*no vulgares*) en tout ce qui concerne l'agriculture du pays, et donner un cautionnement de 25,000 francs pour répondre de ceux de ses actes par lesquels il aurait porté tort intentionnellement. Son traitement peut varier de 3,750 à 4,500 francs (art. 53 et 54).

·Il nomme et suspend au besoin les surveillants et gardes du canal (art. 58); il doit, soit par lui, soit par ses gardes, mais toujours sous sa responsabilité, donner à chaque bras secondaire l'eau qui lui revient; il doit voir si l'eau n'est pas gaspillée; il doit enfin exercer par lui-même une surveillance incessante (art. 59).

En même temps qu'il remplit ces occupations presque subalternes, l'acequiero mayor s'élève, par un autre côté de ses attributions, au rôle d'administrateur. C'est lui, en effet, qui dresse le projet de budget annuel des dépenses, et qui examine et arrête les comptes du trésorier et du payeur de l'association (art. 56 et 57).

˙Enfin il a le droit d'infliger et de faire rentrer immédiatement les amendes au-dessous de 25 francs, et d'infliger celles comprises entre 25 et 125 francs; mais ces dernières ne peuvent être exigées sans la sanction du comité d'administration (art. 60). Dans ce cas-là, il est constitué en juge de première instance des contraventions.

Vote, répartition et perception des taxes.

Les taxes sont votées par le conseil général, et réparties par le même conseil entre toutes les communes qui composent l'association (art. 20 et 21).

La sous-répartition se fait, pour chaque commune, par les ayuntamientos, renforcés des plus forts propriétaires arrosants, en nombre égal à celui des conseillers municipaux; les rôles ainsi dressés sont publiés et affichés pendant neuf

jours. Ils sont transmis au comité d'administration, qui,
sur le vu des observations produites dans l'enquête, doit
les approuver ou les modifier, et les renvoyer aussitôt après
à l'ayuntamiento (art. 99 et 100).

C'est l'ayuntamiento qui est chargé, sous sa responsabilité, d'assurer la rentrée des fonds aux époques fixées. Ce
conseil nomme à cet effet un percepteur, des actes duquel il
est également responsable.

Lorsque, malgré les instances du percepteur, un contribuable ne paye pas sa taxe, ce contribuable est porté par
les surveillants du canal sur la liste des retardataires, mais
il faut auparavant que les surveillants l'aient invité eux-
mêmes à payer. Sur le vu de la liste des retardataires, les
alcades exercent les poursuites (art. 101, 102, 104, 105).

Si les taxes ne sont pas payées à la fin de septembre, le
gouverneur civil peut, sur la demande du comité d'administration, envoyer des agents du fisc (*comisionados de apre-
mio*) pour effectuer le recouvrement, soit sur les caisses
des ayuntamientos, soit sur celle du duc de Hijar (art. 7
et 106).

Telles sont les règles de procédure ; quant au principe
adopté pour la répartition des taxes, c'est le même qu'à
Valence, savoir : répartition proportionnelle à l'étendue des
terres comprises dans la communauté, quelle que soit d'ailleurs la quantité d'eau réellement employée.

Ici, comme à Valence, l'eau est annexe de la terre ; et tout
détenteur du sol est tenu de payer la cote d'arrosage.

Il peut être intéressant de connaître incidemment l'importance des taxes annuelles. Dans le budget de 1862, la
taxe a été fixée à 2 réaux par hanegada, soit 6 fr. 33 c. par
hectare, ce qui, à raison des 150,000 hanegadas inscrites sur
les registres matricules, portait le budget à 300,000 réaux
ou 78,900 francs [1].

---

[1] Le réal vaut 0ʳ,263. La hanegada vaut 1/6 de cahizada, et la cahizada 49 ares 8657.

L'année précédente, en 1861, la taxe avait été fixée à 1 réal 1/2 par hanegada, et le budget s'élevait par conséquent à 59,175 francs.

Ces budgets ne correspondent à aucune dépense extraordinaire. Ils font simplement face aux dépenses d'entretien et de curage, et, pour une minime part, aux frais de personnel et de bureau.

Mode d'exécution des travaux.

Les travaux neufs importants font toujours l'objet d'un projet régulier dont la rédaction est confiée à un architecte ou à un ingénieur pris en dehors du personnel normal de la communauté. Ce projet, accompagné de l'estimation des dépenses, doit être approuvé par le conseil général et par le gouverneur civil (art. 25). Le conseil général vote les fonds, et pour qu'il ne risque pas d'être pris au dépourvu, il doit, en votant les budgets ordinaires annuels, « ne pas perdre de vue que la caisse doit toujours renfermer une somme importante pour parer au cas d'une rupture de barrage ou de canal. » (Art. 20.)

Dans le même but on impose au caissier de l'association l'obligation d'avoir constamment disponible sur ses fonds personnels, en sus de ceux qui appartiennent à l'association, une somme de 15,000 francs (art. 79).

Lorsque l'assemblée générale décide que les travaux seront donnés à l'adjudication, celle-ci est faite par-devant l'acequiero mayor, et l'approbation de l'adjudication est dévolue au gouverneur civil. La réception des travaux après leur exécution incombe à ce dernier (art. 17).

Tous les mandats de payement sont délivrés par le président du comité d'administration (art. 40).

Quant aux travaux d'entretien, qui consistent principalement dans le curage des canaux qui sillonnent tout le territoire, il faut remarquer que les canaux secondaires principaux (*Brazales*) sont à la charge même des communes et payés sur les fonds des ayuntamientos, et que le curage des petites rigoles est fait par les usagers eux-mêmes. Cette règle est la même dans l'ancienne zone et dans la nouvelle.

Il ne reste donc que le grand canal, le canal royal. Le duc de Hijar fait à ses propres frais le curage de la partie de ce canal qui lui appartient. Le surplus, c'est-à-dire toute la longueur qui correspond au vieux canal, est la seule partie de l'entretien de laquelle la communauté ait à s'occuper directement. Le curage en est fait toutes les années ; il est confié à l'accquiero mayor sous l'inspection du comité d'administration, et le contrôle du *procureur général* (art. 62). Ce procureur général est avant tout un agent judiciaire chargé de représenter la communauté en justice. C'est un des employés dont nous avons jugé inutile de faire connaître les attributions.

Règles relatives à la répartition des eaux.

Le chapitre vii du règlement intitulé *De l'usage des eaux* pose les règles à suivre pour la distribution. Il prescrit de dresser dans le délai d'un an, à partir de la première réunion du conseil général, qui aura lieu après l'approbation dudit règlement, le cadastre général de toutes les terres arrosées, avec l'indication de la prise d'eau à laquelle elles correspondent, et la contenance des rizières et des terres de huerta (art. 114 et 115).

Il prescrit (art. 116) que, aussitôt après la confection du cadastre, les prises d'eau soient réglées sous la direction du comité d'administration, de façon que chacune d'elles ne puisse livrer plus d'eau que celle qui suffit à l'irrigation des terres qu'elle dessert, aux époques où ces terres en ont le plus besoin.

Mais ces prescriptions sont restées jusqu'à ce jour à l'état de lettre morte, en raison de la grande dépense que doit entraîner la confection du cadastre.

La seule règle qui s'observe est la suivante, prescrite par l'article 118 :

« En attendant que le cadastre soit fait et les prises réglées, l'acequiero mayor fera la distribution des eaux conformément aux usages établis et suivant la pratique usuelle (*practica corriente*). »

L'acequiero mayor est donc le grand dispensateur des eaux.

Pour faire comprendre comment cette vaste machine peut fonctionner dans la main de cet employé, il est indispensable que nous entrions dans quelques détails sur le personnel.

L'acequiero mayor a sous ses ordres, pour le service seul du grand canal royal, cinq gardes permanents (sans compter les trois qui sont établis à poste fixe, au barrage de prise d'eau et sur les deux siphons de Carlet et d'Alginet) (art. 91), plus, des gardes temporaires qui lui sont donnés quand les besoins du service l'exigent (art. 24). A l'époque où nous visitions ces irrigations du Jucar, le nombre des gardes temporaires était de deux. Toute la longueur du canal était partagée entre ces sept gardes, et chacun d'eux avait les clefs des prises d'eau comprises dans sa section.

Aussitôt que l'eau est sortie du canal royal pour entrer dans les grands canaux secondaires (brazales), c'est aux ayuntamientos des communes qu'incombe le soin d'assurer la distribution des eaux (art. 97). Il y a à cet effet des gardes communaux qui surveillent les canaux secondaires. Ces gardes sont payés par les communes ; le règlement n'en parle pas comme d'une chose qui lui est étrangère.

Lorsque l'eau arrive dans les petites rigoles, elle est livrée aux arroseurs publics, qui, contrairement à ce qui se passe à Valence, sont chargés de faire les arrosages, à l'exclusion des propriétaires. Ces arroseurs publics sont payés par les propriétaires à raison de 1/2 réal par hanegada de huerta pour chaque arrosage, et de 2 réaux par hanegada de rizière pour toute la saison.

Il y a un ou deux gardes communaux pour chacun des vingt-deux villages qui composent la communauté, suivant son importance.

Quant au nombre des arroseurs publics, il est énormément variable d'une commune à l'autre, suivant l'étendue et la nature des cultures. Telle commune en a assez de trois, telle autre en a jusqu'à vingt. Il y en a en tout environ deux cents.

Du reste, tous ces agents, gardes du canal, gardes communaux et arroseurs publics, quelle que soit la caisse qui les paye, sont liés les uns aux autres par une seule et même hiérarchie. Leur chef supérieur est l'acequiero mayor ; au-dessous viennent les gardes du canal, puis les gardes communaux, puis enfin les arroseurs publics. Les ordres de l'acequiero mayor se transmettent en suivant cette filière.

Grâce à cette organisation serrée, l'ouverture des vannes est constamment réglée suivant les besoins des localités, d'après les avis qui se transmettent en remontant de bas en haut. Les arroseurs publics font connaître aux gardes communaux s'ils ont trop ou pas assez d'eau. Ceux-ci apprécient, d'après ces demandes, si le grand canal secondaire dont ils ont la charge est convenablement pourvu, et s'adressent alors aux gardes du canal, lesquels, sur l'ordre de l'acequiero mayor, baissent ou relèvent les vannes.

On observe dans les tours d'arrosage la même règle qu'à Valence, c'est-à-dire que l'eau ne remonte jamais. Si un propriétaire ne veut pas arroser, l'arroseur public passe à la terre suivante et continue ainsi jusqu'à la dernière, pour recommencer immédiatement par la terre la plus rapprochée de la prise d'eau. Généralement, dans les huertas du Jucar, l'arrosage revient tous les douze jours.

Cette rotation est suffisante, même pour les plantes potagères, dans l'été. Quant aux rizières, on sait que pendant les quatre mois de juin à septembre elles doivent être constamment couvertes par une lame d'eau de 7 à 8 centimètres de hauteur.

On voit tout ce qu'il y a de complet et en même temps d'imparfait dans l'organisation que nous venons de décrire. Elle est complète, si l'on prend pour point de départ l'état de choses extrêmement primitif qui existe aujourd'hui, c'est-à-dire l'absence de réglementation des prises d'eau ; mais, lorsqu'on aura pu faire le cadastre des propriétés et la réglementation des prises d'eau, il est évident que cette organisation devra être remaniée en entier.

Il n'y a en somme aucune répartition exacte ; tout se fait d'après les appréciations d'agents qui ont, il est vrai, une grande pratique des arrosages, mais qui, par leur grande multiplicité et par l'infériorité de leur position, ne donnent pas des garanties bien certaines contre les abus. Comment se fait-il donc que les irrigations du Jucar marchent avec une telle perfection, avec une absence si complète de frottement dans les rouages ? La raison en est simple : c'est que, quelque vaste que soit l'étendue du territoire, l'eau ne manque à peu près jamais ; les gardes du canal peuvent toujours satisfaire aux demandes qui leur sont transmises de la part des arroseurs publics, parce qu'ils tirent l'eau d'un fonds supérieur aux besoins réels.

C'est ainsi que lors de notre visite, à la fin de juillet, en plein étiage, le canal coulant à pleins bords et débitant près de 26 mètres cubes à la seconde, il s'écoulait encore à la rivière, sans utilité, soit par-dessus le barrage de prise d'eau, soit par les déversoirs du canal, un volume d'environ 5 à 6 mètres cubes.

Contraventions. — Pénalité. — Répression.

Les contraventions réprimées par le règlement que nous analysons sont seulement relatives au grand canal royal. Quant à la répression de celles commises sur les bras secondaires, il n'en est pas question : elles sont poursuivies conformément à l'usage et aux lois, par les alcades des communes.

Ce que nous allons dire concerne donc exclusivement le canal royal.

Les agents chargés de constater les contraventions sont d'abord les gardes du canal, lesquels sont assermentés à cet effet (art. 95), et ensuite les gardes champêtres et tous les conseillers municipaux des communes (art. 128).

C'est à l'acequiero mayor que toutes les contraventions sont dénoncées (art. 95).

La juridiction répressive a plusieurs degrés, suivant l'importance du délit :

L'acequiero mayor en première instance ;

Le comité d'administration en deuxième instance ;

Le gouverneur civil en troisième instance.

Les amendes inférieures à 25 francs [1] peuvent être imposées et recouvrées immédiatement par l'acequiero mayor, qui peut requérir à cet effet l'intervention de l'alcade du territoire du délinquant (art. 127 et 130) ; mais le contrevenant conserve pourtant le droit d'appel auprès du comité d'administration.

Les amendes au-dessus de 25 francs, et inférieures à 125 francs, sont imposées par l'acequiero mayor, mais

---

[1] Afin de donner des chiffres ronds en francs, nous prenons le quart du chiffre des réaux qui figure sur le règlement. Ainsi, quand nous disons 25 francs, cela signifie que le règlement espagnol porte 100 réaux. Mais si l'on voulait avoir la valeur exacte en francs, il faudrait multiplier 100 par 0,263, ce qui donnerait 26 fr. 30 c. au lieu de 25 francs. De même pour les autres amendes.

elles ne sont exigibles qu'après l'approbation du comité d'administration ; le contrevenant a le droit d'appeler de la décision devant le gouverneur civil.

Enfin, les amendes supérieures à 125 francs ne peuvent être exigées qu'après l'approbation du gouverneur civil.

Nous ne voulons pas détailler ici toutes les contraventions prévues et la pénalité correspondante [1]. Nous dirons seulement que cette nomenclature est très-complète, la pénalité parfaitement graduée et assez forte pour donner sérieusement à réfléchir à ceux qui seraient tentés de se mettre en contravention. Certaines de ces amendes s'élèvent à 250 francs, sans compter la réparation des dommages, et même la prison, suivant les cas.

Il est pourtant quelques articles qu'il ne sera pas inutile de faire ressortir.

Lorsque les individus condamnés à l'amende sont insolvables, leur peine est commuée en autant de jours de prison qu'il y a de journées de travail comprises dans le montant de l'amende et des dommages causés, la journée de travail étant évaluée de 1 fr. 25 c. à 2 francs (art. 124).

La première récidive est châtiée par une peine double (art. 125).

Les délits commis de nuit, entre le coucher et le lever du soleil, sont punis du maximum de la peine (art. 126).

Si un employé du canal est complice du délit, il est puni du maximum de la peine, et destitué, sans préjudice de son renvoi devant les tribunaux ordinaires (art. 145).

Si le coupable ne peut être découvert, les frais sont payés, pour la première fois, par l'ayuntamiento dans le ter-

---

[1] Nous donnons à l'Appendice cette nomenclature extraite du règlement. Elle est très-remarquable par sa précision et sa netteté. Il convient seulement de remarquer que les peines y sont en général beaucoup plus élevées que partout ailleurs, ce qui s'explique par l'importance de la dérivation et la gravité des conséquences que pourrait avoir une rupture des digues du canal.

ritoire duquel le délit a été commis ; s'il y a récidive dans le courant de la même année, l'ayuntamiento paye les frais et une amende de 150 à 250 francs ; dans le cas d'une seconde récidive, l'ayuntamiento paye de nouveau les frais et l'amende et est, de plus, tenu de mettre sur les lieux du délit un garde à ses frais jusqu'à la rentrée des récoltes pendantes (art. 146).

Le principe d'un tribunal privatif, connaissant uniquement des questions de fait relatives aux arrosages et de la répression immédiate des contraventions, se trouve donc encore maintenu dans le règlement récent des arrosages du Jucar ; mais sa composition est fort différente de celle du tribunal des eaux de Valence : elle se rapproche de celle du tribunal de l'acequia de Moncade.

CHAPITRE VII

Étude du règlement d'arrosage.

Nous venons d'étudier les deux groupes principaux d'irrigation de la province de Valence, ceux du Turia et ceux du Jucar. Nous n'en finirions pas si nous voulions passer en revue de la même manière toutes les localités de la province où les eaux sont utilisées. Nous avons sous les yeux une nomenclature qui, sans compter ceux que nous avons déjà fait connaître, ne comprend pas moins de quarante-cinq règlements, tous en vigueur sur différents points.

Bien que nous sentions la nécessité d'abréger, il est un pourtant de ces règlements que nous demandons la permission de résumer. C'est celui qui concerne les arrosages de Murviedro [1], petite ville de 7,000 âmes, placée à la limite nord de la province, sur les bords du Rio Palencia, qui lui fournit les eaux. Nous y sommes déterminé par cette considération, que le règlement de Murviedro est le plus récent que nous connaissions ; il porte la date de 1853, et a été revisé une dernière fois en 1861. En outre, bien que les arrosages de cette contrée ne soient pas modernes, la refonte du règlement y a été faite avec une liberté d'allures complète, ce qui n'a eu lieu ni pour ceux du Turia, ni pour ceux du Jucar, où les anciens usages ont influé plus ou moins sur les dispositions nouvelles. L'étude du règle-

---

[1] C'est l'ancienne Sagonte. Les étymologistes font dériver le nom de Murviedro des deux mots latins *muri veteres*.

ment de Murviedro mettra donc nettement en relief la pensée de l'administration actuelle sur la valeur des institutions d'arrosage ; elle fera connaître les limites dans lesquelles ces institutions ont été jugées pouvoir être maintenues, et celles dans lesquelles l'expérience des choses et les principes généraux de la législation moderne ont rendu des modifications indispensables. Pour tout dire, en un mot, l'étude de ce règlement donnera, sur les diverses institutions que nous avons déjà fait connaître, une conclusion formulée par l'administration espagnole elle-même.

L'administration des eaux de Murviedro comprend :

Un conseil général (junta general) ;

Un comité d'administration (junta de gobierno);

Un acequiero mayor ayant sous ses ordres deux sous-acequieros et cinq gardes ;

Un tribunal des eaux, qui n'est autre que le comité d'administration constitué en tribunal.

Du Conseil général.

Les eaux du Rio Palencia desservent le territoire de Murviedro et de plusieurs autres villages voisins. Ces territoires sont partagés en cinq sections, suivant leur importance. Celle de Murviedro fournit au conseil général trois députés, au nombre desquels l'alcade se trouve de droit compris. Chacune des quatre autres sections en fournit un. Le conseil général se compose donc de huit députés.

Ces conseillers, à l'exception de l'alcade de Murviedro, sont nommés dans chaque section par le suffrage universel de tous les usagers compris dans la section.

Les seules conditions exigées pour être conseiller sont d'être majeur, et propriétaire dans la section d'au moins quatre hanegadas de terre arrosable (33 ares, 23). L'alcade de Murviedro, en sa qualité de conseiller-né, est dispensé de satisfaire à cette dernière condition.

La charge de conseiller est gratuite et volontaire. Elle dure deux ans. Les conseillers sont rééligibles.

Le conseil se réunit régulièrement le 1ᵉʳ des mois de janvier, mai et septembre, et extraordinairement toutes les fois que le gouverneur de la province le juge nécessaire. Ce haut fonctionnaire ou son délégué préside seulement la séance d'installation.

Le conseil général discute et vote le budget annuel qui lui est présenté par le président du comité d'administration. Il arrête le chiffre de l'impôt et fait la répartition générale entre Murviedro et les villages, proportionnellement au nombre de jours d'arrosage qui sont affectés à chacun des centres formant l'association.

La part de l'impôt correspondante à chacun de ces centres est communiquée à leurs alcades respectifs, qui, de concert avec les ayuntamientos, doivent procéder à la répartition individuelle entre les usagers. Les ayuntamientos sont responsables de la rentrée des fonds, et sont chargés d'exercer toutes les poursuites, comme en matière de contributions communales.

Nulle taxe extraordinaire ne peut être imposée sans le vote du conseil général, sur la proposition du comité d'administration.

Le conseil général approuve les comptes, qui lui sont présentés chaque année, le 1ᵉʳ janvier, par le président du comité d'administration. Ces comptes approuvés sont transmis par duplicata au gouverneur civil de la province, qui les porte à la connaissance des intéressés par la voie du bulletin officiel et des journaux du chef-lieu.

Le conseil général nomme et destitue au besoin l'acequiero mayor et les deux sous-acequieros. Il désigne enfin cinq ou six experts, qui doivent être des personnes honorables, capables, et d'une position de fortune qui assure leur indépendance ; leur obligation est de procéder aux expertises ordonnées par le comité d'administration constitué en tribunal des eaux, comme il sera dit plus loin. Ils prêtent serment devant le comité d'administration. Leurs fonctions durent deux ans. Leurs honoraires sont fixés à 15 réaux (environ 4 francs) par vacation de six heures, et sont payés par l'usager qui a donné lieu à l'expertise.

Du Comité d'administration.

Il se compose de cinq membres, pris parmi les huit qui forment le conseil général, et désignés par ce même conseil, de façon que les diverses parties du territoire y soient représentées. L'alcade de Murviedro en fait de droit partie et le préside.

Nous avons dit plus haut que ce comité était constitué en tribunal des eaux ; mais nous ne nous occupons ici que de ses attributions administratives.

Il doit se réunir au moins une fois par mois, sans préjudice des réunions extraordinaires exigées par l'urgence.

Le président du comité d'administration dresse, sur le rapport de l'acequiero mayor, le budget annuel des dépenses, le discute avec le comité, et le soumet enfin à l'approbation du conseil général.

Tous les mandats de payement sont délivrés par le président du comité.

Le comité d'administration a le droit d'ordonner par lui-même les travaux dont l'estimation ne dépasse pas 1,500 francs. Au-dessus de ce chiffre, le projet doit être approuvé par le conseil général.

Pour la marche à suivre dans les procès qu'il peut y avoir lieu d'entamer, le comité doit observer les règles suivantes : les questions de droit relatives à la propriété ou à la possession sont de la compétence des tribunaux ordinaires ; les questions relatives à l'interprétation des règlements, à la répartition des taxes, au payement des comptes, aux

difficultés avec les entrepreneurs, èt celles qui sont la conséquence de quelque acte administratif, ressortissent au
conseil provincial.

De l'acequiero mayor et des autres employés.

Cet agent est toujours le même que nous avons vu figurer
déjà sous divers noms, mais avec des attributions à peu
près uniformes, dans les arrosages du Turia et du Jucar.

Etre majeur, n'avoir pas quarante-cinq ans d'âge, savoir
lire et écrire, posséder des connaissances suffisantes en
matière d'arrosage, n'être pas enfant du pays, et n'avoir
aucun intérêt dans les centres arrosants, voilà tout ce que
le règlement exige de lui.

Il est chargé de distribuer les eaux en se conformant aux
prescriptions des règlements, et de parcourir constamment
l'acequia et de nuit et de jour. Il est responsable des fraudes
et des désordres qui seraient le résultat de sa négligence,
de sa partialité ou de sa tolérance. Il doit aviser à faire
cesser les dommages qu'il aurait pu causer involontairement aux usagers en effectuant les distributions, et dont
ces usagers viendraient se plaindre à lui.

Il a le droit de prendre par lui-même toutes les mesures
pour arrêter les dégradations que les crues de la rivière ou
la malveillance pourraient faire éprouver à l'acequia, toutes
les fois qu'il y a urgence, et à la condition d'en rendre immédiatement compte au comité.

Enfin, et voici la plus élevée de ses attributions, il est
autorisé, quand il le juge convenable, à imposer et à exiger immédiatement le minimum du taux des amendes prévues par le règlement. Les alcades doivent au besoin lui
prêter leur concours à cet effet. Il est seulement tenu de
rendre compte immédiatement des circonstances de l'affaire
au comité d'administration.

Ce droit, en quelque sorte autocratique, d'exiger le

payement d'une amende, alors qu'il existe un tribunal régulier chargé de statuer sur les contraventions, est justifié
en ces termes par le règlement : « Attendu qu'il est d'une
utilité inappréciable, en matière d'arrosage surtout, que
la répression de toute faute ou abus ait lieu immédiatement
après sa perpétration. »

Du reste, il ne faut pas s'exagérer outre mesure les conséquences fâcheuses qu'un pareil droit pourrait avoir à
l'encontre des usagers. L'acequiero mayor est retenu par
la responsabilité matérielle qui pèse sur lui. Le règlement
spécifie que son traitement de 150 francs par mois ne devra
jamais lui être payé qu'avec un mois de retard, afin de répondre des abus qu'il pourrait commettre, et ce, sans préjudice de sa destitution et de son renvoi devant les tribunaux, s'il avait été de connivence dans les vols d'eau. D'un
autre côté, toute infraction pour laquelle l'acequiero mayor
a imposé le minimum de l'amende est jugée par le tribunal
des eaux dès sa première séance. Lors donc que l'acequiero mayor croit devoir user de son droit, c'est que la
contravention est flagrante, et que la décision du tribunal
ne peut être douteuse.

Au-dessous de l'acequiero mayor viennent les sous-acequieros, qui ont, sous les ordres du premier, les mêmes
attributions, à l'exception de celle relative à l'imposition
des amendes.

Enfin viennent les gardes, dont les fonctions se définissent d'elles-mêmes.

Du Tribunal des eaux et de la pénalité.

Cette partie du règlement est tellement importante, qu'une
simple analyse ne suffit plus. Il faut traduire :

Art. 61. Le comité d'administration, constitué en tribunal, jugera sans retard tous les délits et contraventions

au règlement qui pourront être commis. Ses arrêts seront exécutoires. Le tribunal s'assemblera tous les huit jours, sans préjudice des séances extraordinaires qui seront prescrites par le président dans les cas urgents.

Art. 62. Les experts chargés d'apprécier les dommages et usurpations d'eau seront choisis parmi ceux désignés par le conseil général, conformément à ce qui a été dit à l'article 38. (Voir plus haut, pages 109 et 110.) Lorsque l'expertise aura pour objet des questions techniques, étrangères aux connaissances des experts, elle sera faite par l'ingénieur en chef de la province, à son défaut, par l'ingénieur que celui-ci désignera, et, si la chose n'est pas possible, par un architecte que nommera le tribunal.

Art. 63. La juridiction du tribunal des eaux s'exerce sur tous ceux qui ont un intérêt dans les arrosages, et embrasse soit les questions de fait au sujet desquelles il n'est allégué aucune prétention en droit, soit les questions qui touchent à la police des eaux. Dans ces limites, les arrêts du tribunal sont sans appel, mais ils ne pourront jamais comprendre que la décision du fait, la réparation du dommage, et la punition du délit suivant les peines marquées par le présent règlement ou ceux qui pourraient ultérieurement intervenir en conformité de l'article 505 du Code pénal.

Art. 64. Toutes les amendes qui seront recouvrées seront partagées en trois parties, dont une pour le dénonciateur (voir ci-après l'article 74), et les deux autres pour la caisse de l'association. S'il n'y a pas de dénonciateur, la totalité de l'amende entrera dans la caisse.

Les articles qui suivent sont relatifs à la pénalité.

Art. 65. Celui qui fouillera ou enlèvera de la terre sur les francs-bords du canal, de façon à les affaiblir tant soit peu, et alors même qu'il ne causerait pas un préjudice notable, sera puni pour ce seul fait d'une amende de 2 fr. 50 c.

à 20 francs [1], et sera tenu de remettre le franc-bord dans son état primitif.

Art. 66. Si par suite de l'enlèvement des terres dont il vient d'être parlé, le franc-bord avait été tellement endommagé, qu'il y eût à craindre de voir l'eau passer par-dessus et le rompre, et si le dommage causé au franc-bord est au-dessous de 50 francs, le contrevenant payera le double du dommage et réparera la dégradation.

Art. 67. Le maître des troupeaux qui viendront paître dans le lit ou sur les francs-bords du canal et causeront des dommages au-dessous de 10 francs, seront, en outre de la réparation des dégradations à laquelle ils sont tenus, punis d'une amende fixée comme il suit par chaque tête de bétail :

1° De 0 fr. 75 c. à 2 fr. 25 c. pour les bœufs et vaches ;

2° De 0 fr. 50 c. à 1 fr. 50 c. pour les chevaux, mulets et ânes ;

3° De 0 fr. 25 c. à 0 fr. 75 c. pour les chèvres, s'il y a des plantations d'arbres ;

4° D'une amende égale au moins à la valeur du dommage causé, et au plus à cette valeur augmentée d'un tiers, s'il s'agit de bêtes à laine ou de toute autre non désignée dans les numéros précédents. La même règle sera observée pour les troupeaux de chèvres, quand il n'y aura pas d'arbres.

Art. 68. On ne pourra faire, sous aucun prétexte, des prises d'eau d'aucune sorte dans le lit du canal. Le contrevenant sera puni conformément aux dispositions de l'article 66.

Art. 69. Celui qui prend l'eau hors de son tour, ou en plus grande quantité qu'il ne doit ; celui qui barre les eaux quand il ne doit pas le faire ; celui qui brise ou tente de briser (bien qu'il n'y parvienne pas) la serrure, la porte ou

---

[1] Même observation que celle de la note de la page 104.

les murs des châteaux d'eau distributeurs, ou les vannes de prise d'eau, ou les vannes de décharge et leurs serrures ; celui qui met obstacle au libre cours des eaux ; celui qui prend de l'eau dans le canal hors de ses jours d'arrosage avec des apparaux, machines et ustensiles de toute sorte, sera d'abord tenu de payer le dommage ; et quand celui-ci sera inférieur à 10 francs, il sera passible d'une amende qui pourra s'élever jusqu'au double de la valeur du dommage.

ART. 70. Celui qui menace ou insulte un acequiero ou garde pour exiger d'eux ce qu'ils ne doivent pas faire, ou pour obtenir qu'ils reviennent sur une de leurs prescriptions, sera passible d'une amende de 5 à 20 francs. Si ces contraventions et celles détaillées dans les deux articles précédents sont commises de vive force et par attroupement, les coupables seront jugés par les tribunaux ordinaires.

ART. 71. (Relatif aux moulins.)

ART. 72. Si la même faute est commise par deux ou plusieurs individus, chacun d'eux sera tenu de payer lui-même le montant de l'amende. Si l'un d'eux est insolvable, il sera puni d'un jour de prison pour chaque cinq francs d'amende. Si l'amende est inférieure à 5 francs, il aura néanmoins un jour de prison. Quant aux responsabilités pécuniaires en faveur des tiers, le contrevenant insolvable sera puni d'un jour de prison pour chaque 2 fr. 50 c. d'amende.

ART. 73. Le fait de récidive sera puni d'une amende variant entre la moitié et le double du dommage causé.

ART. 74. Tous les intéressés à l'arrosage ont le droit de dénoncer les faits justiciables du règlement. L'acequiero mayor, excepté dans le cas prévu à l'article 50 [1], les sous-

---

[1] C'est cet article qui donne à l'acequiero mayor le droit d'imposer lui-même le maximum de l'amende, ainsi qu'on l'a vu plus haut.

acequieros, les gardes du canal, et les gardes champêtres des villages intéressés, ont de plus l'obligation de le faire. Pour que les dénonciations soient admises, elles doivent être présentées au tribunal dans les six jours au plus de la contravention ; et si le tribunal ne se réunissait pas avant ces six jours, il suffira de s'adresser au secrétaire du comité d'administration dans le même délai, pour qu'il prenne note du fait dénoncé. Le dénonciateur et le dénoncé seront cités devant le tribunal avec un jour d'anticipation.

Art. 75. Toute contravention prévue par le présent règlement entraîne avec elle la réparation des préjudices causés soit aux tiers, soit à l'association.

Telles sont les dispositions réglementaires que nous tenions à faire connaître. Elles sont la dernière, la plus récente émanation des idées de l'administration espagnole sur la matière.

Elles se résument en ceci :

1° Gestion supérieure des intérêts de la communauté par un conseil général, produit du suffrage universel, et ayant pour attribution spéciale le vote de l'impôt.

2° Administration courante du service, confiée à un comité d'administration élu par le conseil général, et qui est dès lors lui-même une émanation du suffrage universel, ledit comité d'administration ayant sous ses ordres un agent actif, pratique, tenu de vivre en quelque sorte au milieu des arrosages, chargé essentiellement de la répartition des eaux, et investi pour les cas d'urgence de certains pouvoirs d'administration et de police assez étendus.

3° Répression des contraventions et jugement des questions de fait qui surgissent entre les usagers, par le comité d'administration constitué en tribunal privatif, avec application des peines édictées par le règlement même.

Nous verrons dorénavant ces idées générales appliquées à peu près partout, sauf quelques légères modifications dans les formes ; et nous devons ajouter que, en s'arrêtant définitivement à ces idées, le gouvernement n'a fait en quelque sorte que traduire l'opinion répandue dans les masses. Nous avons beaucoup causé de toutes ces questions sur tous les points du territoire que nous avons parcourus. Nous avons trouvé partout ancrée dans les esprits l'idée du suffrage universel pour la nomination des délégués de la communauté et le vote de l'impôt. Partout nous avons entendu préconiser l'utilité de cet agent spécial appelé tantôt syndic, tantôt acequiero mayor ; désigné parfois sous d'autres noms, comme nous le verrons plus loin, mais qui toujours a pour objet de mobiliser et, qu'on nous passe le mot, d'immédiatiser l'administration.

Partout enfin, nous avons vu considérer l'institution du tribunal des eaux avec ses formes rapides, sommaires, sans appel, avec sa répression instantanée, comme étant la seule et unique garantie de l'observation des règlements et du respect du droit de chacun.

CHAPITRE VIII

IRRIGATIONS D'ALMANSA.

Barrage-réservoir. — Arrosages des céréales.
Régime administratif.

———

Nous allons enfin sortir de la province de Valence, cette terre classique des arrosages de l'Espagne. Du haut du chemin de fer nous pouvons jeter un dernier regard sur ces magnifiques cultures du Turia et du Jucar. Nous passons devant Alcira et San Felipe de Jativa ; nous entrons dans cette longue vallée étroite et montagneuse de Montesa, où, sur un parcours de 70 kilomètres, le chemin de fer gravit constamment des pentes roides, mais où nos regards sont surtout attirés par une bande étroite et continue de belles cultures qu'arrosent des sources nombreuses et abondantes. Nous traversons par deux tunnels successifs la ligne de faîte des montagnes de Jativa, et nous débouchons enfin, après un parcours total de 134 kilomètres, dans la plaine d'Almansa [1], où le chemin de fer de Valence vient se souder à celui de Madrid à Alicante.

La plaine d'Almansa est historique. C'est là que fut livrée en 1707, entre l'archiduc d'Autriche et le petit-fils de Louis XIV, Philippe V, la bataille qui, après six ans de luttes, assura la couronne d'Espagne à la dynastie des Bourbons. Mais tel n'est pas notre sujet.

Almansa est remarquable pour nous parce que nous y rencontrons le premier des barrages-réservoirs construits

---

[1] Almansa, ville de 9,000 âmes, dans la province d'Albacete.

en vue des irrigations, le premier non pas seulement par l'ordre de notre itinéraire, mais encore et surtout par la date de sa construction. Nous ne trouverons pas là un modèle parfait. Bien des idées, qui plus tard ont reçu ailleurs leur complet développement, n'y sont encore qu'à l'état de germe; mais l'étude n'en sera que plus intéressante, car elle permettra de suivre pas à pas les perfectionnements successifs de la pensée des constructeurs espagnols.

La planche V donne les dessins complets de cet ouvrage. Il a une hauteur de 20^m,69. Il repose en entier sur le rocher, tant par la base que par les côtés. Il est tout en maçonnerie et revêtu en grosses pierres de taille, à l'exception de la partie supérieure du parement vertical d'aval, qui, sur une hauteur de 6 mètres, est simplement revêtu en moellons, avec quelques chaînes de pierres de taille de distance en distance.

La partie inférieure de la construction, sur une hauteur de 14^m,59, affecte en plan une forme circulaire présentant sa convexité vers l'amont. Le rayon du cercle est de 26^m,24. Sur cette hauteur de 14^m,59, la largeur à la partie supérieure est de 3^m,98, et à la partie inférieure de 10^m,20. La différence est rachetée par une série de grandes retraites en gradins tracées suivant des cercles concentriques à celui indiqué plus haut.

Au-dessus de cette construction circulaire, le barrage présente encore une hauteur de 6^m,10 qui n'a plus en plan la même disposition. Cette seconde partie de la construction est tracée suivant une ligne droite brisée d'une longueur totale de 89 mètres, de façon à aller s'enraciner sur un mamelon insubmersible. D'après la tradition, ces deux parties de la construction n'appartiendraient pas à la même époque.

Du côté de la rive droite, la montagne a été entaillée sur une largeur de 12 mètres et une profondeur de 2 mètres en contre-bas de la crête du barrage, et offre ainsi aux eaux surabondantes un déversoir de superficie dont le débit est d'autant plus abondant, que la pente longitudinale donnée au canal de décharge n'est pas inférieure à 5 de base pour 1 de hauteur. Tout ce canal est creusé dans le rocher.

La prise d'eau consiste simplement dans une galerie longitudinale de 1 mètre de largeur pour 1 mètre de hauteur, ménagée à travers les maçonneries dans la partie inférieure de l'ouvrage.

Dans le même massif, et du côté de l'aval, se trouve pratiquée une petite chambre dans laquelle est placée une grosse vis en fer mobile dans un écrou fixe, et qui sert à manœuvrer une ventelle verticale en bronze placée en travers de le galerie. A l'aide de cette ventelle, on règle la quantité d'eau qui doit sortir du réservoir.

Cette disposition d'une fermeture par ventelle placée entièrement à l'aval n'existe, à notre connaissance, sur aucun des barrages-réservoirs construits en France [1]. Elle est, pour la facilité des manœuvres, préférable de beaucoup au système des ventelles mues, du haut du couronnement, à l'aide de longues tiges de transmission. On n'a pas à craindre le fléchissement des tiges au moment où la vanne s'abaisse ; les hommes y voient clair, se rendent facilement compte des dérangements et peuvent y porter remède. Aussi ce système, qui, comme on le voit, est bien ancien, a-t-il été conservé sans modification dans tous les barrages-réservoirs construits en Espagne, à des époques ultérieures.

Si la prise d'eau d'Almansa est satisfaisante du côté de l'aval, il n'en est pas de même vers l'amont ; elle est de ce côté aussi primitive que possible. On n'y voit aucune disposition pour empêcher la galerie d'être obstruée par les alluvions que dépose le torrent en temps de crue ; et

---

[1] Voir le *Cours de navigation* de M. Minard.

pour y obvier on est dans l'obligation de tenir la ventelle plus ou moins ouverte pendant tout le temps de la crue. Il s'établit une chasse violente qui empêche l'entrée de la galerie de s'obstruer, mais qui fait perdre aussi un volume d'eau très-considérable. Nous verrons bientôt, en étudiant les autres barrages, quelle solution heureuse il a été donné à cette partie du problème.

On trouve enfin, dans le barrage d'Almansa une disposition relative au curage des dépôts qui se font toujours derrière les barrages dans ces cours d'eau torrentiels. C'est encore une disposition qui, croyons-nous, n'a jamais été appliquée en France, la nature des cours d'eau barrés la rendant inutile. En Espagne, au contraire, les ouvrages de cette nature sont indispensables. Si l'on ne se ménageait des moyens de curage, la capacité des réservoirs serait au bout de quelques années envasée jusqu'à la crête ; nous en verrons des exemples.

Le système adopté partout est le suivant :

On ménage dans l'épaisseur des maçonneries et suivant le thalweg du cours d'eau une galerie longitudinale, que l'on ferme à l'amont avec des poutrelles. Les dépôts vaseux s'accumulent par derrière et finissent par prendre une certaine consistance. Lorsqu'on veut faire le curage, on commence par enlever ces poutrelles avec précaution, en pénétrant dans la galerie de curage par l'aval ; les dépôts alluvionnaires ont assez de compacité pour ne pas s'effondrer. On monte alors sur la crête du barrage, et, avec une longue barre à mine mue par un treuil, on perfore un trou vertical dans l'épaisseur des dépôts. L'eau amassée au-dessus des dépôts est mise ainsi en communication avec le vide de la galerie [1] ; elle se précipite aussitôt, affouillant et entraînant les dépôts ; il se fait une véritable débâcle, et le

---

[1] Ces galeries de curage sont désignées en espagnol par le mot caractéristique de *desarenador*, dont la traduction littérale serait, si le mot était français, *desensableur*.

réservoir est curé. Nous entrerons dans des détails beaucoup plus circonstanciés sur cette opération, à propos du barrage d'Alicante. Ce que nous voulons seulement faire remarquer ici, c'est que cette idée a été mise en pratique dès le premier barrage construit en Espagne ; mais ajoutons qu'elle a été fort mal appliquée.

La galerie de curage d'Almansa n'a que 1^m,30 de largeur pour 1^m,50 de haut. Elle est beaucoup trop étroite. Les chasses n'y sont pas assez violentes et n'ont pas l'énergie nécessaire pour provoquer les affouillements sur une grande échelle.

Pour comprendre comment ce réservoir n'est pas comblé depuis un si grand nombre d'années, il faut savoir que, par suite du système adopté dans les irrigations, le réservoir se vide régulièrement deux fois par an et qu'il coule constamment dans le thalweg des eaux de sources pérennes. Le temps qui sépare deux vidanges n'est donc jamais assez long pour qu'il se dépose une grande quantité de limons ; et l'on peut s'en débarrasser à bras d'hommes, avec d'autant plus de facilité, qu'il suffit de les livrer au courant du thalweg.

L'étude du barrage d'Almansa est moins pour nous l'étude d'un modèle à imiter que celle d'une étape de l'art des constructions. A ce point de vue, il ne sera pas inutile de faire connaître comment il a été pourvu à sa construction.

Nous avons eu sous les yeux la copie d'un document très-ancien qui montre que le réservoir fonctionnait déjà en 1586 (la date du commencement de la construction nous est inconnue) et qu'il a été payé entièrement avec les fonds des usagers. Le principe de l'association des capitaux était donc appliqué en Espagne, à une époque bien reculée, et dans des localités certainement bien secondaires.

Le document dont nous parlons est le règlement même

des irrigations, délibéré en 1586 par les usagers, sous la présidence du gouverneur d'Almansa. Nous ne le ferons pas connaître en détail, parce qu'il est tombé en désuétude dans la plupart de ses dispositions. Mais le préambule de ce règlement a un grand intérêt au point de vue de l'histoire de la construction du barrage.

Le 23 janvier 1586, le gouverneur d'Almansa rend un édit portant que : « Ayant eu connaissance du désordre qui règne dans l'administration et *l'approvisionnement des eaux du réservoir*, et voulant y remédier, il convoque le conseil de la ville et tous les intéressés au partage de ces eaux pour le dimanche 26 janvier 1586, à l'effet de délibérer sur l'affaire et arrêter le règlement des arrosages. »

Suit le règlement, dont voici le préambule :

« En la ville d'Almansa, le 26 janvier 1586, se sont réunis dans la salle de l'Ayuntamiento le très-illustre seigneur don Mosen de Rubi de Bracamonte, gouverneur d'Almansa pour Sa Majesté, et... (suivent les noms des personnes présentes). Les intéressés disent que l'œuvre du réservoir avait déjà coûté et coûte encore beaucoup, mais que cette dépense est beaucoup moins importante que les bénéfices qu'en retirent la ville et ses habitants, *aux frais desquels l'ouvrage a été construit* ET DOIT ÊTRE ACHEVÉ ; et attendu que le gouverneur est celui qui a interposé son zèle et son autorité pour arriver à *l'achèvement* de l'ouvrage, ce que par négligence aucune autorité n'avait fait jusqu'à ce jour, malgré les demandes du conseil de la ville, ils supplient le gouverneur de vouloir bien arrêter et décréter le règlement d'arrosage de concert avec le conseil de la ville et les usagers présents, etc., etc. »

Nous croyons pouvoir conclure de ce document qu'il faut rapporter à l'an 1586 le commencement de la construction de la seconde partie du barrage, celle que nous avons indiquée plus haut, comme étant tracée suivant une ligne droite brisée ; et que la partie inférieure, la partie courbe, se trouvait déjà construite à une époque antérieure que nous ne connaissons pas.

Nous avons dit que le vieux règlement de 1586 n'était plus qu'une lettre morte, et qu'il était tombé en désuétude. Les irrigations se pratiquent pourtant à Almansa d'une façon très-régulière, mais c'est seulement d'après des coutumes et usages; il n'y a rien d'écrit. Voici sur ces coutumes et usages, et aussi sur l'agriculture du pays, des renseignements recueillis de la bouche de deux des trois syndics qui sont à la tête des arrosages.

Le territoire irrigable d'Almansa est composé d'environ 2,000 fanegas, soit 1,400 hectares [1].

A part quelques vignes, tout ce terrain est livré à la culture des céréales. Chaque terre doit recevoir uniquement deux arrosages par an, l'un en automne, au moment des semences, l'autre au printemps, quand le blé est en herbe. A chaque arrosage, on vide entièrement le réservoir; l'arrosage terminé, on ferme la ventelle, et l'on recueille pour l'arrosage suivant toutes les eaux qui affluent au réservoir, tant les eaux de pluie que celle de cinq sources pérennes qui naissent dans la gorge.

Nous appellerons l'attention sur ce fait d'une contrée entière, ne faisant, n'ayant jamais fait que des céréales, cultures qui, à la rigueur, peuvent se passer d'eau, et trouvant néanmoins tant d'avantages à pouvoir les arroser régulièrement deux fois par an, qu'elle n'a pas reculé devant l'énorme dépense d'un barrage-réservoir en maçonnerie. C'est du reste la seule contrée d'Espagne où les eaux soient

---

[1] Le système métrique est décrété en Espagne depuis 1849 pour tout ce qui ne concerne pas les monnaies; mais les anciennes mesures, qui varient d'une province à l'autre, resteront, pendant longtemps encore, les plus généralement usitées.

La fanega d'Almansa vaut 10,000 vares castillanes carrées. La vare castillane étant de $0^m,837$, la fanega vaut 70 ares 05,69, et 2,000 fanegas 1401 hectares 13 ares 80 centiares.

appliquées d'une manière aussi exclusive aux céréales.

Ce fait est, ce nous semble, d'un haut enseignement pour l'agriculture algérienne.

Mais à côté de ce premier enseignement, il en est un second qui prouve que souvent le mal est à côté du bien.

Les cinq sources naturelles qui alimentent constamment le réservoir assurent l'arrosage de 350 hectares. Quand l'abondance des pluies permet de remplir le réservoir, on peut arroser de 850 à 950 hectares, mais cela n'arrive pas toutes les années. En somme, sur les 1,400 hectares qui composent le territoire irrigable, on ne peut compter, année commune, que sur l'arrosage de 700 hectares. Si la zone irrigable était limitée à ces 700 hectares, les choses iraient pour le mieux, les terres à l'arrosage conserveraient la supériorité qu'elles ont d'habitude sur les terres sans eau, et l'anomalie que nous allons signaler n'existerait pas. Mais voici ce qui arrive à Almansa. Le sol, dans son état naturel, lorsqu'il n'a jamais été arrosé, est assez léger, et rend généralement 25 pour 1. L'arrosage change sa nature, lui donne de la compacité, et le transforme en terre forte. En cet état, il rend, les années où il peut être arrosé, 40 pour 1 ; mais si l'arrosage manque, la récolte est radicalement nulle. Ainsi les chances de récolte sont les suivantes :

Terres de huerta, quand elles sont arrosées...... 40 pour 1
Terres de secanos........................... 25 pour 1
Terres de huerta, quand elles ne sont pas arrosées. 0

Or, comme il y a souvent des années sans pluie, qu'il y a dès lors une très-grande partie des terres de la huerta qui ne sont pas assurées d'être arrosées, on est arrivé à cette singulière anomalie que, dans certains quartiers, des terres de secanos se vendent et se louent plus cher que des terres de huerta.

Il est évident qu'avec une culture plus perfectionnée,

des labours profonds et des amendements, on arriverait à modifier cette situation. Mais on n'en est pas encore là à Almansa. On ne se sert que de l'araire, et l'emploi du fumier y est assez restreint, surtout depuis l'établissement des chemins de fer, qui ont anéanti l'industrie des rouliers et des muletiers.

Quoi qu'il en soit, comme sur les 1,400 hectares irrigables, on est habitué à compter, année commune, sur l'arrosage de 700 hectares, l'usage constamment suivi est de laisser chaque année en jachère la moitié de la zone irrigable. On ne sème que l'autre moitié, mais on n'est assuré de la récolte complète de cette dernière que lorsque les pluies viennent notablement augmenter le débit des sources naturelles qui affluent au réservoir.

Voici maintenant quelques détails sur l'administration.

Le réservoir alimente six canaux d'irrigation. Il y a pour chacun d'eux deux arroseurs publics chargés de faire eux-mêmes les arrosages. Au-dessus d'eux, il y a un garde chargé de veiller au réservoir et de régler les eaux qui s'échappent par la ventelle.

L'eau est annexe à la terre ; elle appartient aux propriétaires de la huerta, et ceux-ci supportent toutes les dépenses ordinaires, proportionnellement à l'étendue de leurs propriétés, mais seulement quand elles peuvent être arrosées.

L'administration est faite par trois syndics nommés pour un an seulement, à la majorité des voix, par l'universalité des usagers réunis en assemblée générale.

Ces trois syndics fixent la taxe annuelle. Elle était cette année (1862) de 8 réaux par fanega, soit 3 francs par hectare pour chaque arrosage, c'est-à-dire que celui qui a pu recevoir ses deux arrosages de l'année, a eu à payer 6 francs par hectare, et celui qui n'a pu en recevoir qu'un a payé 3 francs. Si, par suite de l'abondance des eaux, le produit de cette taxe dépasse les besoins de l'année, les syndics de l'an prochain voteront une taxe moindre, et *vice versa*. Dans tous les cas les décisions des syndics à cet égard sont absolues. Un propriétaire qui, cette année, aurait payé une taxe supérieure aux besoins, ne serait pas admis à réclamer le remboursement d'une partie de sa taxe, sous prétexte que cette partie de taxe doit servir aux curages de l'an prochain, où peut-être il n'aura pas la possibilité d'arroser.

Dans les cas assez rares de dépenses extraordinaires, les syndics ont également le droit de voter les taxes correspondantes, à raison de tant de réaux par fanega. Dans ces cas, la taxe s'applique à la totalité des propriétés comprises dans la zone, alors même qu'elles n'arroseraient pas l'année suivante.

La perception des taxes du budget ordinaire est faite par le receveur de l'association, le jour même qui doit précéder l'arrosage. Celui qui n'a pas payé, et qui ne peut présenter le récépissé du receveur à l'arroseur public, n'arrose pas.

Quant au recouvrement des taxes extraordinaires, il se fait suivant les formes ordinaires; et si les contribuables n'ont pas payé dans les délais fixés, ils sont poursuivis par les soins des syndics, soit devant le juge de paix, soit devant le tribunal de première instance, suivant les cas.

Il en est de même de la poursuite des contraventions.

Il n'y a pas de tribunal spécial des eaux. Il fut supprimé en 1834, par une loi générale du royaume qui abolit en principe tous les tribunaux privatifs, tels qu'ils existaient autrefois. Ceux que nous avons vu fonctionner dans la province de Valence sont constitués sur des bases nouvelles qui, les rapprochant de la constitution de nos conseils de prud'hommes, ne portent pas atteinte au principe de la suppression des tribunaux privatifs. Mais à Almansa, les usagers n'ayant pas réclamé la réorganisation de leur tribunal des eaux, les choses sont restées dans la situation que leur a faite la loi de 1834.

CHAPITRE IX

IRRIGATIONS D'ALICANTE.

Arrosages particuliers aux environs de la ville. — Norias. — Mares. —
Climat d'Alicante. — Observations pluviométriques comparées à celles
de l'Algérie.

La distance qui sépare Almansa d'Alicante [1] est de 97 kilomètres, mesurés suivant le tracé du chemin de fer. Sur
une notable partie de ce parcours, on suit une vallée res-
serrée entre deux montagnes. La campagne y est affreuse,
à part quelques points isolés où l'on aperçoit des cultures,
notamment près de Villena, petite ville de 8,000 à 9,000 âmes,
dont le territoire est sillonné par de nombreux canaux
d'arrosage. Lorsqu'on débouche dans la plaine d'Alicante,
l'œil est attristé par la même aridité.

Cette plaine est remarquable, pour le géologue, par la
multitude de mamelons qui sortent, comme des champignons isolés, du milieu de la plaine plate et nue, mamelons aux contours mous et arrondis, accusant la formation
tertiaire, et couronnés par des roches d'un âge antérieur,
aux arêtes vives et aiguës, aux bancs redressés presque
verticalement, qui donnent de loin à tout cet ensemble
l'aspect de gigantesques constructions en ruines perchées
sur la cime des mamelons. C'est sur l'un d'eux, situé le
long de la côte, à l'extrémité même du port, qu'est construite la citadelle d'Alicante, à 300 mètres d'élévation au-
dessus de la mer.

---

[1] Alicante, chef-lieu de la province de ce nom, port de mer, à 455 kilomètres de Madrid. Sa population est de 20,000 âmes.

Mais pour l'agronome, la plaine d'Alicante ne présente qu'un aspect désolé. Les belles cultures dont nous aurons à entretenir bientôt le lecteur et que l'on connaît sous le nom de huerta d'Alicante, ne se rencontrent qu'à environ 8 kilomètres au nord de la ville, dans la vallée du Rio Monegre. Aucun cours d'eau n'arrose les environs. La ville elle-même ne possède pour ses besoins de propreté que des sources très-insuffisantes et presque impropres à la boisson. On va chercher l'eau de table à une source spéciale, située à une heure de marche de la ville ; une grande quantité d'ânes et de mulets sont employés à cette industrie.

Nous ne rencontrerons donc ici aucune de ces vastes irrigations que nous avons eu à signaler ailleurs, et par suite aucune administration publique. Mais nous y trouverons néanmoins d'utiles enseignements, en étudiant les travaux faits isolément par de simples particuliers pour se procurer de l'eau d'arrosage. Ces travaux sont de deux sortes : les Norias à manége et les Mares (*Balsas*), destinées à recueillir les eaux de source ou de pluie.

Les norias à manége de la plaine d'Alicante n'ont rien de particulier quant à leur mécanisme. C'est toujours ce système très-primitif, mais aussi très-peu coûteux, que l'on rencontre sur tous les points de l'Espagne qui ne jouissent pas d'eaux courantes naturelles. Sur un tambour à lanterne vertical s'enroulent deux cordes en sparterie, équidistantes, sur lesquelles sont attachés des cantaros, ou vases en poterie, qui se remplissent au fond du puits, et déversent l'eau, au point culminant de leur rotation, dans un bassin latéral. La lanterne engrène avec une roue horizontale à laquelle on attelle un mulet.

Ces arrosages faits à l'aide d'animaux sont désignés en Espagne par l'expression caractéristique d'*arrosage au sang* (riego de sangre).

Les norias d'Alicante sont remarquables par le soin et

l'intelligence avec lesquels les travaux ont été dirigés, de façon à faire affluer au fond du puits la plus grande masse d'eau. Dans la plupart des cas, le puits, descendu verticalement jusqu'à la rencontre de la couche aquifère, se ramifie ensuite, suivant une ou plusieurs galeries horizontales qui vont capter les eaux dans une foule de directions. C'est ce détail de construction que nous tenions à faire connaître.

Les mares (balsas) sont de grandes excavations faites dans le sol, et revêtues au fond et sur les parois de maçonneries imperméables. Nous donnons (pl. VIII) les dessins de deux de ces mares ; celle de *los Frailes*, relevée le long de la route qui conduit d'Alicante à Elche, et à moitié chemin à peu près de ces deux villes ; celle de *Garcia*, située à 2 kilomètres d'Alicante, près de la route de Madrid.

La mare de los Frailes a 40 mètres de long, 20 mètres de large et 3 mètres de profondeur (pl. VIII, fig. 7 et 8). Elle est constamment alimentée par une source qui débouche dans la mare, à $1^m,40$ au-dessus du radier, et qui débite à peu près deux litres à la seconde. Le surplus de la hauteur est rempli par les eaux de pluie, qui affluent à la mare en suivant les pentes inclinées du terrain environnant. Elle est fermée par une bonde en bois de $0^m,20$ de diamètre, placée au fond du radier, et que l'on soulève tout simplement en faisant effort sur elle à l'aide d'une corde. Sans avoir égard à la capacité supérieure au point d'affleurement de la source, laquelle ne se remplit qu'au moment des pluies, on voit qu'à l'aide de cette mare, on trouve le moyen d'utiliser complétement une petite source, dont les eaux seraient, sans cela, entièrement absorbées par le sol, avant d'arriver au point où elles doivent être utilisées. La capacité de la mare, inférieure à la source, est de 1,120 mètres cubes. La source débitant deux litres à la seconde, la mare se remplit tous les six à sept jours, et l'on peut ainsi avoir, toutes les semaines, une éclusée de 1,120 mètres cubes. En admettant qu'il faille pour chaque arrosage une hauteur de lame d'eau de $0^m,05$, on peut arroser chaque fois deux hectares environ, ce qui assure le succès d'une très-grande étendue de céréales, vignes, oliviers, toutes cultures qui n'exigent, au plus, que deux ou trois arrosages par an, et quelquefois moins, quand les pluies ne font pas complétement défaut.

La mare de Garcia (pl. VIII, fig. 9, 10, 11, 12, 13) n'est alimentée par aucune source ; elle est simplement destinée à recueillir les eaux de pluie. Elle est, comme la première, l'œuvre d'un simple particulier ; sa construction remonte à la fin du siècle dernier.

Ses dimensions sont colossales : 124 mètres de longueur, 40 mètres de largeur et 4 mètres de profondeur ; elle peut ainsi contenir 19,840 mètres cubes. Elle est partagée en deux compartiments, dont l'un a 43 mètres de long, et l'autre 81 mètres, dans le but de diminuer l'étendue de la surface d'évaporation. On commence par remplir le premier compartiment à l'aide des premières pluies ; si celles-ci persistent, on enlève les madriers qui ferment le pertuis de communication entre les deux compartiments, et les nouvelles eaux affluentes se répandent dans le second.

Chacun des compartiments est fermé par une bonde de fond analogue à celle que nous avons décrite pour la mare de *los Frailes*. Cette bonde est fixée à une chaîne en fer dont l'autre extrémité est scellée sur le couronnement du bajoyer. Un support en fer est également scellé sur ce couronnement, et l'on ouvre la bonde en faisant effort à l'aide d'un levier que l'on appuie sur le support, et dont on passe un des bouts dans les anneaux de la chaîne. Lorsqu'on veut fermer, on abandonne la bonde à elle-même, en la présentant au-dessus de l'orifice de sortie ; la force du courant l'entraîne, et la fermeture s'opère toute seule.

Le système de prise d'eau est complété par une vanne qui sert à régler la quantité d'eau que l'on veut faire entrer dans le canal d'arrosage. A cet effet, une petite chambrette est construite en dehors de la mare et au-dessus du canal d'arrosage. Ce canal, maçonné à son origine, est fermé par une ventelle verticale en fonte que l'on met en mouvement à l'aide d'une grosse vis placée dans la chambrette. C'est une disposition entièrement analogue à celle dont nous avons déjà donné une idée en décrivant le barrage-réservoir d'Almansa. On peut ainsi limiter le débit du volume d'eau qui s'échappe par la bonde.

Mais ce qu'il y a de plus remarquable dans la mare de Garcia, c'est son système d'alimentation. Nous en donnons (pl. VIII, fig. 9) un croquis levé à vue d'œil. La mare est située sur une plaine fortement inclinée qui s'étale au pied d'un coteau. Deux bourrelets de 1 mètre environ de hauteur vont en divergeant à partir de la mare, de façon à embrasser un espace triangulaire qui n'a pas moins de 2 à 3 kilomètres de hauteur et une base à peu près égale le long du pied du coteau. Toutes les eaux qui tombent sur le coteau et sur la plaine, et qui ne sont pas absorbées par le sol, sont arrêtées par les bourrelets, et convergent vers la mare.

Ce n'est pas tout : l'un des bourrelets que nous venons de décrire est longé par un canal d'environ 2 mètres de largeur, qui traverse le *barranco de las Ovejas* sur un pont-aqueduc, et se développe sur le versant rive droite dudit barranco, de façon à arrêter au passage les eaux de pluie qui coulent sur ce versant et à les amener à la mare.

Tout ce travail, dû à l'initiative individuelle, est très-remarquable, et mérite d'autant plus d'être signalé, qu'il pourrait faire l'objet de nombreuses applications en Algérie.

Pour que de simples particuliers se décident à faire des ouvrages d'une telle importance, il faut que le mal dû à l'aridité soit bien profond. Cela suffirait pour faire comprendre la sécheresse du climat d'Alicante, qui est sans contredit un des moins pluvieux de l'Espagne.

Le tableau suivant va, au surplus, faire connaître l'intensité de cette sécheresse. Ce sont les observations plu-

viométriques faites à Alicante pendant une période de cinq
années, par D. Rafael Chamorro, professeur de physique à
l'institut d'enseignement secondaire d'Alicante (lycée),
lequel a bien voulu nous les communiquer.

MOIS.	ANNÉES					OBSERVATIONS.
	1857	1858	1859	1860	1861	
	millim.	millim.	millim.	millim.	millim.	
Janvier...	19.6	31.0	1.0	38.1	15.2	
Février...	106.7	94.0	5.0	142.3	7.6	
Mars.....	86.4	43.0	13.1	12.7	7.7	
Avril.....	22.1	2.5	»	119.4	15.2	
Mai......	60.1	11.4	42.2	12.7	43.2	
Juin......	6.1	»	16.0	1.3	2.8	
Juillet ...	2.5	129.8	»	43.2	»	
Août.....	56.8	53.8	51.1	1.3	»	
Septembre	2.5	17.8	2.0	15.2	2.8	
Octobre...	71.1	109.2	16.1	55.9	35.5	
Novembre	147.3	133.3	25.3	1.8	27.9	
Décembre	58.4	»	6.1	15.2	*a*	*a* Le mois de décembre 1861 manque.
TOTAUX.	619.6	625.8	177.9	459.1	157.9*b*	*b* Total pour 11 mois.

La sécheresse de l'Algérie est loin d'être aussi forte que
celle d'Alicante.

Le tableau comparatif des quantités d'eau tombées dans
ce dernier pays et dans les trois localités principales de la
côte algérienne, Oran, Alger et Bône, peut être, dans certains cas, d'un enseignement utile pour l'étude des irrigations de l'Algérie. Nous le donnons ci-après :

LOCALITÉS.	Quantités de pluie tombées pendant les années					OBSERVATIONS.
	1857	1858	[1859	1860	1861	
	millim.	millim.	millim.	millim.	millim.	
Alicante........	619.60	625.80	177.90	459.10	157.90	Les chiffres correspon-
Oran..........	907.25	332.00	388.75	467.25	285.00	dant à 1861 ne compren-
Alger.	896.70	628 50	893.60	672.70	522 40	nent que les onze pre-
Bône	860.30	613.50	863.50	618.60	436.70	miers mois de l'année.

CHAPITRE X

IRRIGATIONS D'ALICANTE (SUITE).

Arrosages de la huerta. — Barrage-réservoir d'Alicante ou de Tibi.

———

Nous allons maintenant porter nos excursions au nord de la ville, et nous engager définitivement au milieu des grandes cultures irriguées, au centre de la huerta. Cette huerta est dans la vallée du Rio Monegre, torrent qui prend sa source dans les montagnes les plus voisines de la côte, à 50 kilomètres au plus de son embouchure. Elle a une étendue d'environ 3,700 hectares[1], elle est livrée à la culture des plantes maraîchères, des arbres fruitiers, des oliviers, des céréales, des vignobles ; et c'est de là que sortent ces crus si renommés de Muscatel, de Malvoisie, de Fondillol. Ici, contrairement à ce qui se pratique en France, les vignes s'arrosent ; c'est qu'en effet les pluies faisant presque constamment défaut au moment où les vignes en ont le plus besoin, il faut bien y suppléer par l'irrigation.

On arrive vite d'Alicante à la huerta lorsqu'on veut s'y rendre par la voie la plus directe. Il suffit de prendre la route qui passe par le bourg de Santafaz et les villages importants de San Juan et de Muchamiel ; ces deux derniers occupent le milieu de la huerta. (Voir la carte générale, planche I.) Mais cet itinéraire ne nous ferait pas voir les travaux d'irrigation dans l'ordre logique où il convient de les étudier.

[1] La superficie exacte, en mesure du pays, est de 30,660 tahullas. La tahulla vaut 1,444 vares d'Alicante carrées ; la vare d'Alicante est de 0^m,912. La tahulla vaut donc 12 ares 01 ; ce qui fait 3,682^h,26^a,60^c.

Disons de suite que les eaux du Rio Monegre sont retenues dans la montagne par un barrage-réservoir, et qu'on
n'en laisse sortir que la quantité nécessaire ; que celle-ci,
au sortir du réservoir, est abandonnée dans le lit même du
torrent qu'elle suit sur un parcours de 10 à 12 kilomètres ;
qu'après ce parcours, elle arrive au droit des premières
cultures de la huerta, où elle rencontre un barrage de dérivation appelé *barrage de Muchamiel*, et que là seulement
elle commence à s'engager dans les canaux d'irrigation ;
que, à l'aval de ce premier barrage de dérivation, il en
existe un second, celui de San Juan, qui ne sert qu'exceptionnellement pour recueillir les eaux surabondantes du
barrage de Muchamiel ; et nous aurons indiqué en deux
mots le système général d'alimentation de la huerta d'A-
licante.

Après cet aperçu très-sommaire, mais suffisant pour le
moment, nous retournerons à Alicante, d'où nous nous en-
gagerons dans le seul chemin praticable pour aller au barrage-réservoir : chemin affreux dont la longueur n'est pas
moindre de 25 kilomètres, dont les pentes atteignent quelquefois 20 pour 100, mais qu'on peut parcourir cependant
dans ces solides voitures du pays qu'on appelle *tartanes*, à
la condition d'avoir un vigoureux mulet, de le laisser souf-
fler souvent et de mettre de temps en temps pied à terre.

Le pays que l'on traverse présente une série de croupes
de montagnes à contours mous et arrondis, composées de roches argilo-calcaires fendillées et schisteuses, et traversées
de distance en distance par des bancs minces de gypse cris-
tallisé. Ces croupes sont couronnées par des rochers dressés
presque verticalement, dont les lignes accentuées, se décou-
pant vigoureusement sur le ciel, reproduisent cet aspect de
forteresses en ruine que nous avons signalé à propos des
mamelons isolés qui entourent la ville d'Alicante. Le terrain des vallées est formé des détritus des roches schisteuses des croupes voisines.

On ne peut se défendre d'un mouvement d'admiration
en voyant les labeurs incessants des paysans qui habitent
ces âpres contrées pour tirer parti du moindre coin de terre
labourable. De cent en cent pas, des murs de soutènement
en pierres sèches rachètent les différences de niveau et transforment les pentes roides des vallées en une série de paliers
horizontaux qui permettent de braver les orages. Partout où
une dépression du sol concentre des eaux de pluie, on voit
de petits bourrelets en terre qui dirigent ces eaux sur les
champs. Tout cela est labouré, semé en blé ou en orge,
et de distance en distance s'élèvent les cabanes en pierres
sèches qui servent à abriter les ouvriers au moment des
cultures et des récoltes.

Enfin, après cinq heures de route, on arrive sur les bords
du Rio Monegre, et l'on se trouve en présence du grand
barrage-réservoir qui alimente la huerta d'Alicante, mais
que l'on désigne plus généralement dans le pays sous le
nom de *barrage de Tibi*, du nom du village sur le territoire duquel il est construit.

C'est ici le plus important des ouvrages de cette nature
que nous rencontrerons, le plus important non pas de tous
ceux qui ont été construits en Espagne, mais de ceux qui
existent encore. C'est en outre celui dont l'administration
est la mieux entendue, dont le fonctionnement est le plus
régulier, celui en un mot qui, à part quelques perfectionnements de détail dont nous trouverons les exemples ailleurs, mérite le plus d'être pris pour modèle. On ne s'éton-
nera donc pas si nous l'étudions dans tous ses détails avec
un soin tout à fait minutieux.

Les dessins que nous donnons de cet ouvrage (Planches VI et VII) sont dressés d'après les notes et croquis qui
ont servi à l'établissement de ceux qui existent au bureau
du syndicat. Ces notes et croquis ont été relevés par M. Tomas Rovira, directeur des travaux de ce syndicat, au moment du dernier curage de ce réservoir, il y a trois ans,

alors que, le réservoir étant entièrement vide, il était possible de parcourir toutes les galeries qui le traversent.

La gorge de *Tibi*, dans laquelle le barrage est construit,
est entièrement formée, dans le fond et sur les côtés, par
des bancs de rocher calcaire extrêmement dur, relevés
presque à pic. Sa largeur au fond n'est que de 9 mètres,
et de 58 à la hauteur du couronnement du barrage. C'est
un point unique, pour son peu de largeur, sur tout le cours
du *Rio Monegre*, tellement unique, que le barrage lui-même
n'a pu être encaissé, sur toute son épaisseur, dans cette
largeur de 58 mètres. La première moitié du couronnement
n'a pour longueur que ces 58 mètres, mais la seconde
moitié en a 84.

Le barrage est tout en maçonnerie, et revêtu en parement par des pierres de taille très-bien appareillées, dont
les dimensions vues sont généralement de $\frac{0.90}{0.45}$. Sa hauteur,
mesurée depuis l'arête amont du couronnement jusqu'au
seuil de l'orifice amont de la galerie de curage (*desarenador*), est de 41 mètres. Sa hauteur, mesurée depuis la
même arête jusqu'au seuil de l'orifice aval de la même galerie, est de 42^m,70. Il est tracé en plan suivant un arc de
cercle faisant voûte contre la pression des eaux. Cet arc de
cercle, mesuré suivant l'arête amont du couronnement,
présente une corde de 58 mètres pour 4 mètres de flèche,
ce qui correspond à un rayon de 107^m,125. Les autres arcs
sont concentriques à celui-là.

Le couronnement a une largeur de 20 mètres et une
inclinaison totale de 1 mètre, de l'amont à l'aval. La largeur à la base est de 33^m,70.

Le parement amont a un fruit régulier de 3 mètres ; celui
d'aval est dressé suivant un fruit de 5^m,70, interrompu par
six retraites de différentes dimensions qui achèvent de racheter la différence de largeur entre la base et le sommet[1].

[1] Nous avons voulu nous rendre compte des conditions de stabilité du

Quant à la capacité du réservoir, elle n'est pas connue d'une manière positive, les profils en travers du terrain n'ayant jamais été levés. On sait seulement que quand il est plein jusqu'à la crête du barrage, la longueur de la retenue est de 1,800 mètres. Nous ajouterons comme résultat d'une appréciation à vue d'œil, que la largeur de la vallée mesurée à la hauteur de la crête, et non loin de la gorge rétrécie où se trouve le barrage, nous a paru pouvoir être fixée à 300 mètres. On aura donc une approximation de la capacité du réservoir, en la considérant comme étant égale à une pyramide qui aurait une hauteur de 1,800 mètres et une base triangulaire de 300 mètres de côté pour 41 mètres de hauteur. Il correspond à ces dimensions un volume de 3,690,000 mètres cubes, soit, en chiffre rond, 3,700,000.

barrage d'Alicante, et nous avons construit à cet effet l'épure de la courbe des pressions.

En supposant le réservoir plein jusqu'à la crête, prenant 2,000 kilogrammes pour le poids de 1 mètre cube de maçonnerie de moellons ; 1,000 kilogrammes pour le poids de 1 mètre cube d'eau, et appliquant les calculs à une tranche de 1 mètre d'épaisseur, on trouve que la résultante des pressions sur le plan de fondation est égale à 2,495,000 kilogrammes, et passe à $13^m,10$ du parement aval, et que la composante verticale de cette résultante est de 2,281,461 kilogrammes.

La pression maxima par unité de surface, qui a lieu sur l'arête du parement aval, se calcule par la formule $x = \dfrac{2V}{B}\left(2 - 3\dfrac{b}{B}\right)$, dans laquelle

$V =$ composante verticale de la résultante des pressions $= 2,281,461$ kilogrammes.

$b =$ distance du point d'application de la résultante des pressions au parement d'aval $= 13^m,10$.

$B =$ largeur de la base $= 33^m,70$.

On trouve ainsi que la pression par centimètre carré est de $11^k,28$.

La formule ci-dessus n'est applicable que dans le cas où l'on a $b < \dfrac{2}{3}B$. Dans le cas contraire, la formule à employer est :

$$x = \frac{2}{3}\frac{V}{b}.$$

La surface de la huerta étant d'ailleurs, comme on l'a vu plus haut, de 3,700 hectares, le réservoir, quand il est plein, peut renfermer 1,000 mètres cubes par hectare, soit environ deux arrosages, nombre suffisant à l'année pour les céréales et les vignes. Mais ce volume est diminué par les pertes que les eaux subissent dans le long parcours qu'elles ont à faire, avant d'arriver à la huerta.

Le massif du barrage est traversé par des puits et galeries destinés à assurer soit la prise d'eau, soit l'évacuation des dépôts. Mais avant d'en faire la description, il est indispensable que nous fassions connaître le régime affecté par les eaux et leurs sédiments dans l'intérieur de la retenue.

Le réservoir est alimenté d'une manière permanente par des eaux de source qui naissent dans les territoires des villages d'*Onil*, de *Castalla*, de *Ibi* et de *Tibi*, et qui se rendent toutes au *Rio Monegre;* ces sources forment vingt-deux groupes énumérés dans le règlement du syndicat. Nous n'en possédons pas le jaugeage ; nous savons seulement, d'après le règlement, qu'elles sont susceptibles de fournir, en temps ordinaire, un volume de 128 litres par seconde à la tête de la huerta, c'est-à-dire après un parcours de 10 à 12 kilomètres dans un lit très-perméable. On ne peut donc évaluer à moins de 200 litres par seconde le volume que ces sources envoient au réservoir[1]. En sus de ces eaux, qui sont naturellement limpides, le réservoir reçoit toutes

---

[1] Si réellement les sources naturelles débitent en moyenne 200 litres par seconde, leur débit, au bout de l'année, serait de 5,788,800 mètres cubes, volume supérieur à la capacité du réservoir ; mais il faut remarquer, ce que du reste on verra plus loin, que d'après l'organisation des arrosages, on laisse sortir du réservoir, pendant neuf mois environ de l'année, un volume au moins égal au débit des sources naturelles. Il ne reste donc, pour former la réserve, que le débit des sources pendant trois mois, plus le produit des pluies.

les eaux de pluie amenées par les barrancos et les versants qui correspondent à son bassin. Lorsqu'il est plein jusqu'à la crête, la longueur de la retenue est de 1,800 mètres. La hauteur du barrage étant de 41 mètres, on en déduit que la pente moyenne du lit, sur toute la longueur de la retenue, est de 0.022 par mètre. Cette pente torrentielle est encore plus forte dans les parties qui se trouvent plus à l'amont et dans les barrancos qui affluent latéralement. Aussi les pierres mises en mouvement par les pluies d'orage atteignent-elles des dimensions considérables. Il est des barrancos qui roulent des blocs de 500 à 600 kilogrammes. Les plus gros de ces blocs s'entassent dans le *Rio Monegre,* près de leur confluent, jusqu'à ce que, par les chocs, par le frottement, ils soient réduits à des dimensions plus faibles. A une demi-heure de marche à l'amont du barrage, on trouve encore des pierres grosses comme la tête, mais au fur et à mesure que, par l'effet de la retenue, la vitesse des eaux s'amortit, les matières entraînées deviennent de plus en plus ténues. Enfin dans l'étendue même du réservoir il ne se dépose plus que de la vase excessivement fine. Ces dépôts de vase sont très-considérables. En 1843, il y avait quatorze ans qu'on n'avait fait le curage, et les dépôts s'élevaient, contre le mur du barrage, à une hauteur de 100 palmos, soit $22^m,80$ (1 palmo $= 0^m,228$). Depuis lors, on a pris pour règle de faire le curage régulièrement tous les quatre ans, et pendant cette période les dépôts s'élèvent à une hauteur de 12 à 16 mètres. Lors de notre visite, il y en avait 14 mètres : le curage n'avait pas été fait depuis trois ans.

On voit, par la description qui précède, combien les torrents et barrancos, dont nous nous occupons, sont comparables à ceux de l'Algérie. On voit de plus quelles sont la nature et l'importance des dépôts qui se font derrière les barrages, et combien il est nécessaire d'avoir des ouvrages spécialement disposés en vue d'assurer en tout temps la prise d'eau, et de permettre de temps à autre le curage des dépôts.

C'est de ces ouvrages que nous allons maintenant nous occuper.

La prise d'eau est disposée de la manière suivante :

Un puits de 0^m,80 de diamètre est ménagé dans l'épaisseur du massif à 0^m,60 de distance du parement amont. Ce puits n'est pas tout à fait vertical ; il suit le fruit de $\frac{3}{41}$ donné au parement, de façon que l'épaisseur de 0^m,60 soit toujours la même.

Sur toute la hauteur du puits sont ménagées des barbacanes ; elles vont par paire ; chacune d'elles a 0^m,11 de largeur et 0^m,22 de hauteur. Les deux barbacanes correspondant à une même ligne horizontale, sont espacées de 0^m,30 ; la distance verticale qui sépare deux paires consécutives est de 0^m,44. Il y en a en tout cinquante et une paires.

La première paire commence à 6^m,88 en contre-bas de la crête ; la dernière s'arrête à 2 mètres en contre-haut du fond ; et il y a de plus, au bas du puits, une grande ouverture carrée de 1 mètre de côté, fermée par deux grosses pierres de taille de $\frac{1.00}{0.50}$ qui permettent, au moment des curages, de pénétrer par le bas dans la galerie dont il sera bientôt question. Chacune de ces grosses pierres de taille porte en son milieu une barbacane. Cela fait en tout cent quatre barbacanes dont le puits est percé à toute hauteur.

Par cette disposition les eaux peuvent entrer dans le puits, quelle que soit la hauteur des vases accumulées ; et les dimensions des barbacanes sont assez petites pour que les corps flottants de quelque importance ne puissent pas s'y engager.

Le puits est continué dans le bas par une galerie horizontale à faible pente, qui conduit les eaux hors du massif du barrage. Dans le principe, cette galerie avait été établie au milieu même des maçonneries, dans le plan vertical passant par le puits. On voit encore sur le parement aval du barrage les voussoirs qui en dessinaient le contour ; mais dans cette position, elle était très-rapprochée de la galerie de curage dont il sera question plus loin ; il y avait de l'une à l'autre des infiltrations qui firent concevoir quelques craintes, et l'on se décida à maçonner complétement la galerie de prise d'eau et à lui donner une autre direction.

Aujourd'hui, cette galerie est tracée à son point de départ, parallèlement au parement amont du barrage jusqu'au point où elle rencontre le rocher naturel qui forme la berge. Arrivée là, elle se retourne dans le sens du thalweg, et est creusée en tunnel dans le rocher même. (Voir pl. VI, fig. 4, et pl. VII, fig. 2.) Cette galerie en tunnel a 0^m,60 de largeur et 1^m,70 de hauteur.

La sortie des eaux est réglée à l'aide d'une ventelle placée à l'extrémité aval de la galerie.

A cet effet, celle-ci se rétrécit de façon à ne plus présenter qu'une ouverture de 0^m,54 de largeur pour 0^m,70 de hauteur. C'est là que sont placées la ventelle et ses coulisses. Cette ventelle porte une crémaillère dentée et est mise en mouvement par des roues d'engrenage que l'on manœuvre dans une petite chambrette située au-dessus et creusée dans le rocher même (Pl. VI, fig. 4). On règle ainsi avec une extrême facilité la quantité d'eau qui doit être livrée aux irrigations.

Quant à la ventelle elle-même, elle est en bronze ; son épaisseur est de 5 centimètres, et ses dimensions, non compris la portion qui s'engage dans les coulisses, autrement dit celles du vide correspondant au cadre des coulisses, sont de $\frac{0.44}{0.66}$. Dans un coin du cadre, il a été ménagé une petite échancrure, de façon que, même quand la ventelle est fermée, il s'échappe toujours un léger filet d'eau pour empêcher les limons en suspension de venir cimenter la ventelle dans les coulisses et engorger la galerie.

Le jour de notre visite, il y avait une hauteur d'eau de 2 mètres au-dessus des dépôts du réservoir, dont la hauteur était elle-même de 14 mètres. Nous avons fait fermer complétement la ventelle qui a supporté aussitôt une charge d'eau de 16 mètres. Le garde barragiste seul a relevé la vanne sous cette charge, avec une extrême facilité, et nous a assuré que lorsque le réservoir était plein, ce n'était guère plus pénible ; un seul homme suffit toujours.

Pendant que la galerie était fermée, il sortait un peu d'eau au-dessus de la ventelle, à travers le jeu ménagé dans la coulisse ; mais c'était sans jaillissement ni bouillonnement. L'eau remplissait lentement le vide en forme d'entonnoir traversé par la crémaillère (pl. VII, fig. 5), trouvait son écoulement dans une petite rigole de 10 à 12 centimètres de largeur creusée sur le sol même de la chambre, et retombait immédiatement par un trou, dans la rigole d'irrigation, à l'aval de la ventelle.

Il n'est pas nécessaire, croyons-nous, que nous nous arrêtions à faire ressortir tout ce qu'il y a d'ingénieux dans ces dispositions. Elles résolvent de la manière la plus heureuse et la plus complète le problème d'une prise d'eau dans un réservoir soumis aux envasements.

Nous allons passer maintenant à l'étude de la galerie de curage, du *desarenador*.

Cette galerie est placée dans l'axe même du thalweg, et traverse en droite ligne de l'amont à l'aval le massif des maçonneries du barrage. Son orifice vers l'amont est de 1^m,80 de largeur pour 2^m,70 de hauteur. C'est un goulet relativement assez étroit, mais dont les dimensions ont été sans doute commandées par la convenance de laisser une résistance suffisante aux pièces de bois qui le ferment, ainsi qu'on le verra bientôt. Ce goulet n'a du reste que 2^m,70 de longueur. Immédiatement après, la galerie a un élargissement brusque de 0^m,60, en haut et sur les côtés, et sa section se trouve portée à 3 mètres de largeur et 3^m,30 de hauteur. A partir de là, la section va en s'élargissant régulièrement, par des inclinaisons données à la fois, au radier, aux bajoyers, et à la voûte, et elle finit par avoir à son extrémité aval 4 mètres de largeur et 5^m,85 de hauteur. (Pl. VII, fig. 1 et 2.)

Nous appelons l'attention sur cette disposition remarquable d'un évasement continu sur les quatre côtés de la section, disposition dont l'importance paraît avoir échappé aux constructeurs des barrages-réservoirs établis ultérieurement. Lorsqu'au commencement de l'opération du curage, les vases s'échappent de l'orifice, compactes et à gueule bée, cette disposition a pour effet de permettre aux vases chassées de s'épanouir constamment ; dans aucun sens, elles ne peuvent se comprimer et se tasser, et ne risquent pas de s'arrêter à moitié chemin de la galerie, en formant une espèce de bouchon qu'il serait ensuite impossible d'attaquer sans exposer les ouvriers à une mort certaine.

Le *desarenador* est fermé de la manière suivante : il y a une porte (*porton*), une contre-porte (*contra-porton*), et des étais (pl. VII, fig. 2 et 3). La porte est formée de pièces de bois de pin de $\frac{0.30}{0.30}$ d'équarrissage, placées verticalement, assemblées à languettes et calfatées. Elle pénètre en haut et en bas dans deux rainures pratiquées, l'une sur le radier, l'autre dans la voûte. Pour la mettre en place, on fait entrer dans les rainures chaque pièce de bois l'une après l'autre, et on les assemble. La dernière, celle qui forme clef, est un peu plus courte que les autres et ne pénètre pas dans la rainure supérieure. On calfate ensuite tous les joints.

La contre-porte est appliquée immédiatement derrière la porte. Elle est formée de pièces de bois de même équarrissage, placées horizontalement et s'engageant dans des rainures verticales pratiquées sur les pieds-droits. Ces pièces de bois ne sont ni jointées ni calfatées ; elles ne montent pas tout à fait jusqu'à la naissance de la voûte, il reste un vide qui sert à les faire pénétrer dans les rainures et à les en faire sortir.

Derrière la contre-porte, il y a trois poteaux verticaux, engagés sur le radier dans des entailles et maintenus par le·haut à l'aide de cales contre l'intrados de la voûte. Chaque poteau est arcbouté par deux étais qui buttent sur le poteau par un embreuvement, et contre le radier dans des entailles ménagées à cet effet.

Il va sans dire, du reste, que radier, bajoyers et voûtes sont formés avec d'énormes pierres de taille.

La fermeture étant ainsi opérée, le réservoir se remplit d'eau et de·vase. Quand arrive l'époque du curage, voici comment on procède.

Les détails dans lesquels nous allons entrer paraîtront peut-être bien minutieux, mais l'opération est peu connue, très-dangereuse ; ses résultats cependant sont certains et consacrés par une longue expérience. C'est le cas ou jamais de ne pas reculer devant la minutie des détails, car ils peuvent prévenir de grandes catastrophes. Ce qui suit est écrit en quelque sorte sous la dictée du directeur actuel des travaux, M. Rovira, qui a présidé au dernier curage, et sous celle du garde barragiste, qui en a exécuté un très-grand nombre ; cet agent vit sur les lieux depuis plusieurs années, et a succédé à son père dans cet emploi.

Nous avons dit plus haut que le curage ne s'opérait autrefois qu'à d'assez longs intervalles, quand la vase avait atteint plus de 20 mètres de hauteur ; mais qu'aujourd'hui on l'opère régulièrement tous les quatre ans, par des hauteurs de vase de 12 à 16 mètres. Pendant cette période de temps, cette vase, qui est très-fine, s'agglutine et prend une certaine consistance. C'est dans ce plus ou moins de consistance que réside la possibilité de l'opération : ainsi on ne pourrait probablement pas la faire toutes les années, les vases n'ayant pas eu le temps de s'agglutiner suffisamment.

C'est l'époque du printemps que l'on choisit pour faire les curages, parce qu'alors les sources naturelles qui alimentent le réservoir sont abondantes, et le courant bien entretenu. Il faut d'ailleurs, pour réussir, qu'il y ait au-dessus des vases 3 à 4 mètres de hauteur d'eau approvisionnée.

Les ouvriers pénètrent par l'aval dans la galerie de curage, et enlèvent d'abord les étais, les poteaux et les pièces de bois horizontales qui forment la contre-porte ; il ne reste plus que la porte proprement dite. On commence par pratiquer un trou dans l'épaisseur de cette porte, afin de vérifier l'état de dureté des limons. Après quatre ans, ils sont toujours assez résistants pour qu'on puisse sans danger aller de l'avant. On affaiblit les bois petit à petit, tout autour des parois de la galerie. Si, par hasard, il se manifestait un mouvement, ce serait une preuve que la masse des vases descend ; les bois affaiblis ne résisteraient pas longtemps à la pression, et le curage s'achèverait seul sans autre opération, les ouvriers ayant d'ailleurs parfaitement le temps de se sauver par la galerie.

Mais il n'en est pas ainsi ; les bois sont affaiblis petit à petit, par pure précaution, et quand on est bien positivement assuré qu'il n'y aura pas de mouvement dans la masse, on achève de les couper rapidement. On se trouve alors en présence d'une paroi verticale de vase agglutinée.

Cette première opération étant terminée dans le bas, on monte sur le couronnement du barrage. On y installe une longue pièce de bois portant à son extrémité une poulie et s'avançant en corbeau au-dessus du réservoir, à l'aplomb de la galerie du curage. Un treuil à déclic est placé sur le couronnement, et l'on manœuvre à l'aide de cette poulie et de ce treuil une longue barre à mine qui sert à forer la masse des dépôts. La dernière barre à mine employée avait 18 mètres de longueur et $0^m,06$ d'équarrissage, et pesait par conséquent environ 500 kilogrammes ; elle est taillée en pointe par le bout, et terminée à son extrémité supérieure par un anneau auquel est attachée la corde qui s'enroule sur le treuil.

Il est à remarquer que, en raison de la position qu'occupait dans le goulet la porte démolie, il y a toujours une certaine épaisseur de vase entre le trou perforé à la barre à mine et la paroi de vase mise à nu dans la galerie. Lorsqu'on ne faisait le curage que tous les dix ou douze ans, la compacité de la masse était telle, que cette vase résistait à la pression de l'eau, alors même que le trou était descendu jusqu'au bas. On était obligé, avant de commencer le forage par le haut, de creuser à la pioche dans la masse inférieure des dépôts une espèce de caverne de 1 à 2 mètres de profondeur. Ce travail était très-dangereux ; c'est celui que nous avons représenté sur la figure 1 de la planche VII.

Mais depuis que le curage se fait tous les quatre ans, la compacité n'est pas telle, que cette fouille en sous-œuvre soit nécessaire, et on laisse les dépôts inférieurs dans l'état où ils se trouvent après l'enlèvement de la porte.

Voici alors ce qui se passe :

Quand le trou de la barre à mine est assez profond pour que l'eau qui y pénètre exerce une pression supérieure à la résistance des dépôts inférieurs, le mouvement commence à se faire. Dans le principe, et tant que l'eau ne fait qu'agir par pression sans trouver un débouché libre, les vases s'avancent à gueule bée dans la galerie, d'un mouvement très-lent, pas plus rapide que la marche d'un homme au pas. Mais au bout de quelques secondes, l'eau, se faisant jour dans la masse, trouve un débouché dans la galerie, et alors c'est une débâcle générale, une véritable avalanche, qui se produit avec un bruit comparable à celui du canon. L'eau mêlée à la boue s'échappe à pleine galerie avec une force d'impulsion effrayante.

L'eau du réservoir, tombant d'une hauteur de 12 à 15 mètres produit dans la masse vaseuse des affouillements et des éboulements prodigieux. Il se creuse au milieu un lit profond, et toute la vase répandue sur les versants se fissure et s'effondre en grandes masses que le courant entraîne; mais lorsque la cascade, en remontant vers l'amont, s'est éloignée de la galerie, l'écoulement cesse d'avoir lieu à gueule bée.

Le courant occasionné par la chute d'eau se fait sentir fort loin; il serait très-dangereux pour des batelets de s'y aventurer. Quand une fois la débâcle a commencé, il n'y a plus qu'à laisser faire les eaux, sans chercher à aider leur action par des moyens artificiels. Leur effet est du reste radical; sur toute l'étendue de la retenue elles font place nette. Il ne reste de la vase que sur quelques points isolés et circonscrits correspondant à de petits plateaux qui interrompent la pente des versants. Dans ces points les vases, étant soutenues par un terrain plat à une certaine hauteur au-dessus du thalweg, ne peuvent s'ébouler en entier. Mais aussitôt que le réservoir est vide, on y met pendant dix ou douze jours une brigade d'une vingtaine d'ouvriers, qui jettent ces dernières vases au courant toujours alimenté par les sources pérennes; ce n'est là du reste qu'un détail très-secondaire de l'opération.

Telles sont les manœuvres qui se pratiquent pour le curage des dépôts. La disposition du *desarenador* mérite une critique, c'est de ne pas offrir plus de sécurité aux ouvriers chargés de démolir la porte. Certainement les accidents sont très-rares; les ouvriers habitués à ce travail en parlent avec une confiance tout à fait rassurante. Pourtant on cite un curage, dans les dernières années du dix-huitième siècle, où plusieurs personnes, notamment le secrétaire du syndicat, se trouvant dans le lit à l'aval du barrage, furent surprises par la débâcle et enlevées. Dans le dernier curage, pratiqué il y a trois ans, il se passa ceci : La barre à mine était engagée dans les vases, et les efforts des ouvriers étaient impuissants à la retirer. Il se faisait sans aucun doute un mouvement intérieur dans la masse, mais il n'était pas apparent. Les ouvriers allèrent déjeuner pour reprendre des forces ; à peine étaient-ils partis, la débâcle se fit ; la barre à mine, de 18 mètres de longueur, fut brisée en trois morceaux, ployée, tordue comme un fil de fer. C'est dans cet état que nous l'avons vue. Il est donc positif qu'il y a de l'imprévu dans l'opération, et que la confiance que l'on y met pourrait être cruellement trompée.

Le mode de fermeture avec des poutres engagées dans des rainures, avec l'obligation de venir dépecer ces poutres par l'aval, nous paraît donc vicieux ; mais il est très-facile de le perfectionner, et nous en trouverons plus loin un bon modèle en étudiant le barrage-réservoir d'Elche.

Cette part faite à la critique, le reste ne mérite que des éloges. Nous avons déjà appelé l'attention sur les bonnes dispositions adoptées pour la section de la galerie. La manœuvre de la barre à mine est aussi simple qu'ingénieuse. Enfin ce système d'une porte massive, brisée à coups de hache et sacrifiée dans l'opération, qui, au premier aperçu, paraît être d'une grossièreté primitive, est au contraire une conception dictée par une profonde expérience.

Dans ces bas-fonds des réservoirs, il y a en effet une humidité constante ; il se fait des infiltrations sur les parois ; il s'y dépose des concrétions, et cela dure pendant quatre années consécutives. Que mettrait-on à la place de la grosse charpente que nous avons décrite ? Des vannes glissant dans des coulisses et manœuvrées par le haut à l'aide d'engrenages ? Des portes tournant sur pivot ? Mais les incrustations calcaires, les vases elles-mêmes viendraient souder la vanne dans ses coulisses ; mais les pivots se rouilleraient, s'engorgeraient ; les chardonnets des portes s'obstrueraient ;

et quand le moment viendrait de mettre en jeu tous ces appareils plus perfectionnés, on risquerait fort d'éprouver un échec complet.

Au lieu de cela, que fait-on? on sacrifie la porte, c'est-à-dire moins de deux mètres cubes de bois : ce n'est pas là une dépense à prendre en considération dans une opération de cette importance ; et l'on est sûr du moins que la galerie sera ouverte. Quant à la main d'œuvre relative au dépècement de la porte et au forage des vases à la barre à mine, elle ne s'élève jamais au delà de 1,000 réaux (263 francs).

Le magnifique ouvrage que nous venons d'étudier, le plus élevé des barrages connus, a été commencé en 1579 et terminé en 1594. On n'en connaît pas l'auteur d'une manière bien positive ; à Alicante même, on en fait honneur simplement aux maîtres maçons du pays (*Maëstros de obras*) ; pourtant, dans une brochure récente relative au barrage de Nijar, où il est très-incidemment question du barrage d'Alicante, nous l'avons vu attribuer au fameux architecte Herreras, le constructeur de l'Escurial. Cet ouvrage dénote une main trop exercée dans l'art des constructions pour que nous ne soyons pas porté à accueillir l'assertion de la brochure.

Quant aux voies et moyens d'exécution, il paraît positif que la dépense fut entièrement supportée par les intéressés. Il y eut d'abord une cotisation qui fut bientôt épuisée, alors que le barrage n'avait encore que 6 mètres de hauteur. Les tenanciers demandèrent une subvention au trésor royal, mais le roi Philippe II la refusa, par le motif qu'ils étaient seuls appelés à profiter des résultats du travail, et se contenta de les autoriser à contracter l'emprunt nécessaire. On remboursa ultérieurement cet emprunt par le produit de la vente d'une partie des eaux qui, pendant quelques années fut spécialement affectée à cet objet [1].

---

[1] *Reseña historica,* por D. Francisco de Estrada, *passim.*

L'œuvre, telle que la construisit Herreras, n'avait pas de déversoir de décharge; mais à la suite d'une forte crue qui survint en 1697 et surmonta le barrage, il y eut des dégradations sur le parement aval du côté droit de la galerie de curage. C'est alors que l'on construisit le déversoir de superficie figuré sur le dessin, qui se compose de deux pertuis de $2^m,10$ de largeur chacun, avec un radier à $2^m,25$ en contre-bas du couronnement du barrage. Ce déversoir est continué par un canal creusé dans le rocher, sur les flancs de la montagne, et indépendant de la maçonnerie. On construisit en même temps, à l'endroit même où avait eu lieu la dégradation, le contre-fort figuré sur le plan et l'élévation (pl. VI, fig. 1 et 3).

Il convient enfin de rapporter à la même époque le changement de direction donné à la galerie de prise d'eau, et dont nous avons parlé plus haut.

L'avarie de 1697 est la seule sérieuse que le barrage ait jamais éprouvée. Le 8 septembre 1792 il fut surmonté de $2^m,50$. Les eaux tombèrent du haut du barrage en gigantesque cascade, mais sans faire aucun mal, et cette épreuve a donné une telle confiance dans sa solidité, que le déversoir de décharge est depuis lors très-solidement fermé par des poutrelles à poste fixe, sans qu'on paraisse disposé à le faire fonctionner à l'occasion. On préfère de beaucoup emmagasiner la réserve d'eau correspondante à sa hauteur.

CHAPITRE XI

Barrages de prise d'eau de Muchamiel et de San Juan. — Galeries souterraines
de captage en cours d'exécution.

Nous devons, pour compléter l'étude des ouvrages qui
assurent l'irrigation de la huerta d'Alicante, parler maintenant des barrages de prise d'eau de Muchamiel et de San
Juan.

Les eaux sortent du réservoir par la ventelle de prise
d'eau suivant une proportion déterminée par le règlement
et que nous ferons connaître plus loin. Elles suivent le lit
très-perméable du Rio Monegre sur un parcours de 10 à
12 kilomètres : il s'en perd naturellement beaucoup. Cette
situation demande évidemment à être améliorée, mais
disons tout de suite que la question est à l'ordre du jour.

Les eaux arrivent enfin au barrage de prise d'eau de Muchamiel placé en tête de la huerta ; c'est là que se fait la dérivation, consistant en un canal principal (acequia mayor)
d'une longueur de 8 à 9 kilomètres, sur lequel s'embranchent
successivement 22 grands canaux secondaires (brazales), se
ramifiant eux-mêmes en une foule de rigoles (voir pl. VI).
Le barrage de Muchamiel est construit en ligne droite
normalement à l'axe du Rio Monegre. Il occupe toute la
largeur de la rivière, qui est en ce point de 46 mètres. Le
rocher affleure sur les deux berges et sur une partie du
lit, mais il manque sur le milieu, et dans cette dernière

partie le barrage est fondé sur pilotis avec platelage : sa hauteur est de $2^m,77$; la section transversale présente la forme d'une double doucine ayant une largeur totale de $19^m,40$ (voir pl. VIII, fig. 1, 2 et 3). Il est revêtu en pierres de taille de gros échantillon appareillées avec beaucoup de soin. Cet ouvrage date du commencement du siècle ; il fut construit en remplacement d'un barrage très-ancien, emporté par la grande crue de 1792.

On a voulu exhausser la crête du barrage, et cet exhaussement a été fait très-grossièrement, à l'aide de piliers verticaux formés d'une seule pierre de 1 mètre de haut et $\frac{0.40}{0.40}$ de côté. Ces piliers sont encastrés dans le couronnement en pierre de taille ; ils portent deux rainures, et l'intervalle de 2 mètres qui les sépare est fermé par des madriers engagés dans les rainures.

Accolée au barrage se trouve la maison des vannes ; celles-ci sont au nombre de deux et présentent chacune une largeur de $1^m,60$; elles sont manœuvrées par des vis en bois placées dans l'intérieur de la maison.

Il convient de signaler spécialement dans cet ouvrage les quatre vannes de fond qui sont construites immédiatement l'une après l'autre, à l'origine même du canal. De prime-abord on est porté à se demander quelle est l'utilité de ces vannes de fond placées si près des vannes de prise d'eau ; les gardes, pour empêcher une crue d'envahir le canal, auraient tout aussitôt fait de fermer celles-ci que d'ouvrir celles-là. C'est pourtant la dernière de ces manœuvres que l'on pratique toujours au moment des crues. Le torrent, en effet, charrie une énorme quantité de sable et de gravier. En fermant les vannes de prise d'eau, l'entrée du canal s'obstruerait. En les ouvrant au contraire, ainsi que celles de décharge, il s'établit une chasse violente, qui dégage parfaitement l'entrée du canal.

Le barrage de Muchamiel est en temps normal le seul et

unique barrage de prise d'eau de la huerta. Si l'on veut en
effet examiner le réseau des canaux figuré sur la planche VI,
on verra que tous ces canaux se ramifient en s'embranchant
sur l'acequia principale qui part de ce barrage.

Mais, afin de ne pas laisser perdre les eaux de crue, il en
existe un second construit plus à l'aval, c'est celui de San
Juan. Ce barrage recueille : 1° les eaux qui accidentelle-
ment passent par-dessus celui de Muchamiel, ce qui est
d'ailleurs très-rare depuis qu'on y a mis les hausses en madriers dont nous avons parlé ; 2° les eaux que l'on fait
échapper au moment des crues par les quatre vannes de
décharge placées à la suite de la prise d'eau de Muchamiel ;
3° enfin, les eaux d'orage qui très-fréquemment arrivent
au Rio Monegre par le barranco de Vercheret, situé sur la
rive gauche entre les deux barrages.

Les eaux arrêtées par ce barrage sont dérivées dans un
canal spécial (acequia del Gualero), tracé de façon à couper
une notable partie des canaux secondaires qui partent du
canal principal de Muchamiel (pl. VI).

Quand donc il arrive des eaux au barrage de San Juan,
on arrose avec elles tout ou partie du territoire situé à l'a-
val de l'acequia del Gualero, en réservant celles du barrage
de Muchamiel pour les parties supérieures. De cette façon
on perd le moins d'eau possible, et le tour d'arrosage se
trouve accéléré, au grand bénéfice de toute la huerta.

Le barrage de San Juan est remarquable par sa hardiesse. Il a seulement 3^m,60 de largeur pour 7^m,35 de hauteur. Ses deux parements sont verticaux. Il occupe toute
la largeur de la rivière, qui est en cet endroit de 48 mètres ;
il est tracé suivant un arc de cercle, convexe au courant,
dont la flèche est de 4 mètres pour 48 mètres de corde
(pl. VIII, fig. 4, 5 et 6).

Il est entièrement fondé sur le rocher, est revêtu en
grosses pierres de taille et porte des hausses en madriers,
comme celui de Muchamiel.

La prise d'eau se fait à l'aide de deux vannes analogues à celles du premier barrage. Il y a enfin immédiatement à l'aval deux vannes de décharge construites, comme plus haut, dans le but d'éviter l'envasement de la prise d'eau.

A l'aval du barrage de San Juan, il y en a un troisième, celui de Campello ; mais nous n'en parlerons pas, son importance étant très-secondaire. Il n'a d'autre objet que d'assurer le passage du torrent à des eaux déjà dérivées sur la rive droite, et qui doivent aller arroser quelques terrains sur la rive gauche (pl. VI).

Tels sont les ouvrages en rivière qui assurent les irrigations d'Alicante ; ils consistent en un barrage-réservoir et deux barrages de prise d'eau. Nous étudierons plus loin le système adopté pour la répartition et la distribution des eaux ; mais avant de quitter ce sujet capital des ouvrages proprement dits, il est indispensable que nous fassions connaître des travaux d'une autre nature, se rattachant à un ordre d'idées entièrement nouveau, et qui sont en ce moment en cours d'exécution.

La huerta d'Alicante est dévorée depuis un assez grand nombre d'années par une sécheresse mortelle. Les pluies sont plus rares que jamais. Des terrains autrefois marécageux, dans le territoire d'Onil, criblés de sources artésiennes dont les eaux arrivaient toutes au réservoir, sont aujourd'hui en culture et consomment ces eaux ; de plus, le défrichement de ces terrains a eu pour effet de leur faire absorber les eaux de pluie beaucoup plus qu'autrefois. Toutes ces causes réunies font que depuis huit ans le réservoir ne s'est pas rempli ; et ce magnifique ouvrage ne rend plus les services qu'il rendait autrefois.

Le syndicat s'est industrié pour trouver des ressources d'un autre côté, et il est entré dans la voie des recherches d'eaux souterraines.

Dès 1850, il chargea M. Llobet, professeur de géologie à

l'académie des sciences naturelles de Barcelone, d'étudier la question. M. Llobet produisit, sous la date du 20 avril 1851, un mémoire dont nous avons dû la communication à l'inaltérable obligeance de M. Vignau, l'un des syndics actuels et ancien directeur du syndicat.

Ce mémoire établit que la constitution géologique du sous-sol du Rio Monegre, aux abords du barrage de Muchamiel, comporte des bancs de rocher fortement redressés et interrompus par des couches perméables ; que dès lors il ne suffit pas que les fondations du barrage soient descendues jusqu'au terrain solide pour que toutes les eaux soient recueillies ; qu'une grande partie de ces eaux doit se perdre souterrainement. L'auteur propose de construire dans la basse berge de la rivière une galerie longitudinale qui débouchera à fleur du lit, immédiatement à l'amont du barrage de Muchamiel. Cette galerie sera construite en remontant de l'aval à l'amont, suivant une pente très-douce, de façon à atteindre le plus tôt possible de grandes profondeurs. En un certain point désigné par M. Llobet, on la retournera en travers du lit. Dans cette partie, le pied-droit aval sera maçonné plein, ainsi que le radier ; mais le pied-droit amont sera percé de nombreuses barbacanes, pour recueillir les eaux qui circulent souterrainement à travers les graviers du lit.

Telle est la première partie des travaux proposés par M. Llobet. S'ils réussissent, il conseille de reprendre la galerie longitudinale, de la pousser encore à 2 kilomètres plus à l'amont, et là de faire une seconde galerie de captage transversale au lit, de façon à couper les eaux qui doivent s'infiltrer dans des bancs de gypse perméables existant en ce point.

M. Llobet n'a pas circonscrit ses études de galeries de captage au seul lit du Rio Monegre ; il a embrassé d'un vaste coup d'œil toute la géologie de la contrée, et, dans un second mémoire qui porte à peu près la même date que le premier, il propose de faire un de ces ouvrages, sur une échelle des plus vastes, près du village de Torre Manzanas, dans un col déprimé situé sur la chaîne de montagnes qui sépare le Rio Monegre du Rio de Alcoy (voir la planche I). C'est là que sont les plus grandes espérances ; mais ce projet n'est encore qu'à l'état d'indication scientifique, et ce serait sortir de notre sujet que de nous en occuper plus longtemps.

Revenons à la première partie des travaux souterrains dont nous venons de parler, et dont l'emplacement a été fixé sur les bords du Rio Monegre, immédiatement à l'amont du barrage de Muchamiel. Ils ont été commencés, dès les premiers mois de 1862, par M. Rovira, directeur des travaux du syndicat ; M. Llobet était venu s'installer lui-même à Alicante pour les suivre, mais il y mourut malheureusement à la suite d'une excursion faite pour l'étude de son projet de Torre Manzanas.

Le jour de notre visite (31 juillet 1862), la galerie longitudinale venait d'être achevée, et l'on attaquait la galerie de captage proprement dite, en travers du lit.

Cette galerie longitudinale a une longueur totale de 830 mètres. Les 260 premiers mètres ont été exécutés en tranchée par des profondeurs variables, ayant 6 mètres au maximum, dans un terrain de gravier compact très-fortement aggluliné, et dont la dureté a inspiré assez de confiance pour qu'on ait cru pouvoir se dispenser de faire un radier. La tranchée a été creusée à pic sur une largeur de $1^m,24$; sur les côtés, un simple revêtement de briques de $0^m,26$ d'épaisseur et $1^m,34$ de hauteur forme les pieds-droits qui supportent la voûte. Cette voûte est elle-même composée d'une façon assez originale et très-économique. Elle consiste en tuiles cylindriques dressées suivant un quart de cercle de $0^m,36$ de rayon ; chacune d'elles a $0^m,30$ de longueur et $0^m,05$ d'épaisseur. On place sur chacun des pieds-droits une de ces tuiles, l'une en face de l'autre, de façon à les faire s'arcbouter par la partie supérieure ; et la voûte se trouve ainsi formée, sans cintres, simplement avec deux tuiles jointées à la clef par du bon mortier. Cela fait, on pilonne avec soin, dans tout l'espace correspondant aux reins, de l'argile mêlée de gravier, de façon à faire un massif résistant qui s'oppose aux effets de la poussée ; et l'on remplit enfin le surplus de la fouille avec des terres quelconques.

La section intérieure de cette première partie de galerie, construite en tranchée, est de $1^m,70$ de hauteur sous clef et de $0^m,72$ de largeur. Sa pente est de $0^m,0005$ par mètre $\left(\frac{1}{2,000}\right)$.

La seconde partie de la galerie longitudinale a été creusée en tunnel par des profondeurs variant entre 6 et 11 mètres. Le terrain consiste en une roche argileuse très-dure, qui se délite sous l'influence des agents atmosphériques, mais qui, dans l'intérieur de la percée souterraine, conserve sa dureté. Aussi s'est-on dispensé d'y faire des revêtements maçonnés. Ce tunnel, dont la longueur est de 570 mètres, a été attaqué par 23 puits à la fois. On doit combler 18 de ces puits et en maçonner 5 pour servir de regards. La section de la galerie en tunnel a 1 mètre de largeur et $1^m,70$ de hauteur ; sa pente est de $0^m,002$ par mètre.

Ainsi que nous l'avons dit plus haut, on commençait seulement la galerie de captage en travers du lit au moment où nous étions sur les lieux ; nous ne pouvons donc pas en parler *de visu*. Mais M. Rovira a bien voulu nous tenir au courant de la marche de ces intéressants travaux. La galerie est dirigée obliquement par rapport à l'axe du lit, et elle doit avoir une longueur totale de 164 mètres. Le 12 octobre 1862, on avait avancé de 26 mètres, et le produit était de 24 mètres cubes d'eau par heure. Le 3 décembre, la longueur exécutée était de 54 mètres, et le débit avait doublé. Le produit des filtrations est donc très-sensiblement proportionnel à la longueur et peut être fixé à $0^{litre},25$ par seconde pour chaque mètre de longueur d'avancement. Si cette proportion se maintient, les 164 mètres de galerie donneront 41 litres par seconde, débouchant à l'air immédiatement au point où les eaux entrent dans les canaux d'irrigation, c'est-à-dire sans subir de perte dans les graviers, et il est probable qu'en l'état de sécheresse dont souffre la huerta, le syndicat se trouvera très-satisfait du résultat de l'opération [1].

Quant aux travaux, ils s'exécutent avec beaucoup de difficulté, le terrain est mou et s'éboule. On avance lentement, de 2 en 2 mètres, et l'on étrésillonne aussitôt.

L'ouvrage dont nous nous occupons ici et qui comporte une longueur totale de galerie de 994 mètres, dont 164 sous le lit, dans des conditions très-coûteuses, a été estimé 70,000 francs. Le syndicat a fait un emprunt à la banque d'Espagne, remboursable sur les taxes annuelles.

Si l'on ajoute au premier ouvrage ceux de même nature dont nous avons donné plus haut un aperçu, et qui seront entrepris aussitôt que l'on sera assuré des résultats du premier, l'on arrive à un ensemble de travaux dont l'estimation approximative n'est pas jugée devoir être inférieure à 600 ou 700,000 francs. Un pareil chiffre n'effraye ni les usagers ni le syndicat. On tentera d'obtenir de l'Etat une subvention du quart ou du tiers de la dépense totale, et le reste sera payé par la communauté, à l'aide d'un emprunt remboursable par annuités. On retrouve ainsi de nos jours chez

---

[1] Une lettre de M. Rovira, du 26 mars 1863, nous apprend que cette attente a été déçue. A cette date, la galerie transversale était terminée, mais le débit des eaux n'était pas beaucoup plus fort qu'à l'époque à laquelle elle n'avait que 54 mètres de longueur. On s'est décidé à continuer vers l'amont la galerie longitudinale pour faire une nouvelle galerie de captage sur les bancs de gypse perméables signalés par M. Llobet.

cette population agricole le même esprit d'initiative, la même entente de ses intérêts matériels, qui, il y a trois siècles, lui faisait entreprendre avec ses seules ressources ce colossal réservoir de Tibi, le plus beau des ouvrages de ce genre qui existent aujourd'hui.

CHAPITRE XII

IRRIGATIONS D'ALICANTE (SUITE).

Constitution de la propriété des eaux. — Vente des eaux. — Comptabilité
des albalaës ou bons d'arrosage. — Distribution des eaux.

———

La constitution de la propriété des eaux d'Alicante est
assez complexe, parce qu'elle se rapporte à deux origines
différentes. Il y a les eaux naturelles de la rivière, dont la
possession remonte à une époque très-reculée, et celles
créées artificiellement par la construction du réservoir,
dont la date est beaucoup plus récente.

C'est en l'an 1247 que l'infant de Castille, plus tard roi
sous le nom d'Alphonse X, conquit définitivement Alicante sur les Maures ; quelques années après, le roi, en ré-
compense des services rendus ou à rendre pendant la guerre
contre les Maures, fit don aux chevaliers, habitants et colons de la ville d'Alicante et des villages environnants, de
tout le territoire compris dans des limites déterminées,
« avec ses charges et ses droits, ses montagnes, ses pâtu-
rages, *ses sources, ses rivières*, pour qu'ils en jouissent aussi
bien et mieux qu'ils l'ont jamais fait du temps des Maures[1]. »

A la suite de cette donation royale, le conseil de la
ville répartit les eaux qui coulaient dans le Rio Monegre
entre tous les propriétaires de la huerta, proportionnellement aux terres qu'ils avaient en culture. Le débit normal
du torrent, celui qui correspond aux sources pérennes
qui l'alimentent, la *dula*, pour employer l'expression du

[1] *Reseña historica.*

pays, fut partagée en 336 périodes de 1 heure 1/2 chacune, appelée *fil d'eau* (hilo), et les propriétaires en reçurent un ou plusieurs, suivant l'étendue de leurs terres. La distribution de ces 336 hilos occupait un espace de temps égal à 336 fois 1 heure 1/2, soit 21 jours, et la rotation d'arrosage recommençait ainsi de trois semaines en trois semaines, au profit du même propriétaire.

Naturellement, dans ces époques reculées, la valeur de la dula n'était pas définie mathématiquement ; mais plus tard on s'en est rendu compte, et il a été reconnu que le débit normal correspondant aux sources pérennes peut être fixé par seconde à 6 pieds cubes, mesure de Castille, soit 128 litres (le pied de Castille valant $0^m,278$).

Ainsi la dula représente un débit de 128 litres par seconde, et le hilo est le volume correspondant à 1 heure 1/2 de dula tous les 21 jours.

Cette eau s'appelle *eau vieille* (agua vieja), par opposition à celle qui fut créée par la construction du réservoir et à laquelle on donna le nom d'*eau nouvelle* (agua nueva).

Les choses restèrent ainsi depuis la fin du treizième siècle jusqu'à la fin du seizième. Il n'y avait de sérieusement utilisées que les eaux normales du torrent ; quant aux eaux de crue, on tâchait d'en saisir au passage la plus grande quantité possible, mais sans en tirer grand profit, en raison surtout de leurs irrégularités.

A la fin du seizième siècle, l'idée vint de construire un vaste réservoir qui emmagasinerait les eaux de crue et permettrait de les employer au fur et à mesure des besoins. Il y eut de nombreuses réunions auxquelles prirent part à la fois les propriétaires d'eau vieille et tous ceux qui désiraient participer au bénéfice des nouveaux arrosages, et enfin, le 7 août 1579, il fut passé par-devant notaire un accord amiable sur les bases suivantes :

1° Les propriétaires d'eau vieille renonçaient à toute prétention sur la propriété des eaux de crue, mais se réservaient la propriété des eaux normales de la dula, dont ils avaient toujours joui.

2° On admit en principe que l'emmagasinement des eaux dans le réservoir aurait pour effet de doubler le débit des eaux normales, et que dès lors on pourrait faire sortir en tout temps du réservoir deux dulas au lieu d'une seule.

3° Une de ces dulas correspondrait à l'eau vieille et appartiendrait comme par le passé aux anciens possesseurs. L'autre serait la dula d'eau nouvelle et serait partagée entre tous ceux qui allaient contribuer à la construction du barrage, qu'ils fussent anciens ou nouveaux arrosants, proportionnellement à l'étendue de leurs terres susceptibles d'arrosage ;

4° La dula d'eau nouvelle serait soumise à la même rotation d'arrosage que la première, c'est-à-dire de 21 jours; et, en raison de l'étendue totale des terres engagées dans l'association, qui était de 30,240 tahullas, il revenait tous les vingt et un jours une minute de dula à chaque tahulla[1].

Cette convention fut approuvée par le gouverneur, mais sous la condition expresse que l'*eau nouvelle resterait annexe de la terre*, contrairement à ce qui se pratiquait pour l'*eau vieille*, dont les propriétaires avaient, en vertu de leurs anciens droits, la faculté de disposer de la manière la plus absolue avec ou sans la terre.

Il fut pourtant apporté une restriction à ce droit absolu, ce fut celle de ne pouvoir vendre l'eau vieille à des terrains qui ne possèderaient pas de l'eau nouvelle. Mais comme ceux-ci comprenaient tout le territoire irrigable, cette restriction n'eut d'autre objet que d'empêcher les eaux de sortir du périmètre naturellement irrigable, de prohiber par exemple qu'elles fussent élevées à un niveau supérieur

---

[1] La tahulla vaut très-approximativement 12 ares. La dula représente un débit de 128 litres par seconde ; c'était donc un débit de $7^{m.c.},680$ pour 12 ares, soit 64 mètres cubes par hectare tous les vingt et un jours.

à l'aide de machines ; aussi ne souleva-t-elle pas d'ob-
jections.

Ainsi il y a à Alicante deux natures de propriété des eaux :

1° L'eau vieille, que l'on peut vendre ou acheter indépendamment de la terre, à la condition de l'employer toujours dans les limites de la huerta ;

2° L'eau nouvelle, que l'on ne peut vendre ni acheter
sans la terre.

Les chiffres que nous avons donnés ci-dessus se rapportent au partage convenu entre les intéressés, au moment de
la construction du réservoir ; mais à la suite des temps,
ils ont subi quelques légères modifications. La rotation
moyenne des deux dulas d'arrosage n'est plus aujourd'hui
de 21 jours, mais de 21 jours, 15 heures, 7 minutes et
30 secondes pendant l'hiver, depuis la Saint-Michel de septembre jusqu'à la Saint-Jean de juin, et des deux tiers de
ce laps de temps, soit 14 jours, 10 heures, 5 minutes pendant les trois autres mois de l'année.

Le nombre des hilos d'eau vieille n'est plus de 336, mais
de 338 5/6 qui, à raison toujours de 1 heure 1/2 par hilo,
correspondent à 508 heures 15 minutes.

Il fut fait en outre à un particulier, dans le milieu du dix-
huitième siècle, une concession royale de 19 heures de
dula, jouissant de tous les priviléges de l'eau vieille, et qui
est connue spécialement sous le nom d'eau de privilége.

Enfin, l'étendue totale de la huerta a été reconnue être
de 30,660 tahullas [1], au lieu de 30,240, ce qui, pour conserver à chaque tahulla la minute de dula qui lui avait été
allouée, a conduit à fixer la rotation spéciale de la dula
d'eau nouvelle à 30,660 minutes, soit 21 jours, 7 heures,
au lieu de 21 jours.

Ces explications étant données, pour bien comprendre
le système actuel de distribution des eaux, nous ne pou-

---

[1] 3,682ᵇ,26ᵃ,60.

vons mieux faire que de transcrire les trois premiers articles du règlement.

« ART. 1ᵉʳ. On fera sortir les eaux du réservoir en quantité suffisante, pour que, en suivant le lit du torrent de Monegre, elles suffisent à l'alimentation des quinze prises appelées *antiquissimes* (antiquisimas), placées non loin du réservoir [1], et pour que, à leur entrée dans l'acequia principale de la huerta, elles représentent deux filets d'eau ou dulas de un pied carré, mesure de Castille, avec la vitesse moyenne de six pieds par seconde (6 pieds cubes, ou 128 litres).

« ART. 2. Ces dulas seront continues, et leur cours sera partagé en périodes de rotation ou *martavas* de 21 jours, 15 heures, 7 minutes, 30 secondes pendant l'hiver, c'est-à-dire depuis la saint Michel de septembre jusqu'à la Saint-Jean de juin, et de 14 jours, 10 heures et 5 minutes pendant l'été, de la Saint-Jean à la Saint-Michel.

« ART. 3. Les 1,038 heures et 15 minutes d'eau qui forment le total des deux dulas pendant chaque rotation d'hiver et les 692 heures 10 minutes de la rotation d'été se distribueront entre les ayants droit conformément aux indications du registre matricule et d'après les bases suivantes :

508 heures 15 minutes d'eau vieille entre les propriétaires des 338 5/6 hilos de cette eau, à raison de 1 heure 30 minutes par hilo.

19 heures   »   d'eau vieille, appelée *eau de privilège*, entre les propriétaires de cette eau.

511 heures   »   d'eau nouvelle entre les propriétaires des 30,660 tahullas de terres qui possèdent cette eau annexée à leurs terres, à raison de 1 minute par tahulla.

—————————

1,038 heures 15 minutes pendant l'hiver.

[1] Ces prises d'eau sont étrangères aux irrigations de la huerta, et

« En été, on distribuera aux intéressés les deux tiers des quantités qui viennent d'être indiquées. »

Voilà donc nettement établie la filiation des deux natures d'eaux. Cette filiation est maintenue avec soin, parce que les droits qui s'y rattachent sont fort différents les uns des autres. Mais cela étant reconnu une fois pour toutes, il convient, si l'on veut bien suivre ce qui nous reste à dire de la répartition des eaux, de ne plus s'occuper de cette distinction entre l'eau vieille et l'eau nouvelle.

La situation est celle-ci : il arrive en tête de la huerta un volume d'eau égal à deux dulas ou deux fois 128 litres par seconde. Chacune de ces dulas forme un canal spécial, et arrose une partie distincte du territoire. A l'aide de ces deux canaux, la huerta doit être entièrement arrosée (non pas sur toute son étendue, mais seulement sur la superficie qui correspond au volume d'eau dévolu à chacun) dans une période totale de 21 jours, 15 heures, 7 minutes, 30 secondes, soit 519 heures, 7 minutes, 30 secondes.

Le temps cumulé du fonctionnement des deux canaux est donc de 1,038 heures, 15 minutes.

Dorénavant c'est cette heure d'eau, une heure de dula, qui va devenir l'unité, sans qu'on s'occupe de savoir si c'est la dula d'eau vieille ou la dula d'eau nouvelle.

On a pu voir par les chiffres donnés plus haut, et notamment dans la note de la page 163, que la situation des deux catégories de propriétaires est fort différente. Ceux qui n'ont des droits qu'à l'eau nouvelle ne reçoivent à chaque rotation que 64 mètres cubes par hectare, c'est-à-dire qu'ils ne peuvent guère arroser que la huitième ou dixième

nous n'en avons pas parlé pour ce motif. La légalité de leur existence, longtemps contestée, a été définitivement reconnue en 1766 par le conseil suprême de Castille. Elles sont entièrement privées, et le syndicat de la huerta n'a pas à s'en occuper.

partie de leur propriété, en admettant toutefois qu'ils aient fait des cultures se contentant d'un arrosage toutes les trois semaines. Les propriétaires d'eau vieille, au contraire, qui sont bien moins nombreux que les autres, ont droit d'abord à une quantité d'eau nouvelle égale à celle dévolue aux premiers, et ensuite à leur part d'eau vieille.

Il en résulte que les uns n'ont jamais assez d'eau, et que les autres en ont quelquefois plus qu'il n'est nécessaire.

De cette inégalité de situation est né le système de la vente des eaux dont nous allons maintenant nous occuper.

Qu'on le remarque bien : il ne s'agit pas ici de la vente définitive, de l'aliénation des eaux; ces natures de transactions sont réglées suivant ce qui a été dit plus haut, c'est-à-dire que l'eau vieille peut être vendue indépendamment de la terre, mais l'eau nouvelle jamais sans la terre.

Il s'agit simplement de la vente de tout ou partie d'un tour d'arrosage.

Il y a à cet égard à Alicante des usages spéciaux dans la distribution des eaux, et une comptabilité extrêmement curieuse que nous ne trouverons que là. Nous allons la faire connaître.

Il n'existe pas de tableau de répartition affectant à chaque propriétaire des heures d'arrosage déterminées. Il y a seulement, au bureau du syndicat, un registre matricule renfermant les noms de chaque propriétaire, avec le nombre d'heures d'eau auxquelles il a droit.

Pour chaque rotation d'arrosage (*tanda, martava*) on prépare dans les bureaux tous les bons d'arrosage, ou *albalaës*, correspondant aux 1,038 heures 15 minutes de la tanda qui va commencer. Il y a des albalaës de une minute, deux minutes, trois minutes, quinze minutes, trente minutes, une heure. Ces derniers sont les plus forts. Ils ne portent aucun nom de propriétaire. Ils renferment simplement le millésime, le numéro d'ordre de la tanda [1], le numéro de la série [2], le numéro d'ordre de l'albala dans la série, et enfin l'indication de la valeur de l'albala (une heure, ou 30 minutes, ou 15 minutes, etc.).

Il y a, en outre, deux signes conventionnels et mnémotechniques destinés à permettre aux gens qui ne savent pas lire de connaître à quelle tanda se rapporte l'albala qu'on leur délivre, ainsi que la valeur dudit albala. Ces signes conventionnels sont une vignette caractéristique du numéro de la tanda, et qui n'est jamais la même dans le cours d'une même année, et une lettre de l'alphabet pour représenter le nombre de minutes. L'albala d'une heure porte la lettre O ; celui d'une demi-heure la lettre C ; celui d'un quart d'heure la lettre Q, etc.

Au surplus, nous donnons à la page 169 le dessin de deux albalaës, un appartenant à la première série, celle d'une heure, l'autre appartenant à la deuxième série, celle de 30 minutes, tous les deux d'ailleurs dépendant de la première tanda de l'année 1862.

Tous les albalaës sont détachés de feuillets à souche qui restent au bureau du syndicat. On les imprime à nouveau pour chaque tanda, dans le but que le numéro et la vignette caractéristique de la tanda soient eux-mêmes imprimés, et d'éviter par là des fraudes ou des erreurs.

Tout est imprimé dans les albalaës, à l'exception du numéro, laissé en blanc dans les types ci-après et que l'on remplit à la main. Dans le blanc du premier de ces types

---

[1] La première tanda commence au 1er janvier et dure, comme le prescrit le règlement, 21 jours, 15 heures, 7 minutes, 30 secondes. La seconde commence immédiatement après, etc., etc. Il y a généralement dans l'année douze à quatorze tandas, en laissant de côté les jours où il n'est pas nécessaire d'arroser.

[2] La première série comprend les albalaës d'une heure ;
La deuxième série   —   de 30 minutes ;
La troisième série   —   de 15 minutes, etc.

on met le numéro d'ordre de l'albala dans la série première ;
et dans le blanc du second, le numéro d'ordre de l'albala
dans la deuxième série.

On voit par la description qui précède que l'albala réunit
toutes les conditions d'un titre au porteur.

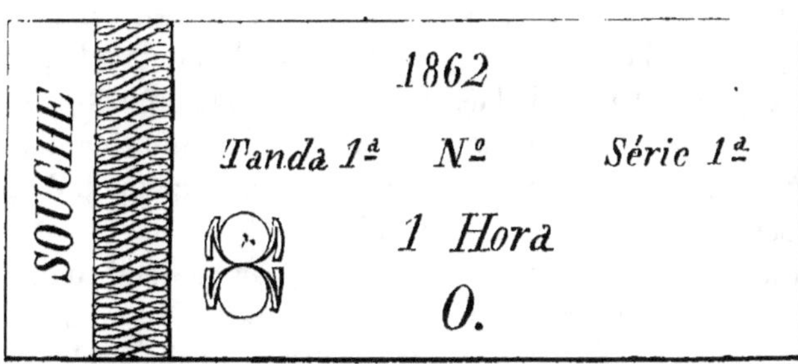

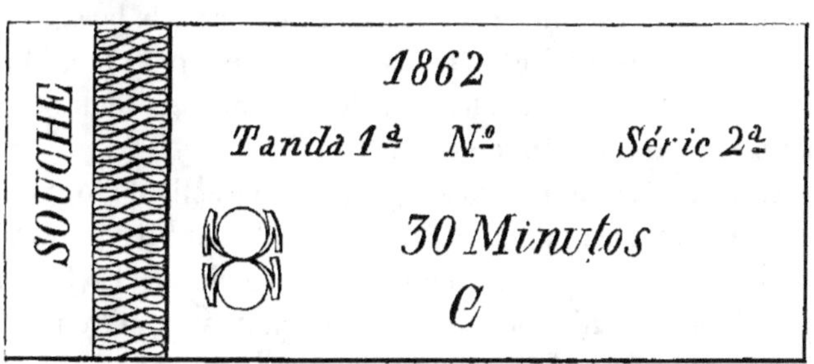

Quelques jours avant l'ouverture de la tanda, chaque
propriétaire vient chercher ou envoie prendre au bureau
du syndicat le nombre d'albalaës qui représente ses droits
à l'eau. S'il a droit, par exemple, à 6 heures 1/2 d'eau, on
lui délivre six albalaës de une heure, et un de 30 minutes.
On comprend que ce fractionnement des droits de chacun
en petites unités, dont la plus forte est de une heure, n'a
d'autre objet que de faciliter les ventes.

Pour se reconnaître dans la distribution de tous ces albalaës, on tient les registres suivants :

Il y a d'abord le registre matricule dont nous avons déjà parlé, et qui renferme les noms des propriétaires avec l'indication du nombre d'heures d'eau auxquelles ils ont droit.

Il y a ensuite un registre qui renferme, par ordre alphabétique, les noms de tous les propriétaires, avec un espace blanc très-large (un quart de page) au-dessous de chaque nom. Quand un individu a retiré ses albalaës, on inscrit simplement dans le blanc le numéro de la tanda à laquelle correspondent les albalaës retirés. A l'aide de cette indication sommaire, le même registre peut bien durer dix ou douze ans, et il n'y a pas à craindre que le même individu puisse réclamer deux fois ses billets.

Enfin, pour chaque tanda, on tient un cahier-brouillard sur lequel on inscrit, dans l'ordre même où ils se présentent, tous ceux qui viennent retirer leurs albalaës, et, à côté de leur nom, le nombre et la nature de ces albalaës.

Chaque propriétaire, se trouvant ainsi nanti des bons d'arrosage auxquels il a droit, peut les vendre en tout ou en partie, suivant sa convenance.

Ces ventes se font de gré à gré, comme celle de toute autre marchandise; elles ont lieu généralement les jours des marchés qui se tiennent une fois par semaine dans les villages de Muchamiel et de San Juan, placés au milieu de la huerta. Le prix ordinaire d'une heure d'eau est de 80 réaux, soit 21 francs, et ce volume représente à peu près l'arrosage d'un hectare [1]. Mais dans les moments de grande sécheresse, la même quantité d'eau se vend de 200 à 250 réaux, c'est-à-dire trois fois plus. D'autres fois, enfin, elle vaut beaucoup moins; elle descend jusqu'à 10 réaux, et ce prix est le signe matériel auquel on reconnaît que les champs n'ont plus besoin d'être arrosés. Aussi l'article 15

---

[1] L'heure d'eau représente 460 mètres cubes, 128 litres étant le débit de la dula par seconde. Cela équivaut à une lame d'eau de $0^m,046$ de hauteur, répandue sur l'hectare; et c'est à peu près suffisant pour un arrosage.

du règlement prescrit-il de fermer la ventelle du réservoir lorsque l'eau n'est plus cotée qu'à 10 réaux.

Mais revenons aux arrosages.

Les eaux qui arrivent au barrage de Muchamiel entrent toutes dans l'acequia principale ; et immédiatement après (voir la pl. VI), au droit du *brazal del Alfaz*, elles trouvent un partiteur qui les partage en deux parties égales : ce sont les deux dulas. Une entre dans le brazal del Alfaz, l'autre suit l'acequia principale, et s'engage dans le *brazal de la Torre*. Ces deux bras sont toujours les deux premiers par où commence l'irrigation de chaque dula. La règle qui s'observe ensuite constamment est de ne jamais faire remonter l'eau. Ainsi la dula qui s'engage dans le brazal del Alfaz dessert successivement jusqu'à leurs extrémités toutes les rigoles secondaires qu'elle rencontre.

Il y a un acequiero préposé à chacune des dulas.

La tanda commence.

Le premier arrosant présente à l'acequiero le nombre d'albalaës qu'il a en sa possession, soit qu'il les ait touchés directement au bureau du syndicat, soit qu'il les ait achetés au marché. Le garde retire les albalaës qu'on lui présente, en déchire un angle en signe d'annulation, et donne l'eau à l'usager pendant le nombre d'heures et de minutes correspondant aux albalaës.

On procède de même pour le second propriétaire. S'il présente au garde des albalaës, celui-ci lui donne le nombre d'heures d'eau correspondant. S'il ne présente rien, le garde passe au troisième, et ainsi de suite.

L'affectation de la première dula à tous les terrains desservis par les bras qui sont supérieurs à celui de la Torre, n'est qu'une mesure d'ordre basée sur cette hypothèse, la plus probable, que tous les terrains de la huerta ayant également besoin d'eau, les ventes se feront de façon qu'il y ait à arroser à peu près autant de terrains par une dula que par l'autre. Mais cette égalité n'existe jamais d'une manière absolue, et il arrive toujours qu'une des dulas rencontrant un nombre d'albalaës moins grand que l'autre, n'a plus rien à arroser, pendant que l'autre n'a pas achevé. Alors la première vient en aide à la seconde.

A cet effet, il convient de remarquer que sur tous les points de l'acequia principale où s'embranche un brazal, il existe un partiteur disposé de façon à partager en deux parties égales le volume réuni des deux dulas. On peut donc toujours tenir les eaux confondues aussi longtemps que l'on veut, et les diviser en tête de n'importe quel brazal. La première dula peut ainsi être très-facilement dirigée dans l'un des bras qui se trouvent en dehors de sa zone normale, et *vice versa*.

De cette façon les deux acequieros finissent toujours leur besogne en même temps ; et par la force des choses, ils se trouvent avoir retiré chacun un nombre d'albalaës dont la valeur totale est égale à la moitié des 1,038 heures, 15 minutes, distribuées pour la durée de la tanda qni expire ; à moins toutefois qu'un certain nombre de propriétaires aient jugé opportun de ne pas utiliser les albalaës qu'ils avaient en main, auquel cas la tanda est plus courte que sa durée réglementaire.

La seconde tanda commence immédiatement après la première.

Dans tout ce qui précède nous avons toujours admis que la quantité d'eau approvisionnée dans le réservoir était assez abondante pour qu'il fût possible de faire arriver au barrage de Muchamiel deux dulas, c'est-à-dire deux fois 128 litres par seconde. Il n'en est pas toujours ainsi.

Dans ce cas il est prescrit par l'article 12 du règlement d'ouvrir complétement la ventelle du réservoir, et le volume qui arrive est partagé en deux parties égales de façon à former deux dulas de moindre importance.

Mais si la sécheresse est telle, que chacune des deux

dulas n'ait plus qu'un débit très-minime, alors on laisse toutes les eaux confondues ensemble, et l'arrosage ne se fait plus que par un seul canal à la fois. L'usager qui présente au garde des albalaës pour deux heures d'eau n'en reçoit qu'une heure ; la durée de la tanda reste donc toujours la même. (Art. 13 du règlement.)

Par contre, s'il y a un grand approvisionnement d'eau dans le réservoir, et que l'état des récoltes exige que l'on accélère les arrosages, le syndicat peut prescrire qu'il soit envoyé à la huerta trois ou quatre dulas au lieu des deux réglementaires. Dans ce cas, l'arrosage se fait à la fois par trois ou quatre canaux dans chacun desquels il passe une dula, et la durée de la tanda est naturellement beaucoup plus courte. (Art. 16.) Cela se pratique surtout au moment des crues, alors qu'il arrive de l'eau au barrage de·San Juan, et que l'acequia auxiliaire del Gualero se trouve alimentée. Cette acequia arrose alors les portions du territoire qu'elle domine, ainsi que nous l'avons expliqué au chapitre précédent.

Il est enfin des cas où la tanda est plus longue que sa durée réglementaire ; c'est lorsqu'il y a eu interruption dans l'arrosage pour cause de réparation ou tout autre motif légitime ordonné par le syndicat ; aussitôt que l'eau est remise dans les canaux, l'arrosage reprend aux points où il avait été interrompu. (Art. 11.)

Telles sont les principales règles relatives à la distribution des eaux. Nous nous occuperons dans le chapitre suivant de l'organisation du syndicat et de la police des irrigations.

CHAPITRE XIII

IRRIGATIONS D'ALICANTE (SUITE).

Organisation du syndicat. — Police des irrigations.

———

Anciennement, les irrigations d'Alicante étaient gérées directement par les usagers eux-mêmes. Le principe de l'élection populaire était appliqué sur l'échelle la plus vaste, ainsi que nous l'avons déjà vu pour la province de Valence. Il y avait un employé supérieur appelé le cequiero chef, ayant sous ses ordres des agents de toute catégorie.

Cette autonomie fut brisée par Philippe V, qui, par un acte de sa volonté royale, s'empara des eaux d'Alicante, et en confia la gestion à l'administrateur du patrimoine royal, lequel fut à la fois administrateur et juge de toutes les difficultés et contraventions relatives à l'usage des eaux.

Ce régime dura depuis 1739 jusqu'à 1840, époque de la dernière révolution. Les usagers crurent le moment opportun pour revendiquer les droits dont ils avaient joui pendant une longue suite de siècles. Leurs prétentions furent reconnues fondées, et l'acte de Philippe V fut rapporté.

On procéda alors à l'étude et à la rédaction d'un nouveau règlement, qui fut définitivement approuvé en 1849 par un décret royal.

Ce règlement, élaboré par une commission de propriétaires intéressés, au nombre desquels figurait en première ligne M. Vignau, l'homme qui s'est occupé le plus sérieusement des questions administratives de la huerta d'Alicante, est rédigé avec une précision, une netteté d'idées qui méritent d'être signalées. Il conciliait dans une juste mesure les droits anciens des usagers avec les exigences de la législation moderne ; il consacrait notamment l'intervention directe des usagers pour la nomination de leurs représentants.

Malheureusement ce dernier principe fut complétement abandonné par le gouverneur civil chargé de donner son avis sur le règlement, en le présentant à la sanction royale, et on substitua au principe de l'élection celui de la nomination directe par le gouvernement. C'est avec cette modification que le règlement fut approuvé.

Cette partie du règlement d'Alicante fait réellement tache dans l'ensemble des institutions hydrauliques de l'Espagne. C'est le seul point où l'autonomie des irrigants ait cessé d'exister, et cette autonomie se trouve partout si bien organisée et produit partout de si excellents résultats, qu'on ne peut s'empêcher de la regretter à Alicante.

Ajoutons que la question ne paraît pas définitivement jugée. L'opinion publique est très-surexcitée à ce sujet. La notice publiée en 1860 par M. Francisco de Estrada [1], et à laquelle nous avons fait de nombreux emprunts pour tout ce qui concerne la partie historique de ces irrigations, a été écrite dans le but principal de revendiquer le droit d'élection pour les usagers. Enfin un décret royal [2] du 29 avril 1860, qui règle d'une manière remarquable toutes les questions de principe relatives aux irrigations du royaume, prescrit en termes formels « de prendre pour base des règlements syndicaux le principe de l'administration des eaux par les intéressés eux-mêmes. »

Le règlement d'Alicante de 1849 étant en contradiction

---

[1] *Reseña historica.*

[2] Le texte de ce décret est donné plus loin, au chapitre **XXIV**.

manifeste avec ce décret, il est infiniment probable qu'il ne se passera pas longtemps encore sans que ce règlement soit révisé. C'est du moins un espoir que l'on nourrit généralement dans le pays.

Quoi qu'il en soit, nous allons faire connaître ce règlement de 1849, aujourd'hui en vigueur.

Constitution de l'administration.

Les eaux sont administrées par un syndicat d'arrosage composé de onze membres.

Les qualités requises pour être syndic sont : d'avoir vingt-cinq ans d'âge, de savoir lire et écrire, de posséder au moins 30 tahullas (4 hectares 80 centiares) arrosables dans la huerta.

Ils sont nommés directement par le gouverneur civil de la province. Le directeur du syndicat est pris parmi les onze syndics, et nommé par le gouvernement, sur une liste triple présentée par le gouverneur.

Le syndicat doit se réunir régulièrement tous les quinze jours, sans préjudice des réunions extraordinaires pour un objet déterminé.

Les attributions du directeur et du syndicat sont tout à fait analogues à celles de nos règlements de France ; ces règlements paraissent même avoir servi de type pour la nomenclature de ces attributions.

Du budget des dépenses.

Chaque année le directeur propose le projet de budget ; le syndicat le discute et le vote, en y apportant les modifications qu'il juge convenables.

Sont classées comme dépenses obligatoires :

1° Le traitement des employés, y compris la gratification accordée au directeur (1,500 francs au plus).

2° Les frais de bureau.

3° Les frais de curage du réservoir, des barrages et autres ouvrages, des lits de rivières et torrents, canaux et rigoles.

4° Les frais relatifs à l'entretien des édifices et ouvrages, et au rétablissement des objets dégradés.

5° Le payement des dettes et de leurs intérêts.

6° Un exemplaire du Bulletin officiel du ministère du commerce, de l'instruction et des travaux publics pour les archives, et un autre pour chacun des onze syndics.

Sont classées comme dépenses volontaires toutes celles non comprises dans l'énumération qui précède.

Le gouverneur a le droit de réduire tout ou partie des dépenses volontaires, mais il n'a pas celui de les augmenter. Il peut augmenter le chiffre des dépenses obligatoires. Dans les deux cas, il doit entendre préalablement le syndicat, renforcé de onze propriétaires tirés au sort parmi les trente plus forts contribuables.

Vote et perception des taxes.

Les taxes sont votées par le syndicat et divisées en deux catégories : la taxe ordinaire et la taxe extraordinaire.

La première consiste en un impôt de 4 maravedis (0 f. 03 c.)[1] par minute d'eau à payer pour chacune des tandas que le syndicat désigne.

La durée légale de la tanda étant, comme on le sait, de 1,038 heures, on voit que chaque tanda rapporte 1,868 francs. Si donc le budget des dépenses s'élève à 9,000 francs, par exemple, le syndicat décide que, sur les douze ou quatorze tandas qui ont lieu généralement dans l'année, il y en aura cinq payantes (tandas de pago), et que les autres seront franches (tandas francas). De plus, afin de moins gêner les usagers, il a soin d'échelonner les époques

---

[1] Le real, ou 0f,263, vaut 34 maravedis.

des tandas payantes, de façon à ne faire rentrer les fonds qu'au fur et à mesure des besoins.

La perception des taxes se fait d'une manière aussi simple qu'économique. Tout individu qui vient retirer ses albalaës pour une tanda désignée comme payante, est tenu de payer au bureau même du syndicat la taxe correspondante ; sans quoi, ses albalaës ne lui sont pas délivrés.

Lorsque la taxe ordinaire dont il vient d'être question ne suffit pas pour couvrir les dépenses, le syndicat a le droit de voter des taxes extraordinaires. Ces dernières sont encore établies à raison de tant de maravedis par minute d'eau pour un nombre de tandas déterminé, et leur perception se fait de la même manière.

Personnel.

Le personnel des employés et agents est nombreux. Le règlement mentionne :

1° Le secrétaire contrôleur, dont les principales occupations consistent à contrôler l'entrée et la sortie des deniers et à en tenir la comptabilité ; à tenir également la comptabilité des eaux, et à préparer les albalaës de chaque tanda.

2° Le receveur, qui distribue aux usagers les albalaës que lui remet le secrétaire, qui en perçoit le produit, et doit le déposer régulièrement à la caisse à la fin de chaque jour.

3° Le trésorier, chargé de la garde des fonds et des payements sur mandats du directeur.

Les autres agents appartiennent au personnel actif. Ce sont :

4° Le contrôleur des eaux (*fiel de aguas*). C'est le chef immédiat des autres agents. Il centralise le service actif, et prête serment, devant le syndicat et entre les mains du directeur, de remplir son mandat avec conscience et loyauté.

5° Le répartiteur, qui doit se tenir constamment en tête

des ouvrages servant à la répartition des eaux, et veiller à ce que les deux dulas soient parfaitement égales.

6° Les acequieros. Il y en a un pour chaque dula. Ce sont eux qui distribuent l'eau aux usagers, d'après les albalaës qui leur sont présentés. Afin d'éviter que ceux-ci ne laissent passer leur tour par mégarde, les acequieros sont tenus de donner constamment avis de l'approche de l'eau aux trois usagers qui suivent. Leur service devant se faire de nuit comme de jour, ils ont besoin d'un adjudant ; ils le nomment eux-mêmes, sous leur responsabilité propre, sauf l'approbation du directeur ; la fidèle exécution de leurs fonctions délicates est garantie par un cautionnement de 2,000 francs en biens-fonds ou 500 francs en argent.

7° Les barragistes ou gardes des barrages de prises d'eau. Il y en a un pour chacun des barrages de Muchamiel, San Juan et Campello. Ils habitent dans la maison même des vannes, et sont chargés de tout ce qui est relatif à l'entretien des barrages et à la manœuvre des vannes.

8° Le pantanero ou garde du réservoir (*pantano*). Il habite constamment une maison construite à côté du grand barrage. Il veille à ce barrage et est chargé de la manœuvre de la ventelle.

9° Les gardes, qui ont pour mission spéciale de parcourir incessamment tous les terrains sur lesquels naissent les eaux qui doivent affluer au réservoir, ainsi que les bords de la rivière depuis le réservoir jusqu'au barrage de Muchamiel, afin de s'opposer à toute entreprise illicite qui aurait pour effet de détourner de la huerta les eaux qui lui appartiennent.

10° Enfin le garçon de bureau.

Contraventions. — Pénalité. — Tribunal des eaux.

De même que les règlements précédemment étudiés, celui d'Alicante comporte une nomenclature détaillée des contraventions, avec une pénalité parfaitement graduée. Il est indispensable ici de citer sommairement quelques articles.

Art. 25. Nul propriétaire d'eau vieille ne pourra léguer, vendre, échanger, engager, arrenter ni transmettre son eau d'une façon quelconque à des personnes qui ne posséderaient pas déjà de l'eau nouvelle. La même interdiction est faite aux propriétaires d'eau nouvelle qui voudraient vendre cette eau indépendamment de la terre à laquelle elle est annexée. Les contrevenants à ces dispositions perdront leurs droits à l'eau tant qu'ils seront en faute.

Art. 32. Celui qui fera ou distribuera des albalaës faux ou falsifiera des albalaës authentiques sera poursuivi comme en matière de faux en écriture publique, conformément aux dispositions du Code pénal.

Art. 34 et 35. Celui qui se servira d'une eau qui ne lui appartient pas, celui qui détournera l'eau de son cours, sera puni d'une amende variant du simple au double du dommage causé si ce dommage est inférieur à 10 francs, et du simple au triple si le dommage est supérieur à 10 francs et au-dessous de 125 francs.

Art. 36. Celui qui, en se servant des eaux, alors même qu'il aurait légitimement le droit de s'en servir, omettrait de se conformer aux prescriptions du règlement, sera puni d'une amende de 2 fr. 50 c. à 20 francs.

Art. 39. Celui qui, sans détourner les eaux, causerait des dommages aux lits, canaux, ouvrages et autres objets, en y faisant des semis et plantations, en y jetant de la terre, des pierres, des broussailles, des immondices ou toute autre chose, sera puni de la même peine que celle portée aux articles 34 et 35.

Art. 40. Il est défendu de faire entrer des troupeaux ni aucun animal dans les canaux publics d'arrosage. Le contrevenant sera puni d'une amende égale au minimum à la valeur du dommage, et au maximum à cette valeur augmentée d'un tiers. S'il n'y a pas dommage, l'amende sera de 2 fr. 50 c. à 20 francs.

Art. 41. Les propriétaires des moulins qui interrompront ou modifieront le cours régulier des arrosages seront punis comme il est dit aux articles 34 et 35.

Art. 42. La même peine sera appliquée pour tout préjudice non prévu qui serait occasionné aux eaux, lits, canaux et autres.

Art. 44. Les complices seront punis du minimum de la peine infligée aux auteurs de la contravention.

Art. 45. Les contrevenants insolvables feront un jour de prison en compensation de chaque 5 francs d'amende.

Art. 43. Il est laissé à la prudence du tribunal d'appliquer les peines dans les limites fixées par le règlement, en tenant compte, dans chaque cas, des circonstances particulières de l'affaire.

Le tribunal dont il est ici question est un tribunal privatif, analogue à ceux dont nous nous sommes déjà occupé, notamment pour Murviedro. Il est institué par le titre IV du règlement syndical. Sa compétence est définie dans des termes identiques à ceux qui sont employés dans l'article 63 du règlement de Murviedro (voir plus haut, page 113). Ses arrêts sont sans appel, pourvu qu'ils ne concernent aucune question de droit et qu'ils s'appliquent seulement à la constatation du fait, à la réparation des dommages et à la punition du délit.

Mais il y a entre le tribunal des eaux de Murviedro et celui d'Alicante les différences suivantes :

A Murviedro, c'est tout le comité d'administration, composé de cinq membres, qui forme le tribunal. A Alicante, les juges sont au nombre de trois, qui sont le directeur et deux syndics désignés par le syndicat.

A Murviedro, le comité d'administration, c'est-à-dire les

juges, sont le produit de l'élection des intéressés. A Alicante, ils sont nommés directement par le gouvernement, et ce n'est plus dès lors ce tribunal populaire que, dans la province de Valence, nous avons vu partout entouré de la sympathie des masses.

CHAPITRE XIV

Culture du palmier. — Constitution de la propriété des eaux. — Régime
administratif. — Partiteurs à bec mobile. — Barrage-réservoir.

Elche est une ville de 16,000 âmes, située sur la route
de Murcie, à 22 kilomètres d'Alicante. Son aspect est féerique ; on se croirait soudainement transporté au sein d'une
des oasis de l'Afrique. Partout dans le midi de l'Espagne, depuis Valence jusque dans l'Andalousie, on aperçoit bien disséminés çà et là quelques palmiers formant
d'élégantes perspectives de paysage, comme on peut en
voir aux environs d'Alger et des autres villes du littoral
algérien ; mais pour trouver le palmier en pleine culture, il
faut s'enfoncer à plus de cent lieues dans l'intérieur du continent africain et entrer dans la région du Sahara. Par un
singulier privilége, Elche présente aux yeux étonnés, en
pleine Europe, une oasis de palmiers dont l'étendue n'est
pas inférieure à celle de beaucoup d'oasis africaines, palmiers hauts de 20 mètres, produisant dattes et palmes, alimentant un commerce d'exportation, formant, en un mot,
la principale richesse du territoire. La ville est comme
perdue au milieu de ces magnifiques bosquets qui la ceinturent sur les trois quarts de sa circonférence.

C'est à la nature saline de leurs eaux d'irrigation que les
habitants d'Elche attribuent le succès de leurs plantations
de palmiers. Ces eaux, qui viennent du Rio Vinolapo, coulent sur des bancs très-salpêtrés, et sont impropres, nonseulement à la boisson, mais encore à la végétation de

beaucoup d'arbres ; le figuier notamment n'y résiste pas. Il n'y a que quatre arbres qui s'en accommodent parfaitement, le grenadier, le caroubier, l'olivier et surtout le palmier. Quand un palmier commence à dépérir, on le sauve généralement en l'arrosant pendant quelque temps avec des dissolutions très-concentrées de sel marin.

L'étendue des cultures d'Elche est d'environ 12,000 hectares, se décomposant approximativement de la manière suivante :

Palmiers.........	120 hectares.
Oliviers..........	580 —
Vignes...........	2,400 —
Céréales..........	8,900 —

De toutes ces cultures il n'y a que le palmier qui ne puisse absolument pas se passer d'eau. Il souffrirait beaucoup s'il restait quinze jours sans arrosage ; on lui en donne un très-abondant généralement tous les huit jours.

Avant d'entrer plus avant dans l'étude des irrigations d'Elche, il nous semble intéressant de donner quelques détails sur cette culture exceptionnelle.

Le palmier vient par semis ; on le transplante au bout de trois ou quatre ans de pépinière. Six ans après il donne des fruits. Les dattes d'Elche, sans être comparables à celles d'Afriĝüe, sont néanmoins bonnes à manger. On les consomme sur place et dans les environs. Mais le principal revenu du palmier, celui qui donne lieu à un commerce d'exportation très-important, ce sont les palmes.

Il est d'usage en Espagne, en Italie et dans quelques parties du midi de la France, d'employer les palmes comme ornement des processions : en beaucoup d'endroits c'est pour les églises une affaire de luxe ou de convenance de renouveler leurs palmes toutes les années. Elche a le monopole de cette fourniture.

Les palmes des processions ne doivent pas avoir leur couleur naturelle vert foncé ; elles doivent être blanches, et c'est en les privant de l'action de la lumière qu'on leur donne cette teinte artificielle. A cet effet on lie toute la touffe du palmier avec une forte corde à tours serrés et rapprochés qui l'emmaillottent complétement. La pointe supérieure de la touffe est elle-même encapuchonnée dans des palmes coupées sur un autre arbre. La touffe ainsi serrée n'a pas un diamètre plus gros que le tronc ; de loin il n'est plus possible de distinguer l'un de l'autre, et le tout présente l'aspect d'un grand mât de navire dépouillé de ses agrès.

Ce sont les palmiers mâles que l'on soumet à cette opération. Ils ne produisent pas de fruits, et la récolte des palmes ne se fait pas dès lors au détriment de celle des dattes. Au bout d'un an on les débarrasse de leurs liens ; les palmes extérieures, servant d'enveloppe à la masse, ont seules verdi sous l'influence de la lumière ; mais les autres sont restées d'une blancheur immaculée et peuvent être livrées aux églises.

La constitution de la propriété des eaux à Elche est un peu différente de celle d'Alicante. Elle est ce que serait devenue cette dernière sans cette mesure de haute prévoyance qui, dès la fin du seizième siècle, attacha les eaux au sol, et ne leur permit pas de se localiser entre les mains de capitalistes qui ne devaient plus avoir qu'un intérêt indirect au développement des cultures.

Les eaux d'Elche, possédées après la conquête par les propriétaires du sol entre lesquels elles avaient été partagées, ne furent soumises à aucune sujétion ; elles purent être vendues indépendamment de la terre, et les transactions qui ont eu lieu à ce sujet pendant un grand nombre de siècles ont créé la situation suivante : la propriété de l'eau est aujourd'hui entre des mains entièrement différentes de celles qui détiennent la terre. Le propriétaire du sol n'a plus aucun droit à l'arrosage. Quand il a besoin d'eau, il va en acheter, de même qu'il achète des engrais quand il veut fumer.

Voilà d'après quels principes administratifs est' réglée cette situation respective des propriétaires d'eau et des propriétaires de terres.

Les eaux sont celles du Rio Vinolapo, qui est alimenté constamment par des sources pérennes. A 5 kilomètres environ de la ville, il a été construit sur ce torrent un barrage-réservoir dont nous nous occuperons plus loin. Quand les pluies ont fait défaut, ce qui arrive fréquemment, et qu'il n'existe pas de réserve d'eau, on ouvre complétement la ventelle. Quand, au contraire, il y a une réserve, on lui donne par aperçu une ouverture qui laisse passer un débit sensiblement égal au débit moyen de la rivière dans son état naturel.

Ce volume d'eau, quelle que soit son importance éminemment variable, est partagé en douze parties égales. Une est affectée aux besoins de propreté de la ville et des maisons particulières (lesquelles ont toutes des citernes qui leur donnent de l'eau potable); les onze autres sont employées aux arrosages.

Le volume d'eau correspondant à chacune de ces onze portions, pendant une durée de douze heures, forme l'unité, le fil d'eau (hilo). La jouissance du même hilo revient tous les trente-sept jours.

On compte par conséquent $11 \times 2 = 22$ hilos par jour; et $37 \times 22 = 814$ hilos pendant la période de rotation de jouissance; c'est-à-dire que, si l'on supposait la propriété des eaux partagée également en autant d'individus qu'il y a d'unités hydrauliques, il y aurait juste 814 propriétaires, chacun d'eux pouvant jouir de sa propriété tous les 37 jours seulement.

Tous les matins à sept heures, il se tient une espèce de bourse où se font les ventes d'eau, uniquement pour la période de temps de vingt-quatre heures comprise entre les six heures du soir du jour même et les six heures du soir du lendemain. Ces ventes se font de gré à gré. La Bourse est présidée par une commission composée d'un des juges dont il sera question ci-après, d'un secrétaire chargé d'inscrire les ventes et les achats, et du fiel de aguas chargé d'opérer journellement la répartition des eaux, conformément au résultat des ventes.

On ne peut pas, dans ces ventes, subdiviser le hilo en fractions plus faibles que le quart; et comme il y a 22 hilos à vendre pour un laps de 24 heures, il peut y avoir au plus 88 ventes dans chaque bourse.

Tout propriétaire d'eau peut vendre à un propriétaire de terre, pourvu que la pente du sol permette aux eaux d'arriver chez ce dernier. Il n'y a donc d'autres limites à la zone irrigable que celles imposées par le relief du sol et le volume des eaux [1].

L'administration est entièrement entre les mains des propriétaires d'eau. Le premier dimanche de chaque année ils se réunissent tous en assemblée générale. Il suffit, pour avoir voix délibérative, de posséder un demi-hilo. Ils nomment à la majorité des voix tous les employés, qui sont le fiel de aguas, le secrétaire, le garde du barrage-réservoir, et le garde des partiteurs. Ces employés sont nommés pour un an et sont rééligibles.

L'assemblée générale nomme également les juges aux fonctions desquels il ne faut pas donner la signification que paraîtrait comporter ce nom de *juge*. Voici simplement quelle est leur compétence, beaucoup plus arbitrale que juridique.

Chacun de ces juges préside à tour de rôle la commission, qui, ainsi que nous l'avons dit plus haut, siége chaque jour à la Bourse. Or, dans le but de faciliter les arrosages de toutes les parties du territoire, il y a vingt et une rigoles secondaires munies de partiteurs qui s'embranchent sur

---

[1] C'est ainsi que s'explique l'énorme chiffre de 12,000 hectares, donné plus haut pour l'étendue de la huerta, bien que le débit de Rio Vinolapo ne soit pas très-important.

l'acequia principale. Mais il n'y a jamais au plus que dix à onze de ces rigoles qui fonctionnent à la fois, et souvent moins, car on peut faire passer plusieurs hilos dans une seule. A la Bourse, il se présente journellement les deux difficultés suivantes : 1° deux groupes de propriétaires situés sur des rigoles différentes demandent à acheter de l'eau, et il n'est possible d'en donner qu'à une seule des deux rigoles ; 2° sur la même rigole, deux propriétaires veulent acheter de l'eau, et il n'est possible d'en donner qu'à un seul.

Le juge de la Bourse décide quelle est celle des rigoles ou celui des propriétaires en faveur desquels la vente peut être le plus utilement faite, et cette décision est sans appel.

Telle est la compétence de ces magistrats ; on voit qu'il s'agit simplement d'un arbitrage.

Les fonctions de juge sont entièrement honorifiques. Les quatre juges sont renouvelés par moitié tous les ans, au moment de l'assemblée générale. Ils sont rééligibles.

Les quatre juges, réunis à trois membres de l'ayuntamiento (conseil municipal), forment, sous la présidence de l'alcade de la ville, le comité d'administration (junta de gobierno). C'est de cette manière indirecte que les propriétaires du sol interviennent dans les questions d'irrigation.

Le vote du budget, l'imposition des taxes et toutes les affaires du service intérieur sont délégués par l'assemblée générale au comité d'administration.

Les taxes frappent exclusivement les propriétaires d'eau ; elles sont perçues de l'une des deux manières suivantes. Ou bien la taxe est fixée à tant par hilo, et chaque propriétaire d'hilo est tenu de venir la payer, sous peine de poursuites devant le juge de première instance. Ou bien le comité décide que pendant un ou plusieurs jours, jusqu'à la rentrée complète du montant du budget, toutes les ventes d'eau qui se feront en Bourse seront faites au profit de la caisse de la communauté. Dans ce cas, la période de trente-sept jours est interrompue pendant tout le nombre de jours où l'argent est encaissé par le comité, et, l'opération terminée, la période reprend son cours au profit des propriétaires [1].

Toutes les contraventions, telles qu'obstacles apportés au libre écoulement des eaux, empiétements sur les francs-bords de l'acequia, détournement des eaux, altérations dans les partiteurs, etc., sont poursuivies par le comité d'administration devant le juge de première instance. Il n'y a point de tribunal privatif.

Le grand vice du système que nous venons de faire connaître est de créer un antagonisme entre les propriétaires de l'eau et ceux de la terre, et de placer ceux-ci, qui, en somme, au point de vue agricole, sont les seuls dignes d'intérêt, dans la dépendance de ceux-là, qui ne sont que des capitalistes très-étrangers au sol. Ces derniers ne laisseront certainement pas péricliter le barrage, puisque leur fortune est là; mais ils n'ont intérêt ni à ménager les eaux de la retenue, ni à développer les ressources hydrauliques de la contrée, par le motif que plus l'eau est abondante et plus elle est bon marché. Il est une certaine limite au delà de laquelle tout approvisionnement d'eau devient pour eux une mauvaise opération.

Avec un pareil système, on ne verra jamais ce qui se fait en ce moment à Alicante, un syndicat ne reculant pas devant une dépense de 600,000 à 700,000 francs consacrée à des recherches d'eaux. Tout esprit d'initiative et de progrès y est fatalement comprimé.

Mais reprenons l'exposé de nos études. Le système de vente que nous venons d'exposer étant admis, comment fait-on la répartition des eaux?

---

[1] Les ventes au profit de la communauté se font par la voie des enchères, contrairement au système adopté pour les ventes entre particuliers, qui ont lieu de gré à gré.

On a vu plus haut l'admirable simplicité du système d'A-licante ; la quantité d'eau qui passe dans un canal est inva-riable ; c'est toujours la même, la dula : la quantité varia-ble, c'est le temps de jouissance de cette dula. On achète des heures d'eau et non des volumes d'eau, et c'est la montre en main, c'est-à-dire avec une exactitude rigou-reuse et une facilité élémentaire, que l'on distribue à chacun la quantité d'eau qui lui revient.

A Elche, c'est tout le contraire. Le temps de jouissance du volume d'eau correspondant au hilo est invariable : il est de douze heures (sauf les deux sous-multiples de la moitié et du quart, qui sont admis dans les ventes). Il en résulte que celui qui a besoin d'un grand volume d'eau est obligé d'acheter plusieurs hilos ; d'où la nécessité de modi-fier chaque jour, d'après le résultat des ventes faites en Bourse, les partiteurs qui servent à mesurer le volume d'eau qui entre dans chaque canal. Cette sujétion est grande et est loin d'approcher de la simplicité du système d'Ali-cante ; mais, l'idée étant admise, il faut reconnaître que le problème a été résolu d'une façon assez ingénieuse et qui, dans ses résultats pratiques, laisse peu de prise à la critique.

Il existe, nous l'avons déjà dit, vingt et une rigoles se-condaires, s'embranchant sur l'acequia principale. En tête de chacune de ces rigoles est construit un partiteur d'après le type que nous allons décrire. Les figures 7 et 8 de la planche IX donnent les détails d'un de ces partiteurs.

Sur une longueur d'environ 5 mètres, l'acequia princi-pale est encaissée entre deux bajoyers maçonnés, espacés de 2 mètres et reposant sur un radier également en ma-çonnerie. Deux chutes successives de $0^m,30$ et $0^m,40$, dont la première est à $2^m,50$ et la seconde à 4 mètres de l'origine des bajoyers, sont ménagées sur le radier. La pente longi-tudinale du radier est nulle tout le long de la partie maçon-née, et excessivement faible sur une cinquantaine de mètres à l'amont. Il en résulte que les eaux arrivent sur le premier déversoir avec une vitesse insensible. La lame d'eau s'y déverse avec un calme parfait, sans agitation, sans bouillonnements ; elle semble figée. Cette lame d'eau n'est, du reste, jamais noyée : le second déversoir, placé à 1ᵐ,50 à l'aval du premier, fait un appel qui s'y oppose. L'écoulement de l'eau sur le premier déversoir se fait donc avec une précision à peu près mathématique, il n'y a nulle part de contraction, et le débit est proportionnel à la longueur.

Cette première observation faite, voici en quoi consiste le partiteur. A l'aval du premier déversoir est établie, parallèlement aux bajoyers, une cloison divisoire en pierre de taille, de 0ᵐ,30 seulement d'épaisseur, qui partage la largeur de 2 mètres en deux parties : une de 1ᵐ,40 pour l'acequia principale, l'autre de 0ᵐ,30 pour la rigole secondaire. La pierre de taille qui termine à l'amont la cloison divisoire est taillée suivant un cylindre vertical qui présente en plan la forme d'une tête de poupée, et sert de pivot à un bec en bois dur, de 0ᵐ,50 de longueur horizontale et 0ᵐ,65 de hauteur.

Ce bec embrasse la tête de poupée sur un développement plus long que la demi-circonférence. Il ne peut donc pas s'en échapper, et ne peut prendre autour d'elle qu'un mouvement de rotation circulaire : étant en bois dur, son poids seul s'oppose à peu près complétement à ce qu'il soit soulevé par les eaux ; cet effet est d'ailleurs empêché par la manière dont est disposée la charnière de pivotement placée sur les faces supérieures de la cloison divisoire et du bec en bois.

La longueur du bec est telle, que, lorsque son axe est dirigé dans l'axe même de la cloison, son extrémité touche presque le premier déversoir ; à droite et à gauche de cette position centrale, il peut prendre toutes les positions possibles en pivotant autour du cylindre qui termine la cloison.

On voit par là que, suivant la position que l'on fait occuper au bec, la longueur totale du premier déversoir (2 mètres) se partage en deux parties dont les longueurs ont entre elles des rapports variables. La répartition consiste à rendre ces deux longueurs proportionnelles aux volumes d'eau qui, d'après les ventes faites à la Bourse du jour, doivent passer et dans la rigole secondaire correspondant au partiteur dont on s'occupe, et dans l'acequia principale, où doivent rester les eaux destinées aux rigoles inférieures.

A cet effet, le bec mobile porte, à 10 centimètres de son extrémité, un petit goujon en fer vertical. Une règle plate en fer, d'environ $0^m,80$ de longueur, est fixée par un de ses bouts dans un anneau sur le bajoyer voisin. Cette règle est percée d'un très-grand nombre de trous destinés à recevoir le goujon du bec. On sait d'avance à quel rapport de répartition correspond chacune des positions du bec déterminées par un des trous de la règle ; et suivant les ventes qui se sont faites à la Bourse, le fiel de aguas va disposer chaque jour le bec des partiteurs de façon que le goujon corresponde au trou voulu de la règle. Un fort cadenas, qui embrasse à la fois le goujon et la règle, assure l'invariabilité de la position du bec jusqu'au lendemain.

Ce système de répartition variable est, comme on le voit, assez ingénieux ; il présente à la pratique une exactitude suffisamment grande tant que la pointe du bec ne s'éloigne pas notablement de l'arête du déversoir ; mais ajoutons que cette condition d'exactitude a été comprise par les inventeurs. Les partiteurs n'ont pas tous les mêmes largeurs, ni les becs la même longueur ; leurs dimensions ont été fixées en tenant compte dans une certaine mesure de l'étendue des champs desservis par chaque rigole, et des limites extrêmes entre lesquelles sera généralement compris le volume d'eau à y faire passer. Pour chacune de ces

limites extrêmes, le bec n'a pas à s'écarter notablement de
la position centrale.

Enfin, pour terminer, nous dirons que la rigole secondaire se trouve barrée à l'aval du second déversoir par
une vanne pleine cadenassée, que l'on ferme toutes les fois
qu'il n'y a point d'eau à faire passer par ladite rigole. Cet
appendice étranger au partiteur proprement dit a pour but
d'assurer une fermeture plus complète de la rigole. A la
rigueur on pourrait s'en passer, car la fermeture pourrait
être faite en appliquant simplement l'extrémité du bec
contre le bajoyer. Il paraît même que dans les temps anciens, on ne procédait pas autrement.

Le partiteur à bec mobile dont nous venons de nous occuper présente un certain intérêt historique. Il a été lé-
gué à l'Espagne par les Maures. Nous avons eu entre
les mains un manuscrit en vieil espagnol qui, d'après la
tradition, est traduit textuellement de l'arabe. Il est confié
au fiel de aguas, qui s'en sert journellement pour faire les
répartitions. Pendant longtemps il a joui des honneurs
d'un livre sacré ; il était mystérieusement conservé et les
profanes n'y touchaient pas.

Il a pour principal objet de faire connaître les dimensions précises de chacun des vingt et un partiteurs et de
donner les règles géométriques que l'on doit observer pour
sceller sur le bajoyer l'anneau de la règle et déterminer
l'emplacement des trous à percer sur cette règle. Une
épure accompagne ces préceptes ; nous en donnons (pl. IX)
la copie exacte.

On nous pardonnera d'entrer dans ces détails élémentaires, qui, de nos jours, ne peuvent certainement rien apprendre à personne ; mais il nous semble qu'il ne nous est
pas permis de sauter à pieds joints sur un document entièrement inédit, qui peut donner une idée des procédés géométriques des Maures, il y a six ou sept cents ans.

Voici donc la substance des préceptes, donnés en forme

de préface, en tête du manuscrit, avec l'épure à l'appui :

« On placera d'abord le bec en bois dans la position qu'il doit occuper pour que la petite rigole soit entièrement fermée, et l'on tracera sur l'épure la ligne d'axe qui passe par le goujon placé près de la pointe du bec et par celui placé sur le cylindre, au centre du cercle de pivotement.

« Cette ligne d'axe étant prolongée sur la plate-forme du bajoyer, on y appliquera la règle plate qui doit être percée de trous ; l'extrémité de cette règle sera placée au point même où doit être scellé l'anneau fixant la règle sur le bajoyer, et ce point sera lui-même sur ladite ligne d'axe. On placera sur ce point, comme centre, la pointe d'un compas, et l'on décrira successivement deux arcs de cercle partant de chacun des goujons. Les points où le compas viendra rencontrer la règle seront ceux où il faudra percer des trous ; et l'on sera assuré alors que la rigole sera entièrement fermée, en faisant pénétrer les deux goujons dans les trous dont il vient d'être question.

« On laissera toujours la règle plate à la même place, et on mettra le bec dans toutes les positions qu'il doit occuper pour satisfaire aux diverses répartitions. On mettra la première pointe du compas sur l'extrémité de la règle, au même point que ci-dessus, et on ouvrira ce compas de façon que la seconde pointe corresponde au goujon du bec dans chacune de ses positions. On décrira chaque fois un arc de cercle, et les points où le compas viendra rencontrer la règle seront ceux où il faudra percer des trous pour satisfaire aux diverses répartitions[1]. »

Telle est la construction géométrique donnée d'une manière générale en forme de préface. Il y a ensuite sur le manuscrit une page affectée à chacun des vingt et un par-

---

[1] Ceci n'est qu'une traduction très-libre, car la traduction littérale eût été difficilement comprise. Mais la succession des idées et les préceptes géométriques sont fidèlement rapportés.

titeurs. Sur chaque page est dessinée une épure faisant connaître, avec des cotes en chiffres, la largeur totale du canal entre les deux bajoyers, la largeur comprise entre le centre du pivot et le bajoyer de la rigole secondaire, et enfin la longueur du bec, depuis le centre du pivot jusqu'à sa pointe. Le texte qui accompagne cette figure reproduit en toutes lettres les chiffres du dessin et répète, en outre, pour le cas particulier, les règles de construction déjà données dans la préface et relatives soit au percement des trous de la règle plate, soit au scellement de l'anneau qui doit fixer cette règle sur le bajoyer.

Il ne nous reste plus, pour terminer ce que nous avons à dire des irrigations d'Elche, qu'à parler du barrage-réservoir.

De même que celui d'Alicante, il repose entièrement sur le rocher et est construit tout en maçonnerie, avec des revêtements en magnifiques pierres de taille ; mais sa hauteur est bien moindre : elle n'est que de $23^m,20$. Sa largeur en couronne est de 9 mètres, et de 12 mètres à la base.

Ce barrage est fait en trois parties. A côté même du ravin principal, il y a deux ravins secondaires, entièrement ouverts dans le rocher, et qui auraient présenté des emplacements excellents pour des déversoirs de superficie ; mais la confiance dans la fondation est telle, qu'on n'a fait de déversoirs nulle part. Les ravins secondaires sont barrés à la même hauteur que le lit principal, et quand arrivent de grandes crues, les eaux passent par-dessus. On cite plusieurs crues qui l'ont ainsi franchi sans le dégrader, notamment depuis 1841. Mais en 1836 il subit une brèche très-considérable : ce qui prouve qu'il n'est jamais prudent de braver de telles épreuves. Le barrage du grand ravin est tracé suivant un arc de cercle de $62^m,60$ de rayon et de 70 mètres de développement (voir les dessins pl. IX). Le couronnement du barrage, dont la section est découpée suivant un profil assez bizarre, présente en son milieu une plate-forme horizontale de 9 mètres de large pour 10 mètres de long. C'est là que se trouve le puits à barbacanes pour la prise d'eau. Son diamètre est un peu plus grand que celui d'Alicante ; il est de $0^m,95$ au lieu de $0^m,80$. Les barbacanes sont plus espacées qu'à Alicante ; chacune d'elles est plus grande. A chaque niveau il n'y en a qu'une, au lieu de deux. La galerie horizontale qui termine le puits est entièrement imitée de celle d'Alicante ; elle sort en tunnel sous le rocher qui forme la rive gauche ; une chambre est pratiquée à l'aval dans ce même rocher, et c'est de là que se fait la manœuvre de la ventelle pour régler l'écoulement des eaux.

Le curage des dépôts s'exécute par les mêmes procédés qu'à Alicante. On voit sur la plate-forme supérieure une grosse pierre de taille en saillie, placée exactement à l'aplomb de l'axe de la galerie de curage (desarenador) et percée d'un œil d'une vingtaine de centimètres, dans lequel on engage le bout de la poutre à poulie qui sert à manœuvrer la barre à mine.

Quant au desarenador lui-même, ses dimensions sont un peu mesquines et sont loin de présenter l'excellent modèle du barrage d'Alicante, mais nous allons y trouver un enseignement pour tout ce qui concerne le mode de fermeture.

La tête de la galerie, au lieu de porter sur le radier et sur la voûte des rainures dans laquelle la porte est encastrée, de façon qu'il n'y a plus moyen de l'en faire sortir sans la dépecer, présente des feuillures qui empêchent simplement la porte de tomber vers l'amont. Elle est maintenue par l'aval, contre la poussée, par trois traverses horizontales qui pénètrent dans des entailles pratiquées sur les pieds-droits.

Quand arrive l'époque du curage, les ouvriers pénètrent dans la galerie par l'aval, exactement comme à Alicante ; ils enlèvent à la main la traverse inférieure et la traverse supérieure. La porte n'est plus maintenue que par celle du milieu. On met à droite et à gauche du point central de la traverse deux étais provisoires, buttant sur le radier. On scie la traverse par le milieu. On la soutient au droit du trait de scie par un nouvel étai buttant sur le radier, et l'on enlève les deux étais provisoires.

La porte se trouve donc, en définitive, maintenue contre le renversement par une seule traverse sciée en son milieu, mais soutenue au droit du trait de scie par un étai incliné dont le pied butte solidement dans une entaille du radier.

L'ouvrier monte alors dans une seconde galerie superposée à la première, et qui n'existe pas au barrage d'Alicante. Le dallage de cette galerie est percé par un grand trou de $0^m,60$ de diamètre, duquel on peut atteindre avec une longue bisaiguë le pied de l'étai placé dans la galerie inférieure. L'ouvrier, sans s'exposer au moindre danger, ruine ce pied du haut de la galerie supérieure. L'étai tombe, les deux tronçons de traverse tombent aussi, et il n'y a plus d'obstacle au renversement de la porte. Il suffit de l'ébranler du haut de la galerie supérieure à l'aide d'une corde passant dans un crochet préalablement fixé à sa partie supérieure.

On monte alors sur le couronnement pour procéder à la manœuvre connue de la barre à mine.

Tous ces détails nous ont été donnés sur les lieux par le garde du barrage, qui a dirigé plusieurs fois l'opération ; mais il ne nous a pas été possible de voir la porte elle-même. Cette porte, en effet, est masquée par une grande vanne que l'on fait remonter, au moment des curages, dans la galerie supérieure, à l'aide d'une grosse vis en bois. Dans l'intervalle des curages on enlève la vis, et c'est pour ce motif que nous n'avons pu pénétrer jusqu'à la porte.

Quelle est l'utilité de cette vanne? Il nous a été impossible de recueillir à ce sujet une explication satisfaisante. Serait-ce une seconde fermeture mise là par précaution pour le cas où la première viendrait à céder? Serait-ce qu'au commencement du remplissage du réservoir, alors que la porte n'est pas encore bien calfatée par les vases, il se ferait tout autour de nombreuses filtrations, et qu'on aurait reconnu la nécessité d'arrêter ces filtrations par une vanne portant de tous côtés dans des rainures? Serait-ce enfin le résultat de deux idées différentes? Aurait-on d'abord construit la vanne, reconnu par l'expérience qu'elle s'engorgeait dans les rainures, et conclu à la nécessité de la remplacer par une porte; puis la vanne serait-elle restée là uniquement parce qu'elle y était déjà; et cette situation se serait-elle ainsi perpétuée d'âge en âge simplement par esprit d'imitation?

Nous ne savons; mais il est positif que la vanne ne sert absolument à rien, qu'elle n'est en contact ni avec l'eau ni avec la vase, et qu'elle se meut entièrement dans le vide.

Quoi qu'il en soit, ce qu'il importe de remarquer, c'est que le barrage d'Elche ne présente plus les imperfections et les dangers inhérents au mode de fermeture de la galerie de curage d'Alicante. En appliquant le mode de fermeture d'Elche à ce dernier barrage, on aura le type le plus parfait qu'il soit, selon nous, possible de prendre pour modèle.

CHAPITRE XV

Etendue et nature des cultures de la huerta. — Canaux principaux. — Régime
du Rio Segura. — Barrage de prise d'eau et contre-barrage.

Nous allons entrer maintenant dans une nouvelle région
qui, par l'abondance de ses eaux, l'étendue de ses cultures, la bonne organisation de ses arrosages, peut soutenir avec avantage le parallèle avec la plaine de Valence.
Si Murcie n'était pas perdue dans un coin de l'Espagne, en
dehors de la route habituellement suivie par les touristes,
l'admiration classique qui se concentre sur les arrosages de
Valence se partagerait sans aucun doute entre ces deux
localités, car on trouve à Murcie autant et plus peut-être à
admirer et à étudier.

La ville de Murcie[1] est bâtie sur la rive gauche du Rio
Segura. Cette rivière prend sa source à l'opposé du Guadalquivir, sur le versant oriental de cette chaîne des Alpuxares qui, depuis l'an 1263, où le roi Alphonse X de
Castille s'empara de Murcie jusqu'aux dernières années du
quinzième siècle, servit de boulevard à la chrétienté contre
les Maures de Grenade. La plaine de Murcie est limitée au
sud et au nord par deux contre-forts parallèles, espacés
moyennement de 7,000 mètres, qui en dessinent nettement
les limites. La rivière coule au milieu. Un barrage, construit à 8 kilomètres en amont de la ville, dérive les eaux
suivant deux canaux principaux tracés au pied de chacun

---

[1] Murcie, chef-lieu de la province du même nom. Population : 21,000
âmes ; 68,000 âmes en y ajoutant celle des villages situés dans la huerta.

des deux coteaux, lesquels, par leurs nombreuses ramifications, répandent la vie sur les deux rives. Le système d'irrigation alimenté par les eaux vives du fleuve est complété par un réseau de canaux colateurs qui, recevant à la fois la queue d'eau des arrosages supérieurs et le produit de sources et filtrations nombreuses venant des montagnes latérales, se transforment eux-mêmes en canaux d'irrigation pour la partie inférieure du territoire. Ces eaux des canaux colateurs sont appelées dans le pays *eaux mortes*, par opposition aux eaux vives, qui sont directement dérivées du fleuve.

L'étendue de la huerta est de 10,375 hectares, sensiblement égale à celle de Valence. Elle se décompose de la manière suivante :

Arrosages de la rive gauche.	par eaux vives...	4,350 hectares	5,225 hectares.
	par eaux mortes..	875	
Arrosages de la rive droite.	par eaux vives...	3,700	5,150
	par eaux mortes..	1,450	
		Total....	10,375 hectares.

Ces chiffres sont extraits d'une brochure intitulée *Memoria sobre los riegos de la huerta de Murcia*, et publiée en 1836 par don Rafaël de Mancha, censeur de la royale Société économique de Murcie.

Les principales cultures usitées dans la huerta sont : les jardins maraîchers, le maïs, le chanvre, le lin, les céréales et les mûriers. Les mûriers surtout y sont très-développés, la production séricicole étant la première du pays. Nous trouvons à ce sujet, dans le mémoire précité de M. Rafaël de Mancha, quelques chiffres statistiques qui ne manquent pas d'intérêt. Les mûriers de la huerta, dit-il, produisent par an 16,560,000 kilogrammes de feuilles, qui, à raison de 736 kilogrammes par once de graine de vers à soie, peuvent nourrir 22,500 onces. Or chaque once de graine correspond à 3ᵏ,68 de soie. C'est donc 86,000 kilogrammes de soie que la huerta peut produire. Déduisant de ce chiffre $\frac{1}{5}$ pour faire face aux pertes et déchets, il reste pour la récolte nette environ 70,000 kilogrammes.

Nous avons dit que la huerta de Murcie avait une étendue de 10,375 hectares. La carte que nous donnons[1] (pl. X) en fera connaître la configuration, sauf pour une longueur de 4,400 mètres vers l'aval, que les exigences de notre cadre nous ont, à notre grand regret, forcé de supprimer. La carte originale embrasse l'étendue totale de la huerta, qui ne s'arrête qu'à la limite même des provinces de Murcie et d'Alicante, au territoire d'Orihuela[2].

Cette carte nous dispensera de donner la nomenclature longue et fastidieuse des nombreux canaux d'arrosage, et nous allons nous borner à en faire connaître les détails les plus essentiels.

Le canal principal de la rive gauche, dit acequia de Aljufia ou du nord, est creusé à son origine dans un rocher de poudingue. Ses talus sont à pic, et sa largeur est de 2ᵐ,40. Le jour de notre visite (13 août 1862), qui correspondait à un débit d'étiage, la hauteur d'eau était de 3 mè-

[1] C'est celle de don Joaquin Alvarez de Toledo. Nous la devons à l'obligeance de M. le vicomte de Huerta, sénateur du royaume, connu dans le pays par des travaux agricoles importants. Elle n'est pas dans le commerce ; elle a été rééditée aux frais de M. de Huerta, et est devenue sa propriété.

[2] La ville d'Orihuela, située à la limite sud de la province d'Alicante, est un centre d'irrigation très-important, qui utilise les eaux du Segura inférieur. Nous regrettons beaucoup de n'avoir pu nous y arrêter ; mais le temps assigné à la durée de notre mission ne nous l'a pas permis. Les eaux du Segura inférieur sont des eaux qui réapparaissent dans le lit par filtrations souterraines. Elles fournissent à l'étiage même un débit très-considérable, bien que les eaux extérieures de la rivière soient à cette époque toutes dérivées par le barrage de Murcie.

tres, et la vitesse superficielle de $0^m,80$, ce qui donne un débit par seconde de $4^{m.c.},62$.

A l'origine du canal on remarque une construction en maçonnerie appelée *contre-barrage* (contraparada), dont nous nous occuperons plus loin en traitant du barrage. Disons pour le moment que ce contre-barrage présente un déversoir de superficie de 11 mètres de développement, et est de plus traversé par une vanne de décharge de $0,^m70$ de largeur et $1^m,50$ de hauteur, dont le seuil est arrasé à $1^m,90$ en contre-bas de la crête.

A la suite de ce premier ouvrage de décharge, on rencontre échelonnées sur la longueur du canal, depuis son origine jusqu'à la ville, six décharges de fond, dont la largeur varie entre $0^m,70$ et $1^m,15$.

Le canal principal de la rive droite, appelé acequia de Barreras ou du midi, a des dimensions sensiblement égales à celles du premier canal, et passe pour débiter le même volume (nous n'avons pu le jauger directement). Il a cinq décharges de fond, dont la largeur varie entre $0^m,80$ et $1^m,90$. Il traverse un ravin profond sur un pont-aqueduc de deux arches.

Ces deux canaux principaux mettent en jeu trois norias, ou roues à godets, qui servent à arroser des terrains d'un niveau plus élevé. Celle placée sur le canal de la rive gauche, à l'entrée du village de Nora, a $11^m,40$ de diamètre et $1^m,20$ de largeur ; elle porte 56 godets (28 de chaque côté), et arrose 35 hectares [1]. Le même canal met en jeu toutes les roues d'une magnifique fabrique de poudre, récemment reconstruite d'après les principes les plus modernes. C'est la seule en Espagne dont l'exploitation soit confiée directement aux officiers d'artillerie ; sur les autres points du royaume, la poudre, bien que faite au compte et sur les commandes de l'État, est demandée à l'industrie privée.

---

[1] On fait en Espagne des roues à godets d'un diamètre encore plus grand. Nous en avons vu autrefois sur l'Ebre qui avaient jusqu'à 17 mètres.

Il y a aussi dans l'enceinte même de Murcie une très-belle fabrique de salpêtre.

Les canaux d'arrosage, tant principaux que secondaires, mettent en jeu 30 moulins à farine représentant un total de 57 tournants. Dans ce chiffre ne sont pas comprises les 31 meules de trois grands moulins construits à Murcie même et qui sont alimentés par deux barrages spéciaux établis sur la rivière.

Les prises d'eau des deux grands canaux principaux étant fixées comme il vient d'être dit, c'est-à-dire par de simples ouvertures pratiquées dans les rives rocheuses du fleuve à l'amont du barrage de retenue, et ayant leur seuil au même niveau horizontal, on voit que chacun de ces canaux a été établi de façon à bénéficier ou à souffrir d'une manière sensiblement proportionnelle de la hausse ou de la baisse des eaux. Une pensée analogue a présidé à la disposition de toutes les prises d'eau des canaux secondaires sur les canaux principaux. Ce sont tantôt des pertuis de forme rectangulaire, ouverts par le haut, tantôt des orifices percés dans la maçonnerie, de forme carrée, oblongue, ronde ou ovale ; ces dispositions varient à l'infini. Il n'existe aucun module pour mesurer à chaque prise un débit absolu ; ce débit augmente ou diminue avec la hauteur de l'eau dans le canal principal. Nul d'ailleurs ne connaît le volume d'eau qui doit passer dans une rigole pour un état donné de la rivière ; mais ce qu'on connaît parfaitement c'est la position en plan et en élévation de chaque prise et les dimensions de chaque orifice.

Nous retrouvons donc ici ce que nous avons déjà vu à Valence : absence complète de précision, si l'on veut juger les choses avec les données de la science moderne ; précision au contraire des plus grandes, si l'on se reporte à sept ou huit cents ans en arrière, à l'époque où les Maures ont organisé ces arrosages.

Or, à Murcie comme à Valence, il est arrivé ceci : les arrosages ont d'abord été créés avec des eaux surabondantes. Peu à peu, les zones de culture se sont étendues en raison précisément de cette abondance [1] et quelquefois malheureusement la limite a été dépassée, ce qui rend insuffisante la dotation de certains canaux. Cette situation est certainement regrettable, mais pour la modifier il faudrait porter atteinte à un état de choses consacré par plusieurs siècles d'usage et par les milliers de transactions privées qui se sont faites en la prenant pour base. Tout administrateur sage reculera devant une pareille mesure, qui, loin de mériter le nom de réforme, ne serait qu'une vaine satisfaction donnée aux idées de statistique rigoureuse, sans profit final pour l'agriculture, et au mépris des notions les plus élémentaires du droit et de l'équité. Il n'y avait qu'une voie à suivre pour régulariser la situation dans ce qu'elle pouvait avoir de peu stable, c'était d'interdire d'une manière absolue l'extension des cultures en dehors de la zone actuelle, et de veiller plus que jamais à ce que les dimensions des prises d'eau telles que les a léguées le passé ne fussent jamais altérées. C'est dans cette voie que se sont engagés les auteurs du remarquable règlement qui régit les irrigations de Murcie depuis 1849 et que nous ferons connaître plus loin.

Au surplus, en ce qui concerne l'invariabilité des prises d'eau, on ne fait, en la maintenant, que revenir à la pensée formulée en bronze (on peut le dire sans figure) par les Maures eux-mêmes. Ce peuple avait dans toutes ces questions d'irrigation un sens tellement pratique, qu'il considéra comme indispensable à la stabilité des arrosages qu'il venait de créer de faire couler en bronze les modèles de

---

[1] L'importance de cette augmentation des cultures est constatée d'une manière authentique par un acte du 22 juin 1510, en ce qui concerne la rive droite. A cette époque, les arrosages de cette rive comprenaient 2,900 hectares. Ils sont aujourd'hui de 5,150. (*Memoria sobre los riegos de la huerta de Murcia.*)

toutes les prises d'eau. Ces modèles (*marcos*) ont été pendant des siècles conservés à l'hôtel de ville de Murcie ; mais ils ont peu à peu disparu en grande partie, car on a fini par ne plus y attacher une très-grande importance, leurs dimensions ayant été reproduites maintes fois, et sur les registres publics et dans des actes privés authentiques.

Nous devons nous occuper maintenant du barrage de prise d'eau ; mais auparavant il convient de dire quelques mots du régime du Rio Segura. La rivière, dans les parages de la huerta, a une largeur variable de 150 à 200 mètres. A part quelques points isolés, son fond est mobile, composé de sable et de galets très-affouillables. Au point où est établi le barrage, les galets charriés sont de la grosseur du poing. Les crues du Segura sont très-importantes ; on cite une inondation en 1651 qui détruisit une grande partie de la ville, une en 1733, qui y occasionna encore de grands désastres. Plus récemment enfin, on parle de celle de 1826, qui dévasta la rive droite de la huerta. Les nombreux travaux exécutés contre les inondations témoignent d'ailleurs de la terreur qu'elles inspirent. La ville a été défendue par des quais élevés ; des digues insubmersibles en terre revêtues en maçonnerie la protégent, ainsi que le territoire de la huerta, sur tous les points déprimés qui peuvent donner passage aux eaux d'inondation. On a exécuté, en outre, une dérivation importante d'un cours d'eau appelé Sangonera, qui n'est autre que la rivière du Guadalantin que nous retrouverons à Lorca. Le Sangonera avait son confluent naturel à l'amont de la ville, et ses crues venaient augmenter celles du Segura. La dérivation appelée Regueron, et qui est indiquée sur la carte de la planche X, a eu pour objet de reporter le confluent à l'aval de la ville ; elle a 20 mètres de largeur.

A l'étiage, les eaux diminuent dans une proportion telle, qu'il n'est pas permis de considérer le Segura autrement que comme une rivière torrentielle ; mais elles conservent néanmoins, au point de vue des irrigations, une importance notable. Nous avons dit plus haut qu'un jaugeage direct nous avait donné 4$^{m.c.}$,62 pour l'acequia du nord, et que celle du midi devait débiter un volume sensiblement égal. Le débit des deux acequias réunies était donc de 9$^{m.c.}$,24. A ce chiffre il faut ajouter 2 à 3 mètres cubes qui passaient en grande partie par-dessus le barrage et, pour une faible part, dans l'acequia de *Churra nueva*, qui a une prise indépendante de l'acequia principale de la rive gauche (voir la carte) ; on peut donc fixer à environ 12 mètres cubes le débit d'étiage du Segura pendant l'année 1862, qui n'était pas du reste une des plus sèches. Dans les années sèches, il ne passe point d'eau par-dessus le barrage, et le débit total peut être évalué à 8 ou 9 mètres cubes par seconde. Or, si l'on veut bien se rappeler que l'étendue totale de la huerta arrosée par les eaux vives est de 8,050 hectares, on conclura qu'il correspond à chaque hectare de terrain un débit continu d'environ un litre par seconde. Mais la quantité d'eau utilement affectée aux irrigations doit être par le fait notablement inférieure à ce chiffre, en raison des pertes dues à l'absorption du sol dans le parcours des canaux et rigoles.

Passons enfin au barrage de prise d'eau dont nous donnons les dessins planche XI. Les berges assez déprimées dans lesquelles il s'enracine consistent en un poudingue excessivement résistant, qui de prime abord porterait à penser que l'ouvrage est fondé sur le rocher. Il n'en est rien pourtant. Le rocher manque dans le milieu du lit, et la tradition rapporte qu'il est fondé sur pilotis. Du reste, la tradition serait-elle muette, que l'inspection seule du profil suffirait pour faire connaître la nature affouillable du terrain sur lequel il repose. Les Maures, constructeurs de cet ouvrage, savaient adopter un profil plus économique, lorsque le terrain de fondation ne leur inspirait aucune crainte : on le verra bientôt en étudiant le contre-barrage.

Le barrage a environ 200 mètres de longueur. Il relève les eaux de 7^m,60. Il est tout en maçonnerie, revêtu par d'énormes pierres de taille. Sa longueur est divisée en deux parties inégales, sur lesquelles le profil est sensiblement différent. Sur la plus petite de ces longueurs, le mur de crête est plus élevé de 0^m,60 que sur l'autre, et reste à sec alors que les eaux d'étiage se déversent encore par-dessus le premier. Les deux parties sont séparées par un mur longitudinal parallèle au thalweg, et arrasé suivant un plan incliné. La largeur totale de la maçonnerie est de 50 mètres sur la première partie, et de 38^m,50 sur la seconde. Il n'y a point d'enrochements au pied.

Sur la première et la plus longue des deux parties, les arêtes des divers plans inclinés de la surface sont brisées suivant des directions assez irrégulières et qui concourent au but de diviser les courants et d'amortir leur vitesse en les faisant s'entre-choquer. Mais ce qu'il y a de plus remarquable dans cet ouvrage, c'est la disposition du profil. D'abord une chute brusque de 4 à 5 mètres, qui permet de donner au reste du profil des pentes excessivement douces, sans que le massif ait l'énorme largeur que comporteraient ces pentes douces pour la hauteur de 7^m,60 qu'il s'agissait de racheter. Au pied de la chute un palier horizontal de 8 à 9 mètres pour amortir la vitesse ; puis une pente douce d'une douzaine de mètres ; puis enfin un nouveau palier horizontal d'égale longueur. Ce profil dénote la main d'un maître ; c'est incontestablement le plus remarquable de ceux que nous avons étudiés jusqu'ici.

On peut certainement critiquer la largeur donnée à la maçonnerie ; le même résultat aurait peut-être été obtenu avec un profil qui, tout en restant conforme aux principes admis, aurait été moins développé. Mais en présence de cette œuvre monumentale qui, sur un sol affouillable, résiste depuis huit cents ans à une chute de plus de 7 mètres, la critique est désarmée. Bien audacieux serait celui qui oserait faire un crime aux architectes maures de cet excès de largeur; ils sont absous par les huit siècles qui contemplent leur œuvre.

Le barrage s'enracine du côté de la rive gauche sur une digue maçonnée assez élevée pour contenir les eaux de crue moyenne, mais submersible par les fortes inondations. Cette digue, qui repose sur le sol de poudingue, vient expirer sans relief en un point où le sol naturel a la hauteur suffisante (voir le croquis d'ensemble figuré pl. XI).

Non loin du barrage on rencontre un ouvrage spécial, appelé le *contre-barrage* (contraparada). Voici en quoi il consiste. La prise d'eau du canal principal d'Aljufia est creusée dans le rocher, ainsi qu'il a été dit plus haut. A une certaine distance de son origine (voir le croquis d'ensemble), il s'opère une bifurcation; le canal d'arrosage suit son cours pour gagner la huerta, et la bifurcation est tracée de façon à retourner à la rivière en aval du barrage, comme pourrait l'être tout canal de décharge. Ce canal est taillé entièrement dans le poudingue, avec parois à pic. Sa largeur à la partie supérieure est de 10^m,50; mais à partir d'une certaine profondeur, elle se rétrécit brusquement et se réduit à 4 mètres (voir les dessins, pl. XI). La tête de cette tranchée est barrée par un ouvrage en maçonnerie revêtue de pierre de taille, tracé suivant un arc de cercle de 10^m,50 de corde pour 2 mètres de flèche, ayant une épaisseur de 3^m,50 et des parements verticaux. C'est là ce qu'on appelle le contre-barrage. Le couronnement, horizontal, dépasse à peine le niveau des eaux qui entrent dans le canal d'irrigation. Le pied de l'ouvrage est baigné à l'aval par les eaux de retour qui viennent de la rivière, et la différence de niveau entre les eaux d'amont et d'aval était de 7^m,60 le jour de notre visite.

Nous appellerons tout d'abord l'attention sur la remarquable sobriété de matériaux qui caractérise cet ouvrage. Ici que le fond est inaffouillable, les constructeurs ont su se dispenser de l'énorme épaisseur de maçonnerie qu'ils ont cru devoir donner au barrage principal. 3^m,50 d'épaisseur pour 7^m,60 de charge d'eau, c'est à peu près ce qu'exigent les formules modernes de la résistance des matériaux ; et la forme de voûte donnée à l'ouvrage lui communique d'ailleurs une solidité à toute épreuve.

Quelle est son utilité? C'est d'abord, avant tout, un déversoir superficiel de décharge servant à régler la hauteur de l'eau dans le canal au moment des crues, et concourant au même but que les décharges de fond échelonnées à la suite. Mais cet ouvrage a de plus un pertuis de 0^m,70 de largeur et 1^m,50 de hauteur, dont le seuil est arrasé à 1^m,90 en contre-bas du couronnement. Ce pertuis est fermé par une vanne dont la tige se meut suivant l'axe d'un gros tambour circulaire en pierre de taille de 2 mètres de diamètre et 2 mètres de hauteur, placé sur le couronnement de l'ouvrage. Cette vanne est évidemment encore un ouvrage de décharge, et le tambour s'explique par la convenance de protéger la tige de la vanne contre le courant qui se déverse par-dessus le couronnement.

Mais est-ce là tout? Quelle est alors l'utilité de cette grande profondeur donnée au canal, à l'aval du contre-barrage? Il est bien évident qu'une profondeur moindre aurait suffi pour débiter les eaux qui peuvent se déverser par-dessus la crête. Ici nous sommes en présence de deux opinions contradictoires. M. Rafaël de Mancha, dans le mémoire que nous avons eu plusieurs fois occasion de citer, dit textuellement que « cet ouvrage est destiné à dériver les eaux du Rio Segura, dans le cas où il serait nécessaire de mettre à sec le grand barrage pour y faire des réparations, et qu'à cet effet il est fermé avec des poutrelles horizontales. » Nous n'avons vu aucune de ces poutrelles, et M. Geronimo Ros, architecte de la ville de Murcie, chargé de la direction des travaux d'irrigation, qui avait bien voulu nous accompagner sur les lieux, nous a affirmé qu'il n'en existait pas plus au-dessous qu'au-dessus de la surface des eaux. L'opinion de M. Ros nous semble la seule admissible, car si ces poutrelles existaient, on aurait sans aucun doute ménagé les moyens de les retirer au moment opportun, et l'on ne remarque rien de pareil.

Le contre-barrage ne nous paraît avoir d'autre destination que celle d'un déversoir superficiel complété par une vanne de décharge à mi-hauteur du canal d'irrigation, et pour justifier la grande profondeur qui existe à la suite, nous sommes porté à penser que le canal a eu pour objet de dériver les eaux au moment de la construction du grand barrage, puis qu'il a dû être fermé immédiatement après l'achèvement de cet ouvrage.

Il nous reste à faire connaître le régime administratif des irrigations de Murcie ; ce sera l'objet du chapitre suivant.

CHAPITRE XVI

Régime administratif des irrigations de Murcie.

M. Rafaël de Mancha, dans le mémoire déjà cité, termine la nomenclature des canaux, des dimensions de leurs prises, de l'étendue des terres qu'ils arrosent, par quelques détails très-intéressants sur le régime administratif des arrosages à l'époque où il écrivait (1836).

Voici l'aperçu général qu'il en donne :

« Les règlements de la huerta ne sont autre chose que des délibérations isolées de l'ayuntamiento de Murcie disséminées dans ses registres capitulaires, n'ayant aucune relation entre elles et se contredisant souvent, comme ayant été prises par des personnes différentes et à des époques très-éloignées les unes des autres. Le petit nombre de ces règlements que l'on a conservés se trouvent réunis dans un livre imprimé en 1695, intitulé *Règlements pour l'administration de la ville, de son territoire et de sa huerta* (su campo y huerta), et sont sur quelques points approuvés par le conseil royal de Castille ; c'est une compilation informe des décisions de l'ayuntamiento dans lesquelles les règlements relatifs aux corps de métiers et corporations de la ville sont mêlés à ceux des arrosages ; la plus grande partie de ceux-ci sont tombés en désuétude, et presque tous sont insuffisants pour corriger les abus. »

L'auteur donne, à la suite, un résumé succinct des principales ordonnances et délibérations contenues dans le recueil.

La première qu'il cite est relative à l'intervention de

l'ayuntamiento dans la répartition des eaux. Elle est de 1277 et pose le principe de la jouissance des eaux à des jours déterminés. « Que tous ceux qui ces présentes verront sachent que moi, don Alonso, par la grâce de Dieu, roi de Castille, de Tolède, de Léon, de Galice, de Séville, de Cordoue, de Murcie, de Jaen et d'Algarve, voulant donner à l'ayuntamiento de Murcie une marque de notre faveur et faire cesser toute querelle entre les usagers, je tiens pour bon et j'ordonne que les eaux soient réparties également entre eux, de façon que chacun en ait en proportion de ses terres, et en jouisse le jour qui lui sera assigné. Donné à Vitoria, le 23 janvier 1315 (1277 de l'ère réformée) [1]. »

Cette intervention directe de l'ayuntamiento est confirmée par une ordonnance royale (*cedula real*) de 1708, qui donne « à la ville et pour elle à son corregidor le droit de connaître de toutes les questions relatives aux usurpations d'eau. »

Le 18 avril 1731, nouvelle ordonnance royale qui, « en confirmation du privilége accordé par le roi Alphonse X de Castille, donne à la ville et à ses commissaires le soin de faire le partage des eaux et leur distribution tant qu'il s'agit d'opérations extra-judiciaires et ne touchant pas au contentieux. »

Nous insistons sur ces précédents historiques, parce qu'ils font connaître en vertu de quels droits le règlement moderne des irrigations de Murcie, dont nous nous occuperons bientôt, a pu être fait et promulgué par l'ayuntamiento lui-même, contrairement à ce qui se pratique ailleurs.

---

[1] Voici le texte :

« Sepan cuantos esta carta vieren como yo Don Alonso, por la gracia de Dios, rey de Castilla, etc., por facer bien y merced al concejo de Murcia é por sacar contienda entre ellos, tengo por bien é mando que partan el agua entre si comunalmente, asi que cada uno aya su parte segun oviere tierra é sera el dia en que la ha de tomar. »

M. Rafaël de Mancha cite encore quelques documents qui donnent une idée des principes généraux de l'administration ancienne.

En 1350, une ordonnance du roi don Pedro institua la charge de deux acequieros en chef (*sobre acequieros*) pour veiller à la bonne distribution des eaux et à l'entretien des barrages et canaux.

En 1509, l'ayuntamiento intervient directement, pour la première fois, pour surveiller le curage des deux canaux principaux.

En 1533, l'empereur Charles-Quint (Charles Ier d'Espagne) ordonne que l'eau soit supprimée à tout usager qui refusera de payer la taxe de curage qui lui aura été imposée.

En 1513, l'ayuntamiento édicte la peine de 5,000 maravedis (36 fr. 50 c.), une année d'exil et la suppression de l'eau pendant tout le cours de ladite année, contre toute personne qui aura altéré les dimensions d'une prise d'eau.

En 1672, le conseil royal décrète une amende de 20,000 maravedis (146 fr.) contre tout usager qui usurpe l'eau les jours et heures où elle ne lui appartient pas, et impose, en outre de cette amende, à quiconque aura, sans la permission de l'ayuntamiento, fait une nouvelle prise sur les canaux principaux ou modifié une des anciennes, dix jours de prison, le rétablissement des lieux dans leur état primitif et la réparation des dommages causés.

Il est inutile de multiplier ces citations, qui n'ont plus aujourd'hui qu'un intérêt historique. Le désordre dans le régime administratif signalé par M. Rafaël de Mancha a cessé d'exister, et les irrigations sont régies, depuis 1849, par un règlement des plus remarquables, voté en conseil par l'ayuntamiento et promulgué par l'alcade, en vertu des anciens droits du corps municipal de Murcie.

Ce règlement a une physionomie toute spéciale. Il embrasse, non-seulement les arrosages, mais encore tout ce qui concerne l'agriculture de la huerta[1], telles que : les règles à suivre pour la conservation des sentiers formant limites entre deux propriétés, pour les clôtures, pour les plantations limitrophes ; les règles relatives à la conservation des chemins vicinaux ou ruraux ; celles qui doivent s'observer entre le propriétaire, le fermier entrant, le fermier sortant, pour le payement des plus values ou des moins values éprouvées par la terre, etc., etc. ; c'est, en un mot, un vrai code rural.

Ce document nous semble avoir, en dehors de la question spéciale des arrosages qui nous occupe, un intérêt énorme. Il fait entrevoir la possibilité d'embrasser la réglementation agricole d'une contrée avec des idées d'ensemble bien plus vastes que ne le font nos règlements syndicaux, lesquels se limitent d'habitude aux questions hydrauliques, laissant de côté une foule d'autres questions non moins importantes. Malheureusement l'étude de ce règlement considéré à ce point de vue général nous entraînerait beaucoup trop loin de notre sujet, et nous nous contenterons de faire ressortir ici les principes généraux d'administration relatifs aux irrigations proprement dites.

La surface totale de la huerta est partagée en deux grandes zones (*heredamientos*, ensemble d'héritages), celle de la rive gauche du fleuve, dite du Nord, celle de la rive droite, dite du Midi.

Chacune de ces deux grandes zones se subdivise en vingt zones correspondant à chacun des canaux. C'est donc en tout quarante zones secondaires, dont toutes ont, dans de certaines limites, leur autonomie propre, tout en restant liées à l'ensemble.

Le principe du suffrage universel, soit pour les décisions importantes, soit pour le vote de l'impôt, soit pour la no-

[1] Son titre, du reste, indique bien sa portée. Ce n'est plus une « Ordenanza para los riegos, » mais une « Ordenanza para el regimen y gobierno de la huerta de Murcia. »

mination des employés, est appliqué sur l'échelle la plus vaste, et les propriétaires se réunissent à cet effet en assemblées générales.

Mais ces assemblées sont de plusieurs sortes. Lorsque l'affaire présente un intérêt embrassant toute l'étendue de la huerta, tous les propriétaires sont convoqués et forment ce qu'on appelle l'*assemblée générale,* dans toute l'extension du mot. Lorsque l'affaire intéresse seulement un des côtés de la huerta, on ne réunit que l'*assemblée générale du Nord* ou l'*assemblée générale du Midi.* Enfin, lorsqu'il ne s'agit que des intérêts d'une zone particulière, les propriétaires de cette zone sont seuls convoqués et forment une *assemblée particulière.*

Toutes ces assemblées sont présidées par l'alcade de Murcie ou son délégué.

Il n'y a d'époques fixes de réunions que pour la grande assemblée générale et pour les assemblées particulières. La première a lieu tous les ans, au mois de janvier, et les secondes tous les deux ans seulement, en novembre ou décembre. Leur objet principal est l'élection des magistrats et employés chargés de l'administration courante. Mais, en outre de ces réunions ordinaires, il y en a d'extraordinaires aussi souvent que les circonstances l'exigent.

La grande assemblée générale nomme le *comité des propriétaires* (comision de hacendados), qui doit être composé de six membres renouvelables par moitié chaque année ; ces membres désignent entre eux le président et un secrétaire comptable. La même assemblée élit le caissier chargé du maniement des fonds qui lui appartiennent et du payement des dépenses sur les mandats du président visés par le secrétaire comptable. Le comité des propriétaires a des attributions entièrement analogues à celles que nous avons vues conférées aux comités des élus dans les canaux de Valence. Il administre les fonds généraux, veille aux intérêts et aux droits de l'ensemble des usagers, les représente

au besoin en justice ; il propose les mesures pour l'amélioration du service, la bonne distribution des eaux, etc. C'est,
en un mot, l'administration supérieure permanente.

Chaque assemblée particulière nomme pour la zone
qu'elle représente un procureur et deux inspecteurs (veedores).

Si, en raison de l'importance des irrigations, une assemblée particulière estime que ce nombre d'agents ne suffit
pas au service, elle peut en augmenter le nombre. Elle
peut aussi nommer un percepteur et un caissier. Le procureur de chaque zone ou de chaque acequia est l'agent actif
par excellence ; c'est lui qui est chargé de tous les détails
du service courant, et notamment des curages. Il a des attributions analogues à celles des syndics des acequias inférieures de Valence. Le procureur et les inspecteurs sont
nommés pour deux ans et rééligibles.

Maintenant que nous connaissons l'existence de ces
agents, il convient de retourner un peu sur nos pas pour
préciser à quelles conditions les délibérations des assemblées sont valables.

La grande assemblée générale se compose essentiellement de tous les procureurs ; les propriétaires peuvent y
assister avec voix délibérative, ils sont même convoqués,
mais leur présence n'est pas indispensable ; il suffit, pour
la validité du vote, qu'il y ait eu à la réunion la moitié
plus un de tous les procureurs de la huerta.

La même règle est applicable aux assemblées générales
du Nord ou du Midi, avec cette seule différence qu'il n'y a
de convoqués que les procureurs et propriétaires du côté
de la huerta dont on a à s'occuper.

Quant aux assemblées particulières d'une zone, il suffit,
pour la validité des délibérations, qu'il y ait à la réunion
cinq propriétaires compris dans la zone.

Aucun des emplois ou charges qu'on vient d'énumérer
n'est rétribué : ils sont tous honorifiques.

Ce qui précède se rapporte aux canaux qui s'embranchent sur les deux grandes acequias de Aljufia et de Barreras. Mais celles-ci sont restées sous l'administration directe du conseil municipal. Elles sont régies chacune par un acequiero chef nommé par l'alcade, sur la proposition de l'ayuntamiento.

Ainsi, en résumé, si on laisse de côté les deux acequias mères dont la municipalité a voulu rester maîtresse, afin sans doute de mieux veiller à l'invariabilité des prises d'eau, les rouages administratifs se composent essentiellement :

1° D'un comité de propriétaires chargé des intérêts généraux, et nommés à l'élection par l'assemblée générale ;

2° D'un ou plusieurs procureurs et inspecteurs nommés pour chaque canal par l'assemblée particulière correspondante à ce canal, et chargés d'en assurer le service.

Voyons maintenant comment sont votées les taxes et comment s'exécutent les travaux.

Il convient encore ici de laisser de côté les deux acequias principales, au moins en ce qui concerne leur curage annuel. Cette dépense est payée directement par l'ayuntamiento et est comprise dans le budget municipal.

Quant aux autres canaux, il faut distinguer le curage des autres dépenses. Pour le curage, le procureur partage la longueur du canal en parties proportionnelles à la superficie possédée par chacun des propriétaires qui usent du canal, et assigne à ceux-ci le lot qu'ils doivent curer. Ce travail est au compte des colons ou fermiers.

Les autres dépenses d'intérêt commun sont à la charge des propriétaires eux-mêmes. Elles sont votées par l'assemblée particulière de l'acequia, si elles n'intéressent qu'une acequia ; et par les assemblées générales, si elles intéressent toute la huerta ou tout un côté de cette huerta. Ces dépenses donnent lieu à l'imposition d'un taxe proportionnelle à la superficie, mais avec l'admission de coefficients proportionnels à la valeur des terres. Un usage très-ancien partage les terres en trois catégories, auxquelles sont affectés les coefficients 3, 2 et 1 ; c'est-à-dire qu'à contenance égale les meilleures terres qui appartiennent à la première catégorie payeront trois fois plus que les mauvaises qui appartiennent à la troisième.

Quand une fois les taxes sont votées, le receveur, après les affiches et les délais réglementaires, procède à leur recouvrement. Si les rentrées éprouvent des difficultés, le receveur en réfère au conseil des prud'hommes (dont il sera question bientôt), lequel ordonne les poursuites contre les propriétaires en retard.

Toute contravention à une des prescriptions du règlement est soumise à une pénalité qui, à part quelques exceptions peu nombreuses, est comprise dans la formule suivante : payement des dommages et amende de 40 à 500 réaux (10 fr. à 125 fr.) au jugement du conseil des prud'hommes.

Au nombre des prescriptions du règlement, il convient de remarquer celle de l'article 152, qui défend de céder l'eau à laquelle on a droit, mais dont on ne veut pas user. La constitution de la propriété des eaux est la même qu'à Valence : l'eau est annexe de la terre, et, si l'on n'en use pas, elle fait retour à la masse commune.

Nous avons été conduit deux fois déjà à citer incidemment le conseil des prud'hommes[1]. C'est une institution calquée sur le tribunal des eaux de Valence, mais à laquelle on a donné un nom plus en harmonie avec ses attributions.

Il se compose de sept membres, dont cinq procureurs et deux inspecteurs. Ces procureurs et inspecteurs étant, comme les syndics de Valence, nommés par le suffrage universel et chargés à peu près des mêmes fonctions, on voit que l'analogie dans la composition des deux tribunaux

---

[1] Concejo de hombres buenos.

est très-grande. La différence consiste en ce qu'à Valence, où il n'y a que sept acequias, ce sont toujours les syndics de ces acequias qui font partie du tribunal, tandis qu'à Murcie, où il y a au minimum quarante procureurs et quatre-vingts inspecteurs, les membres sont renouvelés. Ce renouvellement a lieu tous les mois et par la voie du sort.

Il y a aussi quelques autres différences, mais qui ne sont pas essentielles : ainsi, par mesure d'ordre, le conseil est présidé par l'alcade de Murcie, mais celui-ci n'a le droit de voter qu'en cas de partage des voix. C'est l'alcade qui est chargé de mettre à exécution les jugements du conseil.

Le conseil des prud'hommes tient deux audiences par semaine, le jeudi et le dimanche. Sa compétence s'étend à toutes les affaires qui concernent des dommages occasionnés à des tiers et à la répression des contraventions prévues par le règlement. Toute décision sur des questions étrangères aux cas déterminés par ce règlement est déclarée par avance nulle et illégale.

Les décisions du tribunal des prud'hommes sont sans appel, sauf les cas où il y aurait injustice notoire ou cause de nullité. Dans ces cas, la réclamation doit, sous peine de déchéance, être faite à l'ayuntamiento dans les trois jours qui suivent le jugement du conseil. Si la réclamation paraît fondée, l'ayuntamiento renvoie l'affaire au conseil des prud'hommes pour qu'il la juge à nouveau ; mais pour ce second jugement, le conseil est renforcé par tous les prud'hommes qui étaient en exercice le mois précédent, et se trouve ainsi exceptionnellement composé de quatorze juges.

Toute personne a le droit de dénoncer une infraction au règlement qui porte préjudice à la communauté ; mais les dommages entièrement privés ne peuvent être dénoncés que par celui qui en souffre.

Les plaintes relatives aux usurpations ou détournements d'eau doivent, sous peine de nullité, être faites par écrit, signées par l'intéressé, ou par un autre, à sa demande, s'il ne sait signer, et déposées dans les trois jours entre les mains du secrétaire du conseil; et le conseil doit, après avoir entendu les témoins, statuer dès sa première séance ou la suivante au plus tard.

Tels sont les principes généraux du règlement de Murcie. Administrateurs et juges, tous émanent du suffrage universel; et l'autonomie des usagers s'y exerce dans toute sa plénitude. Il convient de remarquer spécialement ici l'institution du tribunal privatif des prud'hommes. Elle offre un enseignement d'autant plus grand, qu'à l'opposé de ce qui existe dans la province de Valence, les auteurs du nouveau règlement de Murcie n'étaient nullement liés par les précédents et les traditions. Avant 1849, ce tribunal n'existait pas chez eux; ils pouvaient donc parfaitement se dispenser de le créer. Ils l'ont fait, parce qu'ils l'ont jugé indispensable à l'observation rigoureuse du règlement, et tout le monde dans le pays est d'accord pour reconnaître que l'institution a rendu ce qu'on en attendait.

C'est donc là, ce nous semble, une question jugée et par les traditions du passé et par l'expérience du présent. Le tribunal privatif des eaux, avec ses juges versés dans la pratique des irrigations, sa procédure sommaire, ses jugements sans appel, sa pénalité bien définie, doit être considéré comme un annexe indispensable de toute bonne organisation d'arrosage.

CHAPITRE XVII

Répartition des eaux entre les diverses parties du territoire. — Nature des unités. Vente des eaux aux enchères. — Détails statistiques. — Partiteurs mobiles à aiguilles.

———

La province de Murcie compte un second centre d'irrigation très-important : c'est celui de Lorca, ville de 18,000 à 20,000 âmes, située à 60 kilomètres du chef-lieu de la province et bâtie sur la rive droite du Rio Guadalantin.

C'est cette rivière qui fournit les eaux d'irrigation du territoire. Elle prend son nom de Guadalantin, à 10 kilomètres seulement à l'amont de la ville, au point connu sous le nom de Puentes, où viennent converger le Rio Velez et le Rio Luchena ; et elle le perd bientôt après pour celui de Sangonera, avec lequel nous l'avons vue déjà se jeter dans le Segura, aux environs de Murcie.

Le nom de Puentes que nous venons de citer est important à noter : c'est là que fut construit, vers la fin du siècle dernier, le plus grand des barrages-réservoirs d'Espagne, malheureusement détruit en 1802. Il convient aussi de fixer son attention sur le Rio Luchena, où il existe un autre barrage-réservoir, envasé aujourd'hui jusqu'à la crête. Ces deux barrages, qui témoignent des besoins de la localité et des immenses efforts tentés pour y satisfaire, nous donneront un sujet d'études très-intéressant et très-instructif ; mais comme ils sont aujourd'hui complétement inutilisés, comme les arrosages se font tous avec les eaux naturelles de la rivière, nous n'aurons pas à nous en occuper dans l'étude des irrigations proprement dites.

Nous allons retrouver ici le système que nous avons déjà rencontré à Elche, à savoir : propriété des eaux entièrement distincte de celle de la terre, et vente journalière de ces eaux aux propriétaires du sol qui en ont besoin.

De même qu'à Elche, cette division des deux natures de propriétés n'est pas primordiale. Lorsqu'en 1242 le roi Alphonse X de Castille s'empara de Lorca sur les Maures, il fit, selon l'usage, d'abord le partage des terres entre tous les habitants, et, quelques années après, celui des eaux. L'ordre royal de partage des eaux est daté de Séville 23 septembre 1306 (1268 de l'ère réformée), et est adressé au gouverneur de Lorca et autres fonctionnaires ou magistrats :

« Sachez que l'ayuntamiento s'est plaint à moi que les possesseurs de fiefs (*los señores de los donadios*) retiennent toute l'eau, qu'ils ne la laissent sortir de leurs huertas ni pour le blé ni pour autre chose, et que pour ce motif les blés se perdent chaque année. Je vous prie et vous ordonne d'aller voir ce qui en est, et de répartir les eaux également entre tous par jour et par époque (*partir les la agua comunalmente por dias y por tiempos*) de manière que dorénavant il n'y ait plus aucune plainte à ce sujet[1]. »

Les termes de ce décret ne diffèrent pas essentiellement de celui de Murcie, donné douze ans plus tard et que nous avons fait connaître en son lieu. Mais à l'application ils ont été interprétés d'une manière bien différente dans chacune de ces deux localités. A Murcie, l'eau est restée annexe du sol. A Lorca, elle en a été détachée. Il serait oiseux de rechercher quelle a été la plus saine des deux interprétations, si tant est qu'il y ait jamais eu interprétation des textes. Les convenances de quelques usagers influents, la faiblesse ou l'impéritie à un moment donné de l'administration locale, suffisent à expliquer le changement de régime qui se

[1] *Historia de los riegos de Lorca*, por D. J. Musso y Fontes, 1847.

remarque à Lorca ; et la preuve en est dans ce fait que dans cette localité même il existe quelques quartiers du territoire, peu importants, il est vrai, où le principe de l'eau inséparable de la terre subsiste encore.

Aujourd'hui même les discussions à ce sujet ne sont pas éteintes. Nous avons entre les mains une brochure écrite en 1847 par M. Musso y Fontes [1], où le droit des usagers à vendre leurs eaux est défendu avec une extrême vivacité et présenté comme découlant légalement des termes mêmes de la concession faite par Alphonse X. D'après les adversaires du système, au contraire, ce prétendu droit ne serait autre chose qu'une usurpation : « Attendu, lit-on à l'article 1er du chapitre v du règlement des arrosages en date du 18 novembre 1831, attendu que les usagers ne pouvaient vendre l'eau qui fut répartie, incorporée et unie à la terre par l'acte royal qui fit le partage primitif, et que c'est par contravention à cet acte que l'on a séparé l'eau de la terre et que l'on est arrivé à la situation actuelle... »

Mais, quelles que soient ces divergences d'opinion, ce sur quoi tout le monde est d'accord, c'est que, légal ou illégal, le système des ventes est consacré par un trop long usage pour qu'il soit possible de le modifier.

Le Guadalantin n'est pas une de ces rivières abondantes comme nous en avons rencontré à Valence et à Murcie. Son débit moyen est évalué à 340 litres par seconde ; mais malgré ce faible débit, l'étendue de champs sillonnés par des canaux d'irrigation n'est pas inférieure à 11,000 hectares [2].

---

[1] *Historia de los riegos de Lorca.*

[2] Ces chiffres sont pris dans le mémoire précité de M. Musso y Fontes. Voici comment est indiqué le débit : « En temps moyen, le débit des eaux de la rivière est donné par une section de 12 palmos carrés, dont chacun est égal à 81 pulgadas de Castille carrées, et une vitesse *superficielle* de 180 pieds par minute. »

1 pulgada de Castille............. $= 0^m,207,$

81 pulgadas carrées, ou 1 palmo carré. $= 0^{m.c.},042849,$

C'est ici le cas de se rappeler que sur ces vastes territoires désignés sous le nom de huerta, il entre dans une énorme proportion des cultures de céréales se contentant d'un ou deux arrosages par année, et pouvant même s'en passer, pour peu que les pluies soient abondantes.

La vente des eaux se fait tous les jours, aux enchères publiques, pour le laps de temps qui comprend les 24 heures qui suivent. Nous ferons connaître plus loin les détails matériels de ces ventes et leur comptabilité fort curieuse. Nous ferons connaître également l'organisation du syndicat chargé de l'administration. Mais, pour le moment, il est indispensable que nous expliquions le mode de répartition des eaux, la nature des unités qui sont mises aux enchères, etc., etc., tous détails fort ingrats, difficiles à exposer clairement, et pour lesquels nous avons bien besoin de l'indulgence du lecteur.

Le territoire est divisé en trois zones ou quartiers principaux (heredamientos); celui de Sutullena y Alberquilla; celui de Tercia; celui de Albacete.

La répartition est faite de façon que Sutullena y Alberquilla reçoive les 3/18 du volume total de la rivière, Tercia les 5/18 et Albacete les 10/18.

Cette proportionnalité est maintenue, quel que soit le volume des eaux de la rivière, et tant que les barrages (qui sont du reste simplement des ouvrages en terre et fascines emportés par chaque crue) sont susceptibles de retenir les eaux. Elle existe sans modification notable depuis la répartition faite au treizième siècle par Alphonse X.

12 palmos carrés................. $= 0^{m.c.},514188,$

Le pied $= 0^m,279.$

La vitesse superficielle par minute... $= 50^m,22,$

       —   par seconde.. $= 0^m,83.$

On obtient la vitesse moyenne en multipliant la vitesse superficielle par le coefficient $0^m,80$; ce qui donne $0^m,66$ pour la vitesse moyenne par seconde.

Le débit par seconde est donc de $0^m,514188 \times 0^m,66 = 340$ litres.

A cette époque, on le sait déjà, les eaux ne se vendaient pas ; elles étaient réparties entre les propriétaires du sol, suivant l'étendue de leurs terres et la nature des cultures, mais la règle de répartition n'était pas la même pour le premier quartier d'une part, et pour les deux autres d'autre part. Dans le quartier de Sutullena, l'irrigation était faite avec le volume total du canal et partagée en unités de temps appelées *cuartos*, dont la durée était d'un certain nombre fixe d'heures, trois heures par exemple. Le propriétaire d'une surface A, recevant l'eau totale pendant un cuarto, celui qui possédait une surface B, double de la première, recevait l'eau totale pendant deux cuartos. Il s'établissait ainsi une rotation de temps durant laquelle toutes les propriétés desservies par le canal de Sutullena recevaient la totalité de l'eau du canal pendant un nombre de cuartos en rapport avec leur étendue. Et le tour d'arrosage recommençait par l'amont, aussitôt que la dernière terre de l'aval avait été arrosée.

Dans les quartiers de Tercia et d'Albacete, il n'en était pas ainsi. Le volume total de chacun de ces canaux était partagé en un certain nombre de parties aliquotes ou modules. La jouissance d'une de ces parties aliquotes pendant le temps fixe de 12 heures était l'unité appelée fil d'eau ou *hila*. La propriété dont la contenance était double d'une autre recevait deux hilas, tandis que la seconde n'en recevait qu'une. Ici donc l'unité variable était le volume d'eau, tandis qu'à Sutullena l'unité variable était le temps.

Quant à la répétition des arrosages, elle était déterminée par la nature des cultures. Les territoires de Tercia et d'Albacete étaient divisés en plusieurs zones de cultures différentes, et les rigoles secondaires qui desservaient chaque zone étaient soumises à une rotation spéciale fort différente de l'une à l'autre, suivant qu'elle devait s'appliquer à des jardins, par exemple, ou à des céréales. Il y avait des rigoles où la rotation était de 8 jours, où, par conséquent l'eau revenait à la même terre de semaine en semaine, d'autres où la rotation était de 15 jours, d'autres enfin où elle était de 30, 50, 100 et même 150 jours.

Toutes ces divisions étaient faites, du reste, de façon que dans chacun des trois quartiers, les terres à contenance égale et à culture égale reçussent à peu près la même quantité d'eau.

Ces principes généraux de répartition subsistent encore; mais il y a eu dans la suite des temps des altérations nombreuses relatives au nombre de hilas dans lesquelles est partagé le volume total et constant (sauf les variations de la rivière) affecté à chaque canal. Ces variations ont eu pour principale cause la nécessité de créer un budget destiné à faire face aux dépenses des irrigations. L'ayuntamiento qui était autrefois chargé de l'administration obtenait l'autorisation de subdiviser le volume d'un canal en un plus grand nombre de hilas. C'était un impôt de forme particulière perçu sur les propriétaires d'eau, et ayant pour affectation spéciale les frais d'administration et l'entretien des canaux et ouvrages. Par suite du système des ventes, cette affectation à l'ayuntamiento d'une partie des eaux d'un canal ne modifiait ni le périmètre irrigable ni le volume d'eau répandu sur les champs; seulement, au lieu de vendre 12 hilas, par exemple, on en vendait 15, dont chacune était naturellement plus petite que les anciennes. Douze étaient vendues comme par le passé, au profit des propriétaires d'eau, et les trois autres au profit de l'ayuntamiento, pour tenir lieu d'impôt.

Par suite de ces introductions successives de hilas supplémentaires, dont le nombre n'a pas été proportionnel à la dotation de chaque canal, il est arrivé ceci :

Le volume d'eau de Tercia, qui est égal aux 5/18 de la rivière, et qui, dans le principe, était subdivisé en 12 hilas (6 de jour et 6 de nuit), ayant chacune un débit égal aux 5/216 des eaux de la rivière, se trouve aujourd'hui subdivisé en 20 hilas, dont chacune ne correspond plus qu'aux 5/360 de la rivière.

Les eaux d'Albacete, qui sont égales aux 10/18 du volume total, sont subdivisées en cinquante hilas (25 de jour, 25 de nuit), à chacune desquelles ne correspondent plus que les 5/450 des eaux de la rivière.

Des modifications de même nature, quant à leurs résultats, existent pour les cuartos de Sutullena.

Ainsi, non-seulement le volume d'eau correspondant aux unités primitives a été altéré, mais cette altération n'a pas été faite dans la même proportion sur tous les canaux ; et aujourd'hui le volume qui correspond à la hila de Tercia n'est plus du tout celui qui correspond à la hila d'Albacete.

Ces modifications seraient graves au point de vue des irrigations, si l'eau était restée attachée à la terre, et si la création de chaque nouvelle hila avait entraîné une extension des arrosages. Mais avec le système des ventes, aucun inconvénient n'était à craindre. En effet, chaque tenancier n'use que des eaux qu'il achète. Peu lui importe que le volume de la hila soit diminué ; il en est quitte par en acheter un plus grand nombre qu'il paye moins, et ses déboursés restent en somme les mêmes. Il n'en est pas ainsi évidemment pour les propriétaires des eaux. L'augmentation du nombre des hilas a eu pour conséquence nécessaire la diminution de leurs revenus ; mais nous avons vu plus haut que cette diminution avait été volontairement consentie pour assurer le payement des dépenses qui sont de droit à la charge de ces propriétaires.

L'exposé qui précède donne déjà une idée de la complication de ces répartitions, mais ce n'est pas tout.

Nous avons dit déjà qu'il existait quelques quartiers peu importants où l'eau était restée attachée à la terre et où, par suite, l'arrosage était gratuit. La manière dont sont desservis ces quartiers apportent une nouvelle cause de perturbation dans la valeur de l'unité, même sur le même canal.

Le quartier d'Alcala est dans ce cas : il a droit gratuitement, pendant les 12 heures de jour de chaque mercredi, à un volume d'eau égal à celui de Sutullena ; et ce volume est pris sur la dotation réunie de Tercia et d'Albacete. Pendant les 12 heures de nuit de ces mêmes mercredis, l'eau qui a cessé d'être donnée gratuitement à Alcala, est vendue à part dans le quartier de Sutullena. Il en résulte que l'usager qui achète une hila sur Albacete ou Tercia *un mercredi*, reçoit un volume d'eau plus faible que l'usager qui achète pareille unité les autres jours de la semaine.

Un autre quartier, celui de Serrata y Hornillo, est dans un cas analogue. Il a droit de prendre gratuitement sur Tercia un certain volume d'eau pendant les 12 heures de jour du vendredi, et le double de ce volume pendant les 12 heures de jour du samedi. Il en résulte encore que pendant ces deux demi-journées de la semaine, le volume d'eau correspondant à une hila de Tercia est plus faible que les autres jours.

Enfin, il est deux autres quartiers dont l'arrosage est gratuit, c'est celui d'Altritar et celui de Réal. Ils jouissent chacun d'une hila quotidienne pendant les 12 heures de jour, à prendre le premier sur Tercia, le second sur Albacete ; mais ces deux arrosages, par cela seul qu'ils sont quotidiens, n'ont pas pour effet de modifier la valeur des hilas de Tercia ou d'Albacete. Celle d'Altritar compte parmi les 20 hilas de Tercia ; et celle de Real parmi les 50 d'Albacete. Elles sont seulement différenciées des autres en ce qu'elles sont livrées gratuitement au lieu d'être vendues.

On a vu, par ce qui précède, combien sont nombreuses et variées les causes qui altèrent d'un jour à l'autre, d'un canal à l'autre, la valeur de l'unité. Ce n'est pas tout encore.

Jusqu'à présent, tout en parlant des hilas de jour et de

celles de nuit, nous avons admis, pour simplifier les explications, qu'elles étaient toutes d'une durée de 12 heures. Mais, en fait, la hila de jour n'est pas égale à celle de nuit, et la durée de ces deux natures de hilas varie, avec les saisons, de 15 en 15 jours.

L'article 13, chapitre viii du règlement fait connaître la durée réglementaire de ces hilas. L'année est divisée en 24 époques ; nous ne les citerons pas toutes, voici seulement les quatre qui forment les divisions trimestrielles.

	Durée de la hila	
	de jour.	de nuit.
Du 20 décembre au 5 janvier.....	9 heures.	15 heures.
Du 21 mars au 5 avril...........	12 —	12 —
Du 21 juin au 5 juillet...........	15 —	9 —
Du 21 septembre au 5 octobre....	12 —	12 —

On a maintenant une idée à peu près complète de l'extrême complication de ces répartitions. L'unité varie, non-seulement d'un canal à l'autre, mais encore d'un jour à l'autre sur le même canal. Elle varie : 1° en raison du volume des eaux de la rivière ; 2° en raison du nombre de parties aliquotes dans lesquelles est subdivisée la dotation d'un canal ; 3° en raison des prélèvements faits à certains jours de la semaine en faveur des quartiers à arrosage gratuit ; 4° en raison des saisons ; 5° en raison des jours et des nuits.

Tout individu qui se présente aux enchères doit connaître parfaitement ces conditions tacites de la vente, sans quoi il risquerait fort d'avoir des mécomptes dans ses calculs. Mais il faut ajouter qu'il n'est pas un paysan qui les ignore. Ces règles, dont l'application se reproduit d'une manière incessante tous les jours de l'année finissent par s'incruster dans la tête d'une manière aussi indélébile que les mots de la langue ; et chacun sait toujours parfaitement ce qu'il

achète sans qu'il soit nécessaire de lui donner d'autre explication que le nom de la hila sur laquelle il enchérit.

Jusqu'ici nous avons considéré principalement les eaux
dans leurs rapports avec ceux qui les achètent. Examinons-
les maintenant dans leurs rapports avec ceux qui les possèdent et les vendent.

Les ventes ne se font pas individuellement de vendeur
à acheteur ; elles se font en séance publique par le directeur du syndicat qui représente les intérêts de tous les propriétaires d'eau. Les acheteurs seuls se présentent individuellement.

Le débit des eaux d'Albacete est partagé en 25 parties
aliquotes ou modules, donnant lieu journellement à 50 hilas (25 de jour et 25 de nuit), dont 49 sont mises en vente,
la 50e étant donnée gratuitement au quartier de Real,
comme on l'a vu plus haut. Ces modules sont tous égaux
entre eux et, pour éviter toute confusion, portent un nom
particulier : Tiata, Zenete, San Patricio, El Nublo, etc., etc.
Certains d'eux représentent les anciens canaux d'arrosage
du treizième siècle. Ils sont facilement reconnaissables par
la période de rotation qui les distingue, période qui représentait autrefois les jours où un propriétaire possesseur
à la fois de la terre et de l'eau avait le droit d'arroser sa
terre, mais qui aujourd'hui représente simplement les jours
où ce même propriétaire, resté possesseur de l'eau, mais
n'ayant plus de terre, a le droit de vendre son eau. Tel de
ces modules a pour période de rotation 13 jours. Cela veut
dire que la propriété de ce module est divisée entre 26 propriétaires correspondant aux 26 hilas (13 de jour, 13 de
nuit), qui sont comprises dans les 13 jours. Ainsi le propriétaire qui possède seulement une hila de jour du 1er janvier, par exemple, et qui perçoit dès lors le prix de vente
de cette hila, n'aura rien à toucher sur les ventes qui se
feront pour la nuit du 1er janvier et pour les 11 jours et
nuits suivants ; mais le 13 janvier son tour reviendra, et

il percevra encore ce jour-là le prix de vente d'une hila de jour.

Les autres modules ont des périodes de rotation différentes. Elles sont de 23 jours, de 30 jours, de 102 jours, etc..., de 127 jours. Cette dernière est la plus forte du quartier d'Albacete ; ce n'est que de 127 en 127 jours que la jouissance d'une hila revient en faveur du même propriétaire.

Il va sans dire, du reste, qu'un même individu peut posséder plusieurs hilas, et qu'une même hila peut être possédée indivisément par plusieurs personnes.

En outre des modules qui portent, par la fixation même de leur période de rotation, le cachet de leur antique origine, il y a ceux de création plus récente, formés par la subdivision du même volume d'eau en parties aliquotes plus nombreuses, ainsi qu'on l'a expliqué plus haut. La jouissance de ces modules est continue, et ils appartiennent tous soit à la ville, qui n'est plus considérée aujourd'hui que comme un simple particulier, soit au syndicat, qui a été substitué à la ville dans une partie de cette jouissance, à charge de certaines obligations.

Ce que nous venons de dire pour Albacete peut se répéter pour Tercia. Ici le volume d'eau est partagé en 10 modules, donnant lieu journellement à 20 hilas (10 de jour et 10 de nuit), sur lesquelles on met en vente 10 hilas de nuit et 9 de jour, la dernière de jour étant donnée gratuitement à Altritar. Les périodes de rotation de Tercia sont de 156 jours pour deux modules, de 160 pour deux autres et de 162 pour deux autres. Ces six modules appartiennent à des particuliers. Les quatre restants donnent lieu à une jouissance continue et appartiennent au syndicat.

Dans le quartier de Sutullena y Alberquilla, les ventes ne se font plus par *hilas*, mais par *cuartos*. En principe, les eaux qui sont dérivées en commun, sous le nom de *Sutullena y Alberquilla* et dont le débit est égal au 3/18 du débit total de la rivière, sont considérées comme devant se partager en deux branches égales, l'une pour Sutullena, l'autre pour Alberquilla; et l'unité appelée cuarto représente la jouissance du volume total d'une de ces branches pendant 2 heures 1/2. Mais, pour la facilité des arrosages, on a préféré laisser les deux branches constamment confondues, de façon à doubler le débit, et par compensation on a fixé à 1 heure 1/4 la durée du cuarto.

Un cuarto représente donc la jouissance de toutes les eaux du canal pendant 1 heure 1/4, et les 24 heures de la journée se partagent en 19 cuartos, dont 9 1/2 sont vendus sous le nom de *Sutullena*, et 9 1/2 sous celui d'*Alberquilla* ($19 \times 1^h,1/4 = 23^h,3/4$; on néglige le quart d'heure restant).

Sur les 9 1/2 cuartos de Sutullena, 8 appartiennent à des particuliers et 1 1/2 au syndicat. La rotation se compose de 436 cuartos, dont il se vend 9 1/2 chaque jour; c'est donc seulement de 46 en 46 jours environ que revient le tour de jouissance du propriétaire d'un même cuarto.

Quant aux 9 1/2 cuartos qui se vendent tous les jours sous le nom d'*Alberquilla*, ils appartiennent tous au syndicat.

Il résulte de ce qui précède que le nombre des ventes qui se font chaque jour aux enchères pour les 24 heures qui suivent, n'est pas inférieur à 88, savoir :

Pour Albacete..............	49 hilas.
Pour Tercia...............	19
Pour Sutullena y Alberquilla..	{ 18 cuartos, { 2 demi-cuartos.

Nous avons assisté à une de ces ventes : rien n'est étonnant comme la rapidité avec laquelle elles se font ; en vingt minutes tout était terminé.

Elles ont lieu dans une salle spéciale, disposée en forme de prétoire. Dans le fond, un bureau sur une estrade, séparé du public par une barrière. Le bureau est tenu par le directeur du syndicat, assisté de deux secrétaires, qui inscrivent le résultat des enchères.

Ces enchères sont caractérisées par des allures toutes spéciales. La première est débattue avec une remarquable vivacité : ce sont des clameurs, des trépignements ; toutes les bouches crient, tous les bras sont en l'air. Le directeur adjuge, et passe au second cuarto ou à la seconde hila, en disant simplement *otro* (à un autre). Le silence se fait instantanément. Un quelconque des assistants fait une offre qui n'est couverte par personne, et l'adjudicataire du premier cuarto fait un signe de tête. Le directeur passe au troisième cuarto, en répétant le mot *otro*. Même silence de l'assemblée, interrompu seulement par une offre isolée d'un des assistants, suivie d'un signe de tête du premier adjudicataire.

Cela se reproduit ainsi trois ou quatre fois, après quoi, sur une nouvelle enchère, l'animation de la première recommence, pour être encore suivie d'une période de trois ou quatre enchères d'un calme absolu ; et ainsi de suite jusqu'à la fin.

Si nous insistons sur ces détails, ce n'est pas pour le vain plaisir de faire une description de la mise en scène, c'est que ces détails portent avec eux un enseignement profond. Ils mettent à nu le vice du système des enchères appliqué à une pareille marchandise, et ils montrent comment une institution dont le principe est mauvais a pu être corrigée, dans la pratique, par le bon sens des masses. En voici l'explication :

Quand une récolte est sur pied, que le manque d'eau l'expose à périr, ce serait peu connaître le cœur humain que d'admettre que le paysan ira faire un compte comparatif entre les bénéfices qu'il attend de sa récolte et l'argent qu'il aura à débourser pour se procurer de l'eau. Une récolte sur pied est pour le paysan une partie de lui-même ; là sont enfouies ses sueurs de toute une année, là sont ses espérances d'avenir pour lui, pour sa famille ; il n'est pas de sacrifices qu'il ne soit décidé à faire pour la sauver.

C'est avec ces idées que le paysan arrive à la salle des ventes ; mais si, de plus, cette excitation interne vient à être stimulée par le feu des enchères, par la rivalité, par l'amour-propre, les enchères doivent nécessairement conduire à des conséquences folles ; l'eau sera payée à des prix exorbitants, le paysan sera ruiné, et l'agriculture anéantie.

Tel serait le résultat forcé des enchères, si ce système était abandonné à lui-même, sans palliatif.

Le palliatif, nous l'avons vu fonctionner tout à l'heure. Des cinq premières enchères dont nous avons parlé, il n'y a que la première qui ait été réellement sérieuse. Mais une fois qu'un individu s'est rendu adjudicataire d'une unité d'eau, l'usage, les convenances observées par tous, veulent que ce premier individu ait le droit d'en prendre autant qu'il en a besoin, au taux même de l'offre qui sera faite par un des assistants. Ainsi, pour citer la vente dont nous avons été témoin, le premier cuarto de Sutullena, vivement débattu, a été adjugé à 120 réaux. Mais l'adjudicataire avait besoin en tout de cinq cuartos. Il a eu les quatre suivants en faisant simplement un signe de tête, pour indiquer qu'il les prenait au prix de 45 réaux, offert successivement par un des assistants pour chacun de ces quatre cuartos. Les cinq cuartos lui sont ainsi revenus au prix moyen de 60 réaux (15 fr. 75 c.) chacun.

Au moment où le directeur du syndicat a mis aux enchères le sixième cuarto et qu'un des assistatns a eu fait son offre, le premier adjudicataire a cessé de faire connaître qu'il avait encore besoin d'eau, et aussitôt les enchères sont redevenues sérieuses et animées.

De pareils usages peuvent être acceptés dans le pays même où ils sont tellement entrés dans les mœurs, que nul ne pourrait y porter atteinte sans être aussitôt frappé de la réprobation universelle ; mais, si l'on fait abstraction de cette sanction de l'opinion publique, qui ne permet de manœuvres coupables ni au profit des acheteurs ni au détriment des vendeurs, on comprend combien il serait impossible d'introduire de pareils usages, sous forme de règlement, dans une population nouvelle. Aussi, tout en rendant hommage à la manière dont se pratique à Lorca le système des ventes d'eau aux enchères, il nous est impossible de ne pas trouver ce système foncièrement vicieux [1].

Mais il convient de continuer le narré des opérations de la vente et d'entrer dans quelques détails sur la comptabilité. Nous devons à l'obligeance de M. Marquez, directeur du syndicat, qui avait déjà bien voulu nous faire prendre place au bureau de la salle des enchères, de posséder une collection complète des pièces de comptabilité usitées dans le syndicat, ainsi qu'un exemplaire imprimé de tous les comptes de fin d'année. Ces documents et les renseignements recueillis dans les bureaux vont nous permettre de donner quelques détails intéressants.

Aussitôt que la vente est terminée, un des secrétaires lit le résultat des enchères, c'est-à-dire l'état qu'il a dressé séance tenante et qui contient le numéro ou le nom de chaque cuarto et de chaque hila, le nom de l'acheteur et le prix. Cet état est ensuite affiché à la porte de l'hôtel des bureaux du syndicat.

On dresse aussitôt des *bons à payer* au nom de chacun des adjudicataires. Ces bons, signés par le directeur, sont remis à ceux-ci, qui vont les présenter au trésorier pour faire leur versement. Ces mêmes bons, revêtus, après payement, du récépissé du trésorier, sont rendus aux adjudicataires, qui s'en serviront pour se faire donner le lendemain, par les agents du service actif, l'eau à laquelle ils ont droit.

---

[1] Ces inconvénients n'existent pas à Elche et à Alicante, parce que les ventes s'y font de gré à gré, et non aux enchères.

En même temps que ces bons sont délivrés aux adjudicataires par le directeur, celui-ci adresse directement au
trésorier un état sommaire et récapitulatif indiquant le produit total des ventes faites le matin pour chacun des quartiers. Le trésorier prend en charge le montant de cet état
aussitôt qu'il a perçu les sommes dues par les usagers, ce
qui se fait dans la journée même ; et la somme est aussitôt
inscrite dans les livres de comptabilité.

La répartition des sommes qui reviennent aux divers
propriétaires d'eau a lieu à la fin de chaque mois. Le syndicat tient un registre matricule qui porte à côté des numéros de tous les cuartos et hilas compris dans la période de
rotation des divers modules le nom du propriétaire ou des
propriétaires de ces cuartos et hilas.

On ne fait pas le compte individuel de chacun jour par
jour. Pour Albacete et Tercia, on considère séparément
chaque module. On totalise le produit des hilas de ce module vendues dans le courant du mois, et on en déduit le
prix moyen de la hila. C'est ce prix moyen que l'on distribue aux propriétaires des hilas du mois. Pour Sutullena,
on prend le prix moyen de tous les cuartos qui se sont vendus pendant le mois, et on l'applique aux propriétaires de
tous les cuartos compris dans le même mois.

Chacun des ayants droit reçoit alors du directeur une
pièce contenant le détail du dividende qui lui revient, et
moyennant laquelle il va toucher son argent à la caisse.

Les comptes de fin d'année sont dressés par le directeur.
Ils consistent en un état détaillé faisant connaître pour chaque article du budget les entrées et les sorties, avec pièces
quittancées à l'appui. Cet état est imprimé, et on en distribue un exemplaire à tous les propriétaires d'eau. On leur
distribue également un état imprimé où se trouve le nom
de tous ces propriétaires, avec l'indication des dividendes
qui leur ont été distribués mois par mois.

Nous allons extraire de ces comptes de fin d'année de

1861 quelques chiffres qui nous paraissent offrir un certain intérêt statistique.

Le produit total de la vente des eaux pendant l'année 1861 s'est élevé à 668,485 francs, soit en moyenne 1,831 francs par jour.

Si l'on connaissait le débit moyen de la rivière pendant l'année 1861, on pourrait en déduire exactement le prix moyen du litre d'eau continue. A défaut, et pour avoir une approximation, nous admettrons que le débit moyen de 1861 a été le même que celui qui résulte d'observations faites antérieurement et que M. Musso y Fontes fixe à 340 litres par seconde (voir plus haut page 223). Il en résulte que la valeur annuelle d'un filet d'eau continu de un litre par seconde est de $\frac{668,485}{340}$ ou 1,966 francs. Ce prix est énorme, et les produits de la terre ne seraient pas suffisants pour le rembourser, s'il devait être considéré comme s'appliquant à des cultures ayant besoin pendant toute l'année du débit continu de un litre par seconde. Mais il est essentiel de remarquer que ces cultures se font de préférence dans les quartiers où l'arrosage est gratuit, et que dans tous ceux où l'eau est achetée, les cultures sont surtout celles qui n'exigent que un, deux ou trois arrosages par an, comme les céréales, les vignes, les oliviers, etc., etc. Pour savoir ce que coûte annuellement l'arrosage d'un hectare, il convient donc de faire le compte suivant. Un débit continu de un litre par seconde représente 31,500 mètres cubes par an. Chaque arrosage d'un hectare exigeant environ 500 mètres cubes, un litre d'eau continue peut fournir à l'année 63 arrosages. Un seul arrosage coûte donc pour 1 hectare : $\frac{1966}{63}$, soit environ 30 francs. Le prix de l'arrosage annuel d'un hectare revient donc à 30 francs, 60 francs, ou 90 francs, suivant que la culture exige un, deux ou trois arrosages ; et ces prix n'ont rien d'anomal.

Il convient d'ailleurs de remarquer que tous ces chiffres

se rapportent à l'année 1861, qui a été d'une sécheresse exceptionnelle, ainsi qu'on le verra bientôt. Dans les années ordinaires, les prix de vente ne s'élèvent pas si haut.

La recette totale de 668,485 francs se décompose mensuellement de la manière suivante :

Janvier.........	80,793 francs.
Février........	79,633
Mars...........	120,712
Avril..........	61,271
Mai............	21,343
Juin..........	27,643
Juillet.........	84,972
Août..........	59,256
Septembre.....	27,775
Octobre.......	40,910
Novembre......	39,636
Décembre......	24,541
Total....	668,485 francs.

Pour pouvoir tirer de là quelques indications exactes sur la répartition des arrosages, il serait indispensable de posséder les observations pluviométriques de Lorca pendant l'année 1861 ; car il est évident que le prix de l'eau vendue est d'autant plus élevé, que la pluie est plus rare, et il n'est rigoureusement permis de comparer le produit en argent de deux mois qu'à la condition que la quantité de pluie tombée soit égale pour chacun de ces deux mois. Or il n'existe pas d'observations pluviométriques à Lorca ; mais nous pouvons, croyons-nous, nous aider des observations faites à Alicante en 1861, que nous avons fait connaître au chapitre IX. Il serait sans doute très-erroné de conclure constamment d'Alicante à Lorca, car ces deux villes ne sont pas dans le même bassin, et la première est sur les bords mêmes de la mer, tandis que la seconde a une altitude de 224 mètres[1]. Toutefois, il est à remarquer que l'année 1861

____

[1] 875 pieds. *Historia de los riegos de Lorca.*

a été signalée à Alicante par une sécheresse affreuse, et que,
à part le mois de mai, où il est tombé 43 millimètres d'eau,
la période de janvier à octobre peut être considérée comme
n'ayant pas eu de pluie. Dans de telles circonstances, la sécheresse est d'habitude générale, et l'on ne peut guère
admettre qu'il y ait eu des pluies abondantes à Lorca alors
qu'il n'y en avait à peu près pas à Alicante, ces deux villes
n'étant, en somme, distantes que de 120 kilomètres à vol
d'oiseau.

En conséquence, le fait agricole qui ressort du tableau
mensuel des ventes donné ci-dessus, c'est l'énorme importance des irrigations d'hiver et de printemps comparées à
celles de l'été. Cette importance montre le prix que l'on
attache à l'arrosage des céréales.

La recette totale de 668,445 francs se partage entre le
syndicat et les propriétaires d'eau, de la manière suivante :

Pour le syndicat.........	193,500 francs.
Pour les particuliers.....	474,985
Total.............	668,485 francs.

La somme de 193,500 francs forme la partie principale du budget des recettes du syndicat. Ce budget est
toutefois accru par certaines recettes accessoires, et notamment par une rétribution de 2 pour 100 payée par
les propriétaires d'eau sur les dividendes qui leur sont
distribués. En 1861, cette rétribution, calculée sur le chiffre
de 474,985 francs, s'est élevée à 9,500 francs. En tenant
compte de tout, le budget des recettes syndicales a été
pour 1861 de 218,550 francs. Nous verrons plus loin, quand
nous traiterons de l'organisation syndicale de Lorca, quelles
sont les dépenses auxquelles le syndicat est tenu de faire
face.

Quant à la somme de 474,985 francs afférente aux propriétaires d'eau, elle se répartit, comme nous l'avons dit,

suivant les droits de chacun. Cette propriété des eaux est
excessivement morcelée ; non-seulement chaque hila et
chaque cuarto compris dans la période de rotation d'un module a un propriétaire différent, mais la même hila et le
même cuarto ont souvent plusieurs propriétaires qui s'en
partagent le produit par parties égales ; c'est par milliers
qu'il faut compter ces propriétaires lorsqu'on fait le [dé-
compte par hilas et cuartos. Mais, en somme, le nombre
total des individus qui entrent dans le partage des dividendes était de 251 en 1861.

Les plus forts de ces actionnaires sont l'ayuntamiento et
le chapitre de la cathédrale. Le dividende du premier s'est
élevé, en 1861, à 38,183 francs, et celui du second à
27,314 francs. Parmi les particuliers, les dividendes sont
excessivement variables ; il en est un qui s'élève jusqu'à
19,877 francs ; il en est un autre, le plus faible, qui n'est
que de 17 francs.

Pour terminer ce qui est relatif à la répartition des eaux
de Lorca, il nous reste à parler des partiteurs. Ainsi qu'on
l'a vu à Elche, le système de vente admis pour les quartiers
d'Albacete et de Tercia a nécessairement pour conséquence
de faire varier journellement la quantité d'eau qui doit
passer dans chacun des canaux de ces quartiers. Nous allons
donc retrouver ici un système de partiteur mobile.

Nous ne parlons pas du quartier de Sutullena, parce que
là il n'y a jamais à modifier le volume des eaux qui passe
dans les canaux, les ventes portant sur la durée de l'arrosage, et non sur le volume d'eau.

Aussitôt que les enchères sont terminées, les acquéreurs
font connaître aux gardes chargés des partiteurs (fiel de
aguas), le nombre de hilas qu'ils ont achetées sur Tercia ou
Albacete, et la rigole secondaire par laquelle ils désirent
que ces eaux soient dirigées. Le garde en prend note, afin
de disposer, dès le lendemain matin, les partiteurs en conséquence.

Dans le canal principal de Tercia et dans celui d'Albacete, il y a en tête de chacune des rigoles secondaires un partiteur composé comme il suit (voir pl. XII, figures 1, 2 et 3) :

Un radier en maçonnerie, dressé bien de niveau et surmonté de deux culées et d'une pile, présente aux eaux deux pertuis dans l'un desquels s'engagent les eaux de la rigole secondaire, et dans l'autre les eaux non encore réparties qui doivent être divisées plus loin. Les deux pertuis sont fermés par des aiguilles verticales en bois qui s'engagent par le bas dans une rainure pratiquée sur le radier, et par le haut entre deux pièces de bois horizontales scellées sur le couronnement des culées et de la pile et laissant entre elles le vide nécessaire pour que les aiguilles puissent y être introduites. Ces aiguilles sont toutes attachées aux maçonneries par une chaîne de fer légère qui les empêche d'être emportées par les crues. Elles ont généralement 0,90 de hauteur, 0,04 d'épaisseur et 0,07 de largeur. Il est rigoureusement observé que toutes celles d'un même partiteur aient identiquement la même largeur. Elles sont du reste toutes rabotées et dressées avec le plus grand soin, de façon que, lorsqu'on les juxtapose dans les pertuis, il y ait entre elles le moins de filtrations possible.

Pour chacun des pertuis d'un même partiteur, il y a autant d'aiguilles que l'on peut avoir de hilas à faire passer dans ce pertuis, et le garde fait sa répartition en enlevant ou ajoutant le nombre d'aiguilles nécessaire pour que les largeurs des deux orifices soient proportionnelles au nombre de hilas qui doit passer dans chacun d'eux.

Si, pour faire une répartition exacte, il n'y avait à considérer que la section de l'eau, le partiteur mobile à aiguilles de Lorca serait aussi simple qu'ingénieux. Mais il y a un autre élément important de toute répartition, c'est la vitesse, et dans les répartitions que nous venons de décrire il n'en est tenu aucun compte. Il est rare d'abord que les

deux pertuis soient disposés de façon à recevoir de face le
fil de l'eau, ainsi que nous l'avons figuré sur la planche XII.
La plupart du temps, un des pertuis est en travers du canal
principal, l'autre est placé latéralement. Du reste, les deux
pertuis seraient-ils placés perpendiculairement au courant,
que la répartition mathématique des eaux n'en serait pas
mieux réalisée. Les eaux qui arrivent sur les pertuis n'ont
pas la même vitesse dans toutes les parties de leur section ;
les filets du milieu vont plus vite que les filets des bords.
En outre, le diaphragme transversal formé par les aiguilles
occasionne des contractions et des remous dont la valeur
n'est pas la même des deux côtés. Pour tous ces motifs, les
partiteurs de Lorca ne peuvent être considérés que comme
des ouvrages très-primitifs, bien inférieurs à l'ingénieux
système des partiteurs à bec que nous avons vus fonctionner à Elche, et où la division s'opère sur une lame
d'eau tombant d'un déversoir et débitant par conséquent
des volumes rigoureusement proportionnels à la largeur
des orifices.

CHAPITRE XVIII

Considérations générales sur le système de séparation de la propriété des eaux
et de la propriété des terres. — Régime administratif des eaux de Lorca. —
Tribunal des eaux.

————

Jusqu'à l'année 1790, les eaux de Lorca furent administrées par l'ayuntamiento. Les ventes quotidiennes étaient faites par un des regidors de la ville qui portait le titre d'alcade des eaux, et toutes les dépenses nécessitées par le service des irrigations étaient supportées par le budget municipal, moyennant les recettes correspondantes aux hilas cédées à la ville par les propriétaires d'eau à titre d'impôt spécial.

L'étude des moyens à employer pour augmenter le volume des eaux, notamment la construction de grands barrages-réservoirs, fut pendant plusieurs siècles à l'ordre du jour. Mais la question n'aboutit jamais tant que les eaux restèrent entre les mains de l'ayuntamiento, soit que les ressources de la localité ne fussent pas suffisantes, soit plutôt à cause de l'opposition incessante que ces projets rencontrèrent chez tous les propriétaires d'eau, au nombre desquels se trouvent les personnes les plus riches et les plus influentes du pays. L'augmentation du volume des eaux doit avoir en effet pour résultat immédiat l'abaissement du prix moyen de l'unité, et tout projet concourant à ce but doit compter parmi ses adversaires-nés ceux qui ont employé leurs capitaux à acheter les eaux naturelles de la rivière.

C'est ici que ressort bien dans toute son évidence le vice inhérent à cette constitution d'une propriété des eaux distincte de celle de la terre. Il y a certainement à l'appui du système beaucoup de raisons spécieuses que ses défenseurs ne manquent pas de faire valoir. « Pourquoi, disent-ils, la propriété de l'eau serait-elle frappée de plus grandes entraves que celle de la terre? S'il me convient à moi de me contenter des récoltes incertaines de mes terres privées d'eau, et de tirer mon principal revenu de la vente de mes eaux, de quel droit pouvez-vous m'en empêcher? Est-ce au nom de l'intérêt général? Mais pourvu que l'eau soit employée, il importe peu qu'elle le soit sur ma terre ou sur celle de mon voisin. Il y a plus : la vente des eaux est le meilleur moyen d'en prévenir le gaspillage. Quand le paysan reçoit son eau à jour fixe, sans avoir rien à débourser, il lui arrive toujours de donner des arrosages inutiles qui seraient bien plus fructueusement employés sur une autre terre ; cet abus n'est pas à craindre avec la vente des eaux. Ce système satisfait donc à la première, à la principale des exigences légitimes de l'intérêt général, qui est de faire arroser par un volume donné d'eau la plus grande superficie possible. »

Ces raisons, considérées en elles-mêmes, sont séduisantes ; mais ceux qui les mettent en avant ont le grand tort de faire abstraction de l'antagonisme que le système de la vente fait naître entre les propriétaires d'eau et les propriétaires de terre. Une bonne réglementation peut prévenir les abus, le gaspillage des eaux ; rien ne peut prévenir les tristes conséquences d'une organisation qui confie les destinées de la terre à des capitalistes dont l'intérêt est en opposition directe avec le développement des ressources hydrauliques. Ce système est la négation du progrès ; il condamne à l'immobilité le pays qui a le malheur d'y être soumis ; et cette appréciation est surabondamment prouvée par l'exemple de Lorca.

Deux magnifiques réservoirs avaient été construits à la fin du dernier siècle. Le premier fut emporté par les eaux en 1802 ; ce n'est certainement pas la faute des propriétaires d'eau. Mais pourquoi le second, qui subsiste encore, est-il envasé jusqu'à la crête? Pourquoi ne le cure-t-on pas? Pourquoi ne reconstruit-on pas le premier, dont il existe encore tant de parties intactes? Ce n'est pas ainsi que l'on comprend l'utilité des eaux à Alicante, où, tout en admettant ce qu'il peut y avoir de bon dans le système des ventes, on a su conserver le principe de la propriété des eaux connexe à celle de la terre. Ce n'est pas ainsi non plus qu'on comprend cette utilité à Valence, où, malgré l'abondance des eaux du Turia, les usagers sont à la veille de construire un magnifique réservoir destiné à en augmenter encore le volume.

Mais revenons à l'historique du syndicat.

La construction des réservoirs mise à l'étude depuis des siècles n'aboutissant pas, le gouvernement prit l'affaire en main. Un décret de Charles III, en date du 11 février 1785, prescrivit la construction, aux frais du trésor public, de deux réservoirs, celui du val de Infierno et celui de Puentes. Ce devait être, en même temps qu'un bienfait pour le pays, une opération fiscale très-avantageuse pour le trésor. Ces deux ouvrages commencés en 1785, terminés vers la fin de 1791, coûtèrent un peu plus de 2 millions de francs ; mais ils devaient emmagasiner ensemble 54 millions de mètres cubes d'eau, et les calculs auxquels s'étaient livrés les auteurs du projet établissaient clairement que les deniers du trésor public employés à ces constructions seraient placés à un bel intérêt [1].

La construction de ces deux réservoirs eut donc pour conséquence de créer, au profit du trésor public, l'exploitation des eaux emmagasinées, qui devait être faite parallèle-

---

[1] Voir la *Historia de los riegos de Lorca.*

ment à celle des eaux naturelles au profit des particuliers.
Celle-ci avait été faite jusqu'alors par l'ayuntamiento ; mais
comme il ne pouvait y avoir deux autorités distinctes fonc-
tionnant côte à côte pour deux objets qui réclamaient une
administration identique et simultanée, le gouvernement
retira à l'ayuntamiento les pouvoirs dont il avait joui jusque-là, et les donna à un syndicat qui, sous le nom d'entreprise royale (*empresa real*), eut l'administration de toutes
les eaux, et fut chargé des mêmes travaux qu'autrefois
l'ayuntamiento. Ce syndicat offre cela de particulier sur
ceux que nous avons vus fonctionner jusqu'ici, qu'il a à sa
tête un président nommé directement par décret royal, et
qu'il a dans ses attributions, non-seulement les questions
d'arrosage, mais tout ce qui touche aux eaux, tels que endi-
guements, alimentation de la ville en eau potable, etc., etc.;
et pour faire face à ces dépenses diverses, son budget est
constitué au moyen du produit des hilas que l'ayuntamiento
percevait autrefois pour le même objet.

Aujourd'hui que les deux réservoirs ne fonctionnent
plus, le but principal pour lequel le syndicat avait été créé
a cessé d'exister. Mais, comme l'administration n'a jamais
renoncé à utiliser les deux barrages ; que l'opposition locale qui lutte contre cette amélioration finira, sans aucun
doute, par être surmontée, le syndicat n'en a pas moins
continué à agir au lieu et place de l'ayuntamiento, bornant
son action à l'administration des eaux naturelles de la
rivière.

La mission du syndicat étant ainsi bien définie, nous
allons faire connaître son organisation, telle qu'elle résulte
de la dernière révision des règlements faite par décret du
2 février 1859.

Le syndicat est composé d'un directeur nommé par la
reine, et de neuf membres, dont quatre appartiennent à la
classe des propriétaires d'eau et cinq à la classe des propriétaires de terres et usagers.

Les qualités indispensablement requises pour être nommé directeur, sont :

Etre majeur; posséder des connaissances spéciales en administration et en agriculture, et particulièrement en matière d'arrosage ;

Ne pas être né à Lorca ni marié avec une femme de Lorca ;

Ne posséder ni eaux ni terres à l'arrosage dans le territoire.

Les membres du syndicat sont nommés à l'élection par tous les intéressés dans les arrosages, lesquels sont : les propriétaires d'eau, les cultivateurs arrosants qui achètent les eaux aux enchères, les propriétaires des terres comprises dans la zone irrigable.

Sont électeurs et éligibles, à la condition d'être majeurs :

Tous les propriétaires d'eau qui, pendant un espace de cinq ans consécutifs, ont joui d'une rente annuelle d'au moins 1,000 réaux (263 francs) provenant de la vente aux enchères ;

Tous les propriétaires de terres situées dans la zone irrigable qui jouissent, du chef de ces terres, d'une rente annuelle d'au moins 500 réaux (131 fr. 50 c.) ;

Tous les cultivateurs arrosants qui, en raison de leurs cultures, payent une contribution d'au moins 100 réaux (26 fr. 30 c.).

Le syndicat se réunit régulièrement une fois par semaine, sans préjudice des réunions extraordinaires qui sont demandées soit par le directeur, soit par la majorité des syndics.

Le syndicat délibère sur toutes les branches d'administration en vue desquelles il a été institué. Il s'occupe de l'amélioration et de l'entretien des acequias, de la distribution des eaux. Il veille à la défense des droits de la communauté. Il vérifie les comptes administratifs présentés en fin d'année par le directeur. Il a enfin le droit d'inspection et de contrôle sur tous les actes du directeur, et celui de porter plainte au besoin auprès du gouverneur de la province ou du gouvernement central.

Le directeur a pour attributions :

1° De représenter le gouvernement au sein du syndicat ;

2° De présider chaque jour la vente des eaux dans la salle des enchères ;

3° De faire exécuter toutes les délibérations du syndicat ;

4° De représenter en justice la communauté des arrosants et de soutenir leurs droits.

Pour l'exécution de tous les travaux qui ne sont pas compris dans les dépenses ordinaires, et qui doivent donner lieu à une taxe spéciale payée par les intéressés, le directeur doit convoquer ceux-ci et leur soumettre un projet régulier avec estimation des dépenses et rapport à l'appui.

C'est lui qui fait la première instruction des demandes en autorisation d'usine sur les canaux. C'est lui qui, après avoir pris l'avis du syndicat, autorise les prises d'eau exceptionnelles sur les canaux au moment des crues. C'est lui enfin qui a le droit de proposer au gouvernement la nomination du secrétaire du syndicat et des quatre employés de la comptabilité et du secrétariat, et qui nomme directement aux autres emplois.

Telles sont les attributions administratives du directeur ; mais il est de plus constitué en juge privatif des eaux. Disons tout d'abord que cette institution d'un tribunal composé d'un juge unique n'a rien qui doive surprendre en Espagne. C'est l'organisation judiciaire du pays ; les tribunaux de première instance n'ont qu'un seul juge ; dans les cours d'appel seulement il y en a trois.

Le tribunal privatif des eaux de Lorca ne comporte donc qu'un juge unique. Cette juridiction est définie dans les termes suivants par le règlement de 1859 :

« Le directeur sera juge des eaux. Il connaîtra en cette

qualité de tous les différends qui surviendront entre les intéressés au sujet de l'observation des dispositions de l'ordonnance en vigueur, ainsi que des contraventions en matière d'arrosage punies par les articles de ladite ordonnance. Les jugements qui devront viser expressément un de ces articles seront sans appel, sauf lorsque les intéressés croiront qu'il a été fait une fausse application de l'ordonnance, auquel cas ils auront leur recours auprès du gouverneur de la province. »

L'ordonnance en vigueur dont il est ici question est celle de 1831, qui règle avec un soin minutieux tout le mécanisme des irrigations dont l'ensemble a été exposé dans le chapitre précédent. C'est un document volumineux qui n'a pas moins de 80 pages in-8°, et qui prévoit et punit toutes les contraventions avec la même précision et la même rigueur que nous avons déjà vues usitées dans d'autres localités. Les exemples que nous avons donnés précédemment de ces tarifs de pénalité sont assez nombreux pour que nous puissions nous dispenser de faire connaître celui de Lorca. Nous passerons outre.

Il nous reste à faire connaître les deux barrages-réservoirs du val de Infierno et de Puentes. Bien qu'ils soient sans emploi pour le moment, leur étude est d'un haut enseignement, tant au point de vue de l'envasement qu'au point de vue de la construction de ces sortes d'ouvrages.

CHAPITRE XIX

IRRIGATIONS DE LORCA (SUITE).

Barrages-réservoirs du val de Infierno et de Puentes.

Le barrage du val de Infierno (val d'Enfer) est situé dans la gorge du Rio Luchena, affluent du Guadalantin, à 25 kilomètres environ de Lorca (voir la carte générale, pl. I). Nous donnons à la planche XII les dessins complets de cet ouvrage, réduits d'après un plan à grande échelle, dont nous avons pris le calque dans les bureaux du syndicat. Il a une hauteur totale de 35^m,50, comptée depuis l'arête amont du couronnement jusqu'au pied de la maçonnerie aval. D'après le projet, il devait avoir 5 mètres de plus de hauteur ; mais on s'aperçut, en cours d'exécution, qu'à une demi-lieue à l'amont il y avait sur la berge un banc très-perméable qui laissait perdre les eaux en abondance et qui se trouvait à cinq mètres en contre-bas du couronnement actuel. On jugea dès lors inutile de donner une plus grande hauteur à la construction. Tel qu'il est, l'ouvrage, en laissant de côté la tranche supérieure de 4^m,50 de hauteur dont la largeur est notablement diminuée, présente, pour une hauteur de 31 mètres, une largeur de 38^m,80 à la base, et de 29^m,70 à sa partie supérieure. C'est évidemment une exagération d'épaisseur qui ne saurait être prise pour modèle.

En plan, l'ouvrage est tracé suivant un contour polygonal de sept côtés à angles très-obtus, se rapprochant beaucoup d'un arc de cercle convexe au courant.

Il est fondé entièrement sur le rocher, tant au fond que sur les côtés.

La galerie de curage a uniformément 4^m,50 de hauteur sous clef. Sa largeur est de 3^m,75, sauf un rétrécissement près de l'origine, où sur une longueur de 5 mètres, la largeur est réduite à 2^m,75. Ce rétrécissement paraît avoir eu pour objet de donner des points d'épaulement aux étais de la porte servant à fermer l'entrée de la galerie. Le dessin que nous donnons du mode de fermeture ne paraît pas avoir jamais été exécuté ; en réalité la galerie est fermée simplement par des poutrelles s'engageant dans des rainures. Mais l'idée de l'auteur du projet mérite d'être connue ; voici en quoi elle consiste : La galerie devait être fermée par des poutrelles horizontales placées à fleur du parement du barrage, et dont la longueur était juste égale à la largeur de la galerie. Les extrémités de chaque poutrelle étaient soutenues par une équerre en fer horizontale dont les branches étaient boulonnées, d'une part, sur des goujons scellés dans les pieds-droits de la galerie, d'autre part sur la poutrelle elle-même. Enfin sur le milieu de la largeur était placé un poteau vertical contrebuté par quatre étais horizontaux qui s'épaulaient contre les retraites formées par le rétrécissement de la galerie. Au moment des curages, et en admettant que les dépôts eussent pris assez de compacité pour ne pas s'ébouler, on supprimait d'abord les étais et le poteau, puis on déboulonnait successivement chacune des équerres, et les poutrelles horizontales, n'étant plus retenues par rien, devaient s'enlever facilement l'une après l'autre. Ce système présente un perfectionnement sur celui d'Alicante, en ce sens qu'il permet d'enlever la porte sans la dépecer ; mais il n'offre guère plus de garanties que celui-ci au point de vue de la sécurité des ouvriers, lesquels peuvent être surpris par un éboulement subit de la masse ; et il est, dans tous les cas, fort loin du perfectionnement que nous avons rencontré à Elche. Du reste, nous l'avons déjà dit, cette idée n'a pas été mise à exécution, ou du moins elle a été abandonnée. Il nous paraît probable qu'on y aura renoncé en raison de la rouille qui, dans ces parties humides, devait envahir les écrous et empêcher les équerres d'être déboulonnées au moment opportun. Mais néanmoins il y a là une idée dont il serait possible de tirer parti en y apportant quelques modifications, et c'est pour ce motif que nous l'avons fait connaître.

Les prises d'eau sont au nombre de deux, placées à des niveaux différents. Elles sont faites d'après le système déjà décrit. à Alicante et à Elche. Un puits vertical percé de barbacanes, une galerie horizontale fermée à l'aval par une ventelle en bronze que l'on manœuvre d'une chambre pratiquée dans le massif même des maçonneries du côté aval. Les barbacanes étaient trop grandes ; elles avaient $0^m,50$ de hauteur pour $0^m,30$ de largeur ; les corps flottants s'y engageaient avec trop de facilité ; on fut obligé de les protéger par une grille en fer semi-circulaire. Mais leur plus grand défaut consistait dans leur espacement vertical qui n'était pas inférieur à 3 mètres. Lorsque le réservoir était envasé en partie, il arrivait fréquemment que la réserve d'eau avait jusqu'à 3 mètres de hauteur, sans trouver d'orifices pour s'échapper. Aussi fut-on conduit successivement à démolir la paroi du puits sur laquelle étaient percées les barbacanes : ce qui revenait à renoncer complétement à cet ingénieux système de prise d'eau et à adopter le système primitif du barrage-réservoir d'Almansa, où la prise n'est préservée des envasements qu'à la condition de laisser la ventelle ouverte pendant tout le temps des crues.

Toutes ces indications, du reste, se rapportent à un état des lieux déjà ancien. Aujourd'hui le réservoir est envasé jusqu'à la crête. Comme à l'amont, la vallée n'est pas alimentée par des sources pérennes, le barrage est à sec dans son état normal ; mais au moment des pluies, il produit une gigantesque cascade d'un aspect merveilleux ; c'est là tout ce que le pays en retire.

Pourquoi ne cherche-t-on pas à tirer parti de cet ouvrage ? Nous avons déjà fait connaître les motifs qui rendent les personnes influentes de la localité essentiellement hostiles à tout ce qui porte le nom de réservoir. Cette opposition s'appuie en outre sur des motifs techniques qu'il n'est pas inutile de faire connaître.

La rivière est alimentée à l'aval du réservoir par des sources naturelles très-importantes. On craint que les dépôts chassés du réservoir ne finissent par aveugler ces sources, et que pour vouloir trop avoir on ne détruise cette richesse naturelle. Il y a pourtant un moyen bien simple de faire disparaître cette crainte, moyen que le directeur actuel du syndicat espère bien réaliser un jour, c'est d'encaisser l'eau de ces sources dans un canal maçonné.

Mais quels sont donc ces dépôts qui s'entassent au moment des curages à la sortie du réservoir ? N'avons-nous pas vu qu'à Alicante il n'était rien resté du produit des curages pratiqués sur des masses de dépôts de 20 mètres d'épaisseur, et que tout avait été entraîné à la mer ? C'est ici que nous allons trouver un nouvel enseignement sur la manière de pratiquer ces opérations.

En fait, il s'est produit ceci au barrage du val de Infierno : deux ou trois curages pratiqués dans les premiers temps de la construction du réservoir ont eu pour résultat d'entasser des dépôts à l'aval sur une hauteur de 8 mètres, les eaux n'ayant pas eu la force suffisante pour les entraîner.

Mais, d'un autre côté, on est assuré par l'exemple d'Alicante que, lorsque les curages se font avec intelligence, c'est-à-dire en y employant la quantité d'eau nécessaire, on est assuré, disons-nous, que toute la masse des vases peut être entraînée.

D'où résulte la conclusion que pour assurer le succès de l'opération, il faut savoir faire le sacrifice d'une partie notable de l'eau de la réserve, et qu'il peut y avoir des inconvénients sérieux à entreprendre partiellement ces curages avec des eaux insuffisantes.

Passons au barrage-réservoir de Puentes.

Cet ouvrage est situé au point, connu sous le nom de Puentes, où les eaux réunies du Velez, du Turrilla et du Luchena, prennent le nom de Rio Guadalantin (voir la carte, planche I). Il fut exécuté en même temps que celui du val de Infierno, de 1785 à 1791. Il fonctionna pendant onze ans et fut détruit par les eaux le 30 avril 1802. Nous nous étendrons plus loin sur l'épouvantable catastrophe qui signala cette rupture, mais nous devons d'abord faire connaître l'ouvrage.

Les dessins de ce barrage n'existent pas, du moins à Lorca, et les ruines qui en restent ne permettraient pas de les reconstituer. Ceux que nous donnons planche XIII ont été dressés par nous, d'après la description qu'en fait M. Musso y Fontes dans son *Historia de los riegos de Lorca*, description assez minutieuse et qui, par sa contexture et la précision des chiffres qu'elle renferme, paraît avoir été empruntée à quelque devis du barrage. Nous n'avons figuré sur ces dessins que les parties décrites avec une complète clarté, nous abstenant de préciser ce qui est relatif au mode de fermeture de la galerie de curage et au mode de fermeture de la galerie de prise d'eau.

Le barrage-réservoir de Puentes avait 50 mètres de hauteur ($7^m,30$ de plus que celui d'Alicante). Sa largeur était à la base de 46 mètres, et de $10^m,89$ au sommet. Le parement amont était vertical. Le parement aval était dressé suivant un fruit de 2 mètres de hauteur pour un de base sur une hauteur totale de $33^m,34$. Le surplus offrait quatre larges gradins de $3^m,34$ de largeur chacun. Sur le couronnement courait un élégant parapet [1].

---

[1] En construisant l'épure de la courbe des pressions, et faisant des

L'ouvrage était tracé en plan, suivant trois alignements rectilignes, dont le développement total à la hauteur du couronnement était de 282 mètres. Tout l'ouvrage était en maçonnerie, revêtu de magnifiques pierres de taille appareillées avec le plus grand luxe. Il était considéré comme une des splendeurs des règnes de Charles III et de Charles IV. Une statue colossale de ces deux rois devait être placée à chacun des deux angles du parapet supérieur.

La galerie de curage avait $6^m,70$ de largeur et $7^m,53$ de hauteur sous clef. Près de l'origine, elle était partagée en deux parties à l'aide d'une pile intermédiaire, dans le but évident de diminuer la portée des bois qui devaient servir à la fermer.

Les prises d'eau étaient au nombre de deux, composées d'un puits à barbacanes et d'une galerie horizontale. La première, qui est la seule représentée sur les dessins, débouchait à $30^m,50$ en contre-bas du couronnement. La seconde débouchait à la partie inférieure, au niveau même de la galerie de curage.

Chacune des galeries horizontales avait $1^m,66$ de largeur et $1^m,95$ de hauteur. Les deux puits, qui ne différaient entre eux que par leur profondeur, avaient en plan une section rectangulaire, sauf le côté qui faisait voûte contre la pression des eaux et qui était tracé suivant un arc de cercle; les dimensions horizontales de cette section étaient $4^m,20$ et $2^m,50$. Les barbacanes allaient trois par trois;

calculs analogues à ceux indiqués plus haut (p. 138) pour le barrage d'Alicante, on trouve que la résultante des pressions sur le plan de fondation est égale à 3,234,000 kilogrammes, et passe à 21 mètres du parement aval; que la composante verticale de cette résultante est de 2,982,079 kilogrammes, et que la pression par centimètre carré sur l'arête extérieure du parement aval est de $7^k,93$. Cette pression est calculée par la formule $x = 2\dfrac{V}{B}\left(2 - 3\dfrac{b}{B}\right)$.

Dans laquelle $V = 2,982,079$ kilogrammes; $b = 21$ mètres; $B = 44^m,33$.

chacune d'elles avait 0^m,28 de largeur et 0^m,55 de hauteur, et devait par conséquent offrir les mêmes inconvénients que celles du val de Infierno ; mais elles étaient mieux entendues sous le rapport de l'espacement vertical qui séparait chaque rangée ; cet espacement était de 0^m,83 [1].

Tel était ce barrage de Puentes, gigantesque de proportions, sévère et concis de profil, admirable de hardiesse, dont nous avons maintenant à raconter la ruine.

Les deux côtés de la berge sont formés par un rocher excessivement résistant ; mais au milieu du lit, le rocher n'apparaît pas ; il n'y a que du sable et des graviers. On pensa qu'à l'aide d'épuisements il serait toujours possible de mettre à sec le point de jonction des deux rochers latéraux, et le projet fut rédigé dans l'hypothèse d'une fondation complète sur rocher. Mais en cours d'exécution, les moyens d'épuisement dont on disposait ne permirent pas d'assécher la fouille faite dans les graviers. Un sondage de 7^m,50 fit reconnaître qu'à cette profondeur on ne rencontrait pas encore le rocher. On prit alors la funeste résolution de fonder sur pilotis sur toute l'étendue de cette espèce de faille. Des pieux de 6^m,70 de fiche furent battus en quinconce, reliés par des moises, et leurs têtes, qui dépas-

---

[1] Il convient de faire remarquer ici que, par imitation du système de prise d'eau adopté au barrage de Saint-Féréol sur le canal du Midi en France (c'est M. Musso y Fontes qui le dit), on voulut essayer du système des robinets. Quatre robinets de 1^m,60 de longueur et 0^m,14 de diamètre intérieur furent placés dans la partie inférieure de la porte qui servait à fermer la galerie de curage. Cette modification non prévue au projet fut faite en cours d'exécution, et, au dire de M. Musso y Fontes, on en fut satisfait.

Cette assertion nous paraît difficile à concilier avec le texte d'une relation que nous donnerons plus loin, qui affirme qu'à un moment donné il y avait au fond du réservoir plus de 13 mètres d'épaisseur de vase. A moins pourtant que l'on ne s'astreignît à laisser les quatre robinets ouverts, tant que les eaux étaient troubles, ainsi qu'on le fait pour la ventelle de prise d'eau à Almansa.

saient librement le niveau de ces moises, furent noyées dans l'épaisseur de la maçonnerie de fondation, laquelle fut simplement descendue à $2^m,25$ dans les graviers.

Ce pilotage, dont la longueur au-dessous des maçonneries à construire, était de 46 mètres, fut continué à l'aval sur 40 mètres. Dans cette seconde partie, la tête des pieux était encore noyée dans une épaisseur de $2^m,25$ de maçonnerie formant risberme, et supportait un platelage en bois cloué sur les moises. Ce platelage avait pour objet de protéger la risberme contre les érosions des courants provenant, soit des galeries de prise d'eau, soit de la galerie de curage.

Cette fondation n'était pas foncièrement vicieuse, et eût résisté peut-être indéfiniment si le barrage avait eu une moindre hauteur, 20 à 25 mètres par exemple. La preuve en est que ce barrage a fonctionné pendant onze ans, espace de temps où les pluies ne furent jamais assez abondantes pour que les eaux dépassassent la moitié de la hauteur. Mais le 30 avril 1802, les eaux s'élevèrent à 47 mètres, et la fondation céda.

Nous ne pouvons mieux faire ici que de traduire la relation faite par un témoin oculaire, et qui se trouve dans la notice de M. Musso y Fontes.

« Vers les deux heures et demie de l'après-midi du 30 avril 1802, on remarqua que du côté de la partie aval du barrage, vers le platelage en bois qui sert à recevoir le courant quand on ouvre les robinets, l'eau sortait en grande quantité, par bouillons, s'étalant en forme de palmes, et avec une couleur excessivement rouge. On envoya aussitôt prévenir le directeur des travaux, D. Antonio Robles. Vers les trois heures, il se fit une explosion dans le puits qui traversait le barrage de haut en bas, et à l'instant l'eau qui s'échappait vers l'aval, à travers les fondations, augmenta de volume. A peu de temps de là, on entendit une seconde explosion qui fit trembler la terre tout à l'entour, et l'on vit sauter, enveloppés d'une énorme masse d'eau, les pieux, les moises et autres pièces de bois qui composaient le pilotage de la fondation, ainsi que le platelage qui venait à la suite. Immédiatement après, nouvelle explosion ; les deux grandes portes qui fermaient l'entrée de la galerie de curage s'effondrent avec la pile intermédiaire qui les soutenait, et au même instant s'échappe une montagne d'eau en forme d'arc, effrayante à la vue, et dont la couleur était rouge comme le feu, soit à cause des vases dont elle était chargée, soit à cause des reflets du soleil. Le volume d'eau qui s'écoulait était si considérable, que le réservoir fut vidé dans l'espace d'une heure. Les eaux arrivèrent à Lorca avant le messager envoyé au directeur pour lui faire part des premiers événements ; atteint par elles, cet homme fut obligé de se sauver sur la montagne voisine.

« Le barrage présente, depuis sa rupture, la forme d'un pont dont les culées seraient les parties de l'ouvrage fondées sur les montagnes latérales, et dont l'ouverture serait de 17 mètres de largeur pour 33 mètres de hauteur.

« Au moment de l'accident, la hauteur effective de l'eau était de 33^m,40. Le niveau s'élevait contre le mur du réservoir à 46^m,80 au-dessus du fond ; la différence, soit 13^m,40, était occupée par les vases. »

Tel fut cet épouvantable désastre, dont le souvenir vit encore ineffaçable dans la mémoire des habitants de Lorca. D'après un état officiel dressé à cette époque, il y eut 608 personnes noyées, au nombre desquelles il faut compter en première ligne D. Antonio Robles, le directeur des travaux. Il y eut 809 maisons détruites en tout ou en partie. Les pertes, tant en immeubles, bestiaux et récoltes, furent évaluées à près de 22 millions de réaux (5,500,000 francs).

La relation que nous venons de transcrire est aussi claire que possible et ne laisse aucun doute sur la manière dont le barrage a été emporté. Ce n'a été ni un renversement des maçonneries, ni un affouillement dans le sens que l'on donne ordinairement à ce mot; ç'a été une expulsion violente du sous-sol déterminée par la pression des eaux. Des pieux d'une plus grande longueur, reposant sur le terrain solide, auraient été impuissants à prévenir la catastrophe. Ils n'auraient pas empêché le sol environnant d'être enlevé, et se seraient évidemment brisés sous le choc du courant. La critique ne doit donc pas porter sur le peu de profondeur de la fondation, mais bien sur le système même de cette fondation.

Il y a là un exemple d'un grand enseignement, et de nature à inspirer bien des craintes lorsqu'on a à construire un barrage de grande hauteur sur un fond dont la résistance n'est pas indéfinie.

CHAPITRE XX

IRRIGATIONS DE NIJAR.

Barrage-réservoir de Nijar. — Système usité pour la vente des eaux.

———

Le gouvernement espagnol s'occupe en ce moment de construire une très-belle route neuve qui doit relier Alicante et Grenade par Murcie et Lorca. On voit bien déjà figurer sur la plupart des cartes d'Espagne une route passant par ces différents points, mais il ne faudrait pas prendre cette indication trop à la lettre. La bande de terrain décorée aujourd'hui de ce nom n'est guère autre chose qu'un espace quelconque isolé de la propriété riveraine, et livré aux détériorations d'un roulage qui s'y fait péniblement à grand renfort de mulets. Les moyens de transport y sont rares et peu commodes, en raison précisément de l'état de la route. D'Alicante à Murcie, on rencontre encore une mauvaise diligence ; mais de Murcie à Lorca on en est encore au vieux système des galeras, chariots à quatre roues sans ressorts, et à partir de Lorca on n'a plus même la ressource de ce véhicule. Que l'on veuille aller à Grenade ou à Alméria, il est impossible de rencontrer une entreprise de transport. Lorca est en quelque sorte le Finistère de ce coin de l'Espagne. Pour en sortir, il faut aller à Cartagène et prendre la voie de mer. De nombreuses entreprises de bateaux à vapeur font constamment les escales de Barcelone, Valence, Alicante, Malaga, Gibraltar et Cadix, de temps en temps celle de Carthagène, et plus rarement encore celle d'Alméria.

Ce peu de certitude de pouvoir arriver à Alméria, et de

pouvoir en sortir à jour fixe, nous a mis dans l'impossibilité de nous rendre dans cette ville, non loin de laquelle il existe un barrage-réservoir, celui de Nijar.

Ce barrage est l'œuvre d'une compagnie concessionnaire; il a été étudié et exécuté de 1843 à 1850 par M. l'architecte Géronimo Ros, dont nous avons déjà eu occasion de parler à propos des irrigations de Murcie. Grâce à M. Ros, nous avons pu prendre à Carthagène, chez l'un des administrateurs de la compagnie, un calque des dessins d'exécution, et c'est une réduction de ces dessins que nous donnons planche XIV.

L'ouvrage est construit dans un point resserré de la gorge du Carrizal, barranco voisin de la petite ville de Nijar. Il est assis sur un fond de rocher parfaitement résistant, tant dans le lit que sur les montagnes latérales ; sa hauteur est de 30^m,93, comptée depuis l'arête amont de la crête jusqu'au pied de la fondation aval.

La fondation, formée d'un massif de maçonnerie encastré dans le rocher, a une longueur totale de 43^m,89, sur lesquels 12^m,29 forment risberme à l'amont; 20^m,60 correspondent à la largeur du mur proprement dit, et 11 mètres forment risberme à l'aval. Cette dernière partie est disposée par gradins, et a une hauteur de 3^m,40 au-dessus du fond naturel du lit.

Si de la hauteur totale de 30^m,93 on retranche ces 3^m,40 correspondant à la risberme, il reste pour la hauteur réelle du mur proprement dit 27^m,53.

A cette hauteur correspond une largeur de 20^m,60 à la base, et de 9^m,80 au sommet. Le parement amont est uniformément vertical ; le parement aval est également vertical, mais interrompu par diverses retraites. Tout l'ouvrage est en bonne maçonnerie, revêtu de très-belles pierres de taille.

La galerie de curage a seulement 1 mètre de largeur pour 2^m,19 de hauteur. A l'entrée même, cette hauteur est réduite à 1^m,72. Un puits vertical de 1 mètre de diamètre traverse le massif de haut en bas, et vient aboutir derrière la vanne qui sert à fermer la galerie. Ce puits est une variante de la galerie horizontale supérieure du barrage d'Elche. Il peut, au moment des curages, permettre aux ouvriers, d'agir de loin sur la vanne si c'est nécessaire, sans être exposés à être surpris par un éboulement subit de la masse.

Le constructeur de l'ouvrage a fait une innovation dans le mode de fermeture. Il a remplacé les poutrelles par une vanne qui doit être manœuvrée du haut du barrage à l'aide d'une longue tige de transmission.

Nous regrettons que l'expérience ne nous permette pas de nous prononcer sur la valeur de ce système; mais depuis treize ans que les travaux sont terminés, le réservoir ne s'est jamais rempli qu'à moitié, et l'on n'a pas encore éprouvé le besoin d'en opérer le curage. Le système de la vanne n'a donc pas encore été expérimenté; mais ainsi que nous l'avons dit, à propos des barrages d'Alicante et d'Elche, nous nous en méfions beaucoup. Nous craignons fort qu'après un si long espace de temps, la vanne ne soit en quelque sorte cimentée dans ses coulisses par les dépôts agglutinants qui sont en contact avec elle, et qu'elle ne refuse d'obéir au moment voulu. Le cas échéant, on en sera quitte pour la dépecer.

La galerie de curage nous paraît encore offrir une disposition vicieuse. Elle n'a que 1 mètre de largeur pour 1^m,72 de hauteur à l'origine. Ces dimensions sont trop faibles. Nous avons vu que celle d'Almansa fonctionnait très-mal avec 1^m,30 de largeur et 1^m,50 de hauteur; que les chasses ne pouvaient s'y faire avec assez d'énergie, et qu'on n'en obtenait que des curages partiels très-insuffisants. Nous craignons fort qu'il n'en soit de même à Nijar.

La prise d'eau se fait suivant le système déjà connu d'un puits à barbacanes et d'une galerie horizontale fermée à l'aval par une ventelle régulatrice. Il convient de signaler un escalier tournant construit dans le puits dont le diamètre est de $2^m,72$; cet escalier est à certains moments très-commode pour le service. Il convient encore de signaler des rainures pratiquées de haut en bas dans les parois qui limitent le petit couloir vertical dans lequel tombent les eaux des barbacanes. A l'aide de ces rainures, ce couloir, qui n'a que $0^m,30$ de largeur, peut facilement être fermé par des madriers verticaux dont la manœuvre est facilitée par les divers paliers de l'escalier. Et l'on peut ainsi supprimer l'écoulement des barbacanes, dans le cas où il serait nécessaire de faire une réparation à la ventelle. C'est là une disposition fort utile et qui manque complétement aux barrages précédemment étudiés.

Le barrage a un déversoir de superficie dont le seuil est arrasé à $1^m,60$ en contre-bas du couronnement, et qui se compose de deux pertuis de $2^m,20$ de largeur chacun.

La capacité du réservoir a été évaluée à environ 15 millions de mètres cubes, pouvant arroser 13,000 hectares à raison de deux arrosages de 500 à 600 mètres cubes chacun, pendant l'année.

Mais les résultats obtenus sont fort loin de ces prévisions, car, ainsi qu'on l'a vu plus haut, le réservoir ne s'est jamais rempli qu'à moitié de la hauteur du barrage.

Les eaux sont vendues de gré à gré par la compagnie aux cultivateurs. L'unité admise dans ces ventes n'est ni le temps ni le débit; c'est un volume fixe et déterminé. La compagnie a construit à l'aval du barrage deux grands bassins qui se remplissent à tour de rôle, et les eaux se vendent à tant le bassin.

CHAPITRE XXI

Régime administratif des arrosages. — Agriculture de la plaine irrigable. —
Nomenclature des cours d'eau et des canaux. — Détails statistiques.

***

Parti de Carthagène le 20 août 1862, nous arrivâmes le
21 à Malaga, après vingt-huit heures de traversée. Dans
aucune de ces deux villes il n'y a d'irrigations à étudier.
Les arrosages qui s'y font ont tous lieu à l'aide de norias à
manéges. Ils ont un caractère essentiellement privé et ne
comportent ni grands travaux ni administration publique.
Nous partîmes pour Grenade.

Les irrigations de Grenade jouissent d'une grande réputation, qui est loin d'être usurpée. Ce n'est pas là toutefois
qu'il conviendrait d'aller chercher des modèles, ni pour les
travaux ni pour l'organisation administrative. Contrairement à ce qui s'est passé dans les autres centres d'irrigation
de la Péninsule, les choses y sont restées exactement ce
qu'elles étaient en l'an 1492, au moment de la conquête de
Grenade par Isabelle la Catholique et Ferdinand V. Ce serait vainement que l'on tenterait de faire ressortir un principe positif d'administration au milieu de la complication et
de la diversité des règles de toute nature qui caractérisent
ces irrigations.

S'agit-il de la propriété des eaux, on en distingue deux
catégories : les eaux *privées* et les eaux *communes* ou *de zone*.
Les premières appartiennent en propre à des particuliers
qui peuvent les vendre avec ou sans la terre. Les autres
appartiennent à la terre et sont distribuées par tour d'ar-

rosage. Ces deux natures de propriétés se superposent. Les eaux de tel canal sont propriété privée pendant 20 heures de chaque jour, par exemple, et deviennent eaux de zone pendant les quatre heures qui restent. La distribution de celles-ci n'est pas toujours réglée d'après les mêmes principes. Tantôt les tours d'arrosage sont régulièrement fixés, et chaque propriété reçoit les eaux à chaque rotation pendant un nombre déterminé d'heures qui reviennent périodiquement. Tantôt l'ordre des arrosages est établi suivant la nature des cultures. Dans la même zone, on arrose d'abord de l'amont à l'aval tous les champs de fèves, puis tous les champs de blé, puis les autres cultures; et quand la zone entière a été irriguée, on recommence par les champs de fèves.

S'agit-il du nombre d'heures d'arrosage allouées à chaque propriété, on chercherait en vain à se rendre compte des principes qui ont servi à déterminer ces heures.

Telle propriété jouit des eaux d'une fraction déterminée d'un canal d'une manière continue depuis le 1er avril jusqu'au 1er octobre; pendant le reste de l'année elle en jouit pendant trois jours consécutifs, en est privée les trois suivants, puis en jouit encore les trois jours d'après, et ainsi de suite, de trois en trois jours. Telle autre propriété jouit des eaux les lundis des trois premières semaines de chaque mois. Telle autre, la moitié du vendredi de chaque semaine. En un mot, toutes les combinaisons que l'esprit peut imaginer existent, et chaque propriété a ses droits réglés par une de ces combinaisons. L'historique complet des irrigations de Grenade ne peut être fait que sous forme de dictionnaire qui passerait en revue chaque propriété l'une après l'autre.

Ce travail a été fait en l'an 1575 par le licencié Loaïsa, dans les circonstances suivantes :

Lorsqu'en 1492 Isabelle et Ferdinand conquirent Grenade sur les Maures, les capitulations sauvegardèrent les propriétés des vaincus, et ceux-ci restèrent maîtres de leurs terres sous l'autorité des rois catholiques. L'exercice de la religion musulmane fut même toléré dans le principe. Mais au bout de peu d'années, Isabelle et Ferdinand, en même temps qu'ils signaient le décret d'expulsion générale des Juifs, imposèrent aux Maures l'obligation de se faire baptiser ou de passer en Afrique. Un grand nombre, pour ne pas perdre leurs propriétés, abjurèrent l'islamisme ; mais d'autres, notamment ceux qui vivaient dans les Alpuxares (versant méridional de la Sierra Nevada), se soulevèrent. Ce fut le point de départ d'une guerre de partisans qui dura plus d'un demi-siècle. En 1568, les Maures, de plus en plus molestés, obligés d'observer rigoureusement les pratiques de la religion catholique, de se vêtir comme les chrétiens, de parler l'idiome castillan, se soulevèrent en masse, élurent un roi, et, ayant reçu des secours d'Afrique, commencèrent une guerre sanglante et acharnée. Vaincus après deux ans de luttes, ils furent en grande partie expulsés de Grenade et internés dans les villages de la Castille [1].

Les terres qu'ils avaient possédées passèrent en d'autres mains ; mais comme il n'existait aucun règlement écrit, que les usages et traditions avaient été brisés par la conquête, les irrigations tombèrent bientôt dans la plus grande anarchie. Pour y porter remède, le roi Philippe II confia au licencié Loaïsa, conseiller d'État, la mission de faire une enquête, en recueillant les témoignages de tous les anciens du pays. C'est ce travail qui forme encore aujourd'hui le seul et unique code des irrigations de Grenade. Il consiste en un volumineux manuscrit, où tous les canaux, toutes les rigoles secondaires sont successivement passés en revue. La position et les dimensions de chaque prise d'eau y sont

---

[1] Il ne faut pas confondre ces expulsions partielles de Grenade avec l'expulsion générale du royaume qui fut décrétée contre les Maures en 1609, sous Philippe III.

décrites ; puis toutes les propriétés y sont énumérées les unes après les autres, avec l'indication du canal où chacune d'elles doit prendre les eaux, des jours où elle a droit à l'arrosage, etc., etc. Il est difficile de se faire une idée de la confusion de ces détails ; c'est une série de faits à côté d'autres faits, sans liens communs, sans ordre méthodique, sans idées d'ensemble.

Si l'on passe de la distribution des eaux à l'organisation administrative, on est encore frappé du peu de netteté des principes. On ne retrouve plus ici ces règles précises, cette centralisation vigoureuse que nous avons eu à signaler dans la plupart des autres centres irrigants.

Il n'y a pas unité d'administration. Le travail de Loaïsa, qui règle l'importance des prises d'eau de chaque canal, forme seul un lien commun entre les diverses parties du territoire.

Chaque canal principal s'administre lui-même, et les règles d'administration se réduisent aux suivantes :

Toutes les années les propriétaires de la zone desservie par un de ces canaux se réunissent en assemblée générale et nomment un commissaire auquel ils délèguent tous leurs pouvoirs. A part les cas très-rares où il se fait un travail neuf important, on ne dresse jamais un budget par anticipation. Chaque zone a une caisse de réserve dans laquelle le commissaire a la faculté de puiser toute l'année pour faire face à toutes les dépenses courantes, telles que curages normaux ou exceptionnels des canaux principaux, salaires des gardes, rétablissement des barrages en terre et fascines emportés par les crues, etc., etc. Au bout de l'année le commissaire présente ses comptes à l'assemblée générale, qui en vote le remboursement à la caisse de réserve par voie de taxes à percevoir sur les usagers. Ces taxes varient annuellement de 1 à 2 réaux par *marjal* de terre (5 à 10 fr. par hectare).

Tous les canaux et rigoles secondaires sont curés par les riverains, chacun en droit soi.

Chaque commissaire a sous ses ordres un ou deux gardes pour la surveillance de la zone ; mais cette surveillance est organisée d'une manière tout à fait insuffisante. Les gardes n'ont à s'occuper que des objets qui présentent un intérêt général, comme les réparations et curages. Un vol d'eau fait par un particulier à un autre est considéré comme une affaire d'intérêt privé, et on laisse à la partie lésée le soin de poursuivre le contrevenant devant les tribunaux, si cela lui convient.

Il n'y a point de tribunal privatif ; point de ces tarifs spéciaux de pénalité si bien graduée, que nous avons vus en vigueur dans les autres provinces.

Rien du reste n'est écrit ni formulé en règlement. Les choses marchent ainsi par tradition, depuis le temps des Maures, sans que les usagers aient jamais cherché à apporter une modification à leurs usages. Et pourtant, hâtons-nous de le dire, malgré cette imperfection des institutions, malgré cette absence presque complète de police, les irrigations n'en sont pas moins prospères, et le désordre ne règne pas.

La prospérité des irrigations s'explique par l'abondance des eaux. Pendant une notable partie de l'année, on n'a besoin d'observer aucun ordre dans les arrosages. Chacun prend l'eau quand il en a besoin, et il y en a assez pour tout le monde. Quand arrive le mois de mai et que les rivières auraient une tendance à baisser par suite de la diminution des pluies, alors commence la fonte des neiges qui les fait grossir plus que jamais, et les eaux continuent à être très-abondantes jusqu'à la fin de juillet. Ce n'est guère qu'en août et septembre que l'on éprouve la nécessité de faire observer les tours d'arrosage tels qu'ils sont réglés par le travail de Loaïsa. Pour expliquer comment, à ce moment, les irrigations se font avec régularité, sans police, il faut en quelque sorte faire intervenir la considération de la pression des siècles. Il faut se rappeler que, depuis plusieurs centaines d'années, la répartition des eaux, quelque hétéroclite qu'elle soit, est restée constamment la même, que les droits de chaque propriété sont arrivés à prendre dans l'esprit de chacun la même fixité que les bornes mêmes des héritages. Mais si l'on se reporte à l'époque où ces irrigations furent organisées, l'esprit est effrayé à la pensée des désordres, des usurpations, des violences de toute nature qui ont dû signaler cette administration sans principes définis.

Nous aborderons bientôt l'étude des irrigations proprement dites, considérées indépendamment des institutions qui les régissent, et il nous sera alors facile, croyons-nous, de justifier l'assertion émise au commencement de ce chapitre, que la grande réputation dont jouissent les irrigations de Grenade n'est pas usurpée. Mais auparavant, qu'il nous soit permis de faire, dans un intérêt historique, une courte digression.

C'est presque un axiome admis par tout le monde que, en matière d'irrigation, les Espagnols, conquérants des Maures, n'ont fait qu'appliquer les institutions de leurs devanciers, que tout l'honneur de ces créations revient aux Maures, que l'Espagne actuelle n'a fait que recueillir un admirable héritage dont elle profite. Bien que nous n'ayons pas la prétention de nous poser en redresseur des torts de l'histoire, nous ne pouvons nous empêcher de trouver qu'il y a dans cette assertion une de ces grandes erreurs historiques caractérisées par cet hémistiche célèbre : *Sic vos non vobis.*

On se rappelle en effet le travail incessant de réformation qui, depuis la conquête, s'est fait sur tous les points que nous avons étudiés avant Grenade. De siècle en siècle, les règlements ont été revisés, et l'on est arrivé partout, malgré la diversité des principes fondamentaux, à obtenir une administration méthodique, régulière, forte, concentrée. Est-ce aux Maures ou aux Espagnols que revient cet honneur? L'exemple de Grenade ne laisse dans notre esprit aucun doute à ce sujet. Nous trouvons là immobilisées depuis des siècles les institutions pratiquées par les Maures eux-mêmes. Le travail de Loaïsa, écrit peu de temps après la conquête, sous la dictée en quelque sorte des anciens agriculteurs du pays, peut être considéré (qu'on nous pardonne l'anachronisme de la comparaison en faveur de sa justesse) comme la photographie des irrigations pratiquées par les Maures.

Il est donc possible d'établir sur des bases certaines la comparaison entre les institutions des Maures et celles des Espagnols. Du côté des Maures, c'est une absence à peu près complète de principes régulateurs ; point d'unité, point de centralisation, la police existe à peine ; les répartitions sont faites sans idées arrêtées. Il fut un temps où ce dut être l'anarchie. Si cette anarchie a cessé, c'est que le désordre lui-même, lorsqu'il est immobilisé par une main puissante, peut devenir de l'ordre, et cette immobilisation a été faite par les Espagnols, par Loaïsa, délégué de Philippe II. Mais ce n'est pas à ce signe que l'on reconnaît les bonnes institutions.

Les institutions sont bonnes lorsque de prime abord, sans le secours du temps, sans l'appui du pouvoir, elles sont susceptibles d'assurer le fonctionnement régulier et sans secousses d'une administration. Eh bien ! que l'on transporte dans un pays neuf les institutions hydrauliques créées ou perfectionnées par les Espagnols, celles de Valence, d'Alicante, de Murcie, et nous ne faisons nul doute que, du jour au lendemain, les irrigations de ces pays neufs marcheront avec la même régularité que dans les contrées où elles sont consacrées par une pratique séculaire.

Il faut être juste envers tout le monde. Sans aucun doute les Maures ont arrosé avant les Espagnols ; mais c'est in-

contestablement à ceux-ci que revient pour la plus grande
part l'honneur des institutions que l'on admire aujourd'hui.

Revenons aux irrigations de Grenade.

La plaine irrigable de Grenade présente dans son ensemble la forme d'une ellipse allongée, limitée au sud par les
cimes neigeuses de la Sierra Nevada, et au nord par les
collines d'Elvira. Le grand axe de l'ellipse est dirigé de
l'est à l'ouest : la ville en occupe l'extrémité est. La longueur de ce grand axe est d'environ 28 kilomètres ; celle
du petit axe est de 11 kilomètres. La superficie totale est
de 19,000 hectares [1].

Du haut de la plate-forme de l'Alhambra qui domine la
ville, l'œil émerveillé embrasse cet immense tapis de ver-
dure encadré de tous côtés, jusqu'aux limites de l'horizon,
par les âpres contours des montagnes. C'est un des plus
beaux panoramas qu'il soit donné de contempler. Sur la
gauche, on voit serpenter les eaux limpides du Genil, alimenté par les neiges éternelles qui couronnent la Sierra
Nevada ; il rase l'enceinte de la ville et forme le thalweg de
la plaine. Sur la droite, on voit se découper le lit abrupte
et pittoresque du Darro qui, prenant sa source aux mêmes
neiges, traverse Grenade et vient se perdre dans le Genil
en sortant de la ville. Plus loin, c'est le Rio Monachil, le
Rio Dilar et d'autres dont le nom nous échappe, tous affluents du Genil, la grande artère de la vallée, tous concourant pour leur part à la fécondation de la plaine.

Au centre de la plate-forme dans laquelle nous sommes
placé, s'élève une tour portant une cloche historique qui
joue un grand rôle dans les irrigations de Grenade ; c'est
la cloche de *la Vela* (de la veillée) placée là par Isabelle la
Catholique pour régler pendant la nuit les heures d'arrosage. Elle s'entend de toute la plaine. Depuis le crépuscule
jusqu'au lever du soleil, elle bat de dix en dix minutes des

----

[1] 360,000 marjales en mesure du pays. Le marjal vaut 5^m,2825.

sonneries conventionnelles, qui apprennent aux arrosants dans les limites de quelle heure ils se trouvent.

La plaine irrigable de Grenade est connue sous le nom de *Vega*. C'est un mot provincial qui comble une lacune de langage que nous avons eu occasion de signaler à propos de Valence et de plusieurs autres localités. Dans celles-ci on n'a qu'un seul mot, celui de huerta pour désigner toute l'étendue des terres arrosables, que ces terres soient livrées aux cultures qui réclament impérieusement l'usage fréquent des eaux, ou à celles qui n'ont besoin que d'arrosages très-minimes.

A Grenade, le mot de *vega* s'applique à toutes les terres arrosables. Le mot de *huerta* est affecté uniquement aux terres de la vega qui jouissent d'assez d'eau pour pouvoir produire deux récoltes par an. Enfin, il y a un autre nom spécial, celui de *carmen*, pour désigner les petites propriétés d'agrément situées aux environs de la ville, où l'on ne cultive que les fruits de luxe, tels que : oranges, fraises, grenades, noisettes, etc., etc.

C'est la vega, c'est-à-dire l'étendue totale des terres arrosables, dont la superficie atteint le chiffre élevé de 19,000 hectares indiqué ci-dessus.

Les terres de la vega sont cultivées en vignes et oliviers, ou livrées à l'assolement suivant, qui dure six années :

1° Fèves ;
2° Chanvre ;
3° Blé ;
4° Second blé ;
5° Lin ou orge ;
6° Blé.

Mais les terres de huerta donnent toutes par année une seconde récolte. On fait du maïs sur les fèves et le blé, et des salades, haricots, piments sur le chanvre.

L'orge ne s'arrose qu'une fois au mois d'avril.

Le blé s'arrose une fois du 8 au 20 avril, une seconde fois

du 1er au 8 mai, et enfin, vers le mois de juin, dans les années sèches, on lui donne un demi-arrosage. De plus, dans les terres de première qualité, dites terres chaudes, on donne un arrosage en novembre ou décembre, au moment où l'herbe sort de terre.

Les vignes s'arrosent généralement deux fois l'an, et trois fois quand l'abondance des eaux le permet. Le premier arrosage se fait après la vendange, au mois d'octobre. Le second en janvier ou février, au moment de la première façon que l'on donne à la terre, et le dernier en mai ou juin, au moment de la seconde façon.

Dans toute l'étendue de la vega, la terre ne repose jamais. On la fume abondamment avec du fumier d'étable et du guano. La jachère n'existe qu'en dehors du territoire irrigable, dans les terrains connus sous le nom de *secanos*.

Grenade étant le dernier centre important d'irrigation que nous aurons occasion d'étudier, c'est ici le lieu de placer, au sujet de l'agriculture espagnole, une observation qui ne manque pas d'intérêt. On aura peut-être remarqué que dans tout le cours de cette étude, lorsque nous avons eu occasion de faire connaître la nature des cultures irrigables usitées dans les contrées parcourues, nous n'avons jamais parlé des prairies.

C'est que la prairie n'existe pas en Espagne.

Du côté de Valence et de Murcie, chaque cultivateur sème bien un petit carré de luzerne, dans le but de donner de temps en temps un peu d'herbe fraîche à ses bêtes de labour, mais c'est là le seul spécimen de prairie temporaire que l'on rencontre. Quant aux prairies permanentes, il n'y en a nulle part.

Les animaux sont nourris avec d'autres substances que le foin. La base principale de la nourriture des chevaux est la paille et l'orge. Les chevaux de labour mangent aussi la paille mélangée avec du maïs ou des fèves. Les bœufs et vaches mangent des fèves, du maïs, de la graine de lin. On leur donne encore, suivant les saisons, du fourrage vert d'orge et de maïs. Enfin, sur quelques points de la province de Grenade, ces animaux sont nourris avec le même fourrage de maïs coupé vert et séché au soleil, et encore avec les grandes feuilles qui enveloppent l'épi du maïs.

Ces renseignements sommaires nous ont paru pouvoir être de quelque utilité pour un pays qui, comme l'Algérie, n'abonde pas beaucoup en prairies et produit au contraire beaucoup de céréales.

Nous avons donné plus haut le nom de la plupart des rivières ou ruisseaux qui arrosent la vega. Il faut y ajouter une source importante, appelée l'Alfacar, qui naît dans la montagne, et débite environ cinquante litres par seconde. Il faut y ajouter surtout une foule de sources qui apparaissent daus le lit du Genil et sur toute la surface de la plaine qui le borde. Bien que le Genil soit à sec l'été dans sa partie haute, par suite de la dérivation qui le saigne, les eaux n'en apparaissent pas moins dans son lit, à dix ou douze kilomètres à l'aval de Grenade, par voie de filtrations souterraines. C'est là un phénomène qui se produit assez fréquemment dans ces rivières torrentielles à fond perméable. Nous avons eu déjà occasion de le signaler sur le Rio Segura, à propos des irrigations d'Ozihuela ; il est bien connu en Algérie de toutes les personnes qui ont eu occasion d'étudier la plaine de la Métidja.

L'étendue de 19,000 hectares qui forme la vega se décompose de la manière suivante, par rapport aux rivières et ruisseaux qui l'arrosent :

Rio Genil......................	6,900 hectares.
Rio Darro......................	450
Source de l'Alfacar..............	350
Rio Monachil...................	1,450
Rio Dilar......................	1,350
Deux autres petits cours d'eau et sources de la partie basse.......	8,500
Total........	19,000 hectares.

Les eaux du Genil sont dérivées à 7 ou 8 kilomètres à l'amont de la ville par un barrage en terre et fascines. Ce barrage était en maçonnerie, mais il a été emporté en 1860 et n'a pas été rétabli depuis. Les eaux entrent toutes dans un canal appelé acequia real, qui suit la rive droite. Un jaugeage fait le 1er septembre 1862 nous a donné pour débit 2 mètres cubes par seconde. Ce volume est faible pour l'étendue de 6,900 hectares que dessert le Genil, mais il ne faut pas perdre de vue qu'à l'époque du 1er septembre une grande partie des champs, ceux notamment cultivés en céréales, n'ont plus besoin d'arrosage.

L'acequia real abandonne une partie de ses eaux pour alimenter l'acequia d'Arabuleila, placée sur la rive gauche. Les eaux détachées de la première retombent dans le lit du Genil et sont dérivées aussitôt, à l'aide d'un petit barrage en pierres de taille présentant une hauteur de $0^m,90$, une largeur de $3^m,50$ et une longueur de 32 mètres égale à la largeur même de la rivière.

Les eaux qui restent dans l'acequia real continuent à courir sur la rive droite et se bifurquent bientôt en deux nouvelles acequias, l'acequia Gorda, sur la rive droite, et celle de Taramonta, sur la rive gauche. Les eaux de cette dernière franchissent la rivière à l'aide d'un simple barrage en fascines.

Ces trois canaux, Arabuleila, Gorda et Taramonta, desservent tout le territoire arrosé par le Genil. La dotation de chacun d'eux en fraction du volume total de la rivière est fixée d'une manière très-nette par le manuscrit de Loaïsa ; mais l'application matérielle de cette répartition est faite d'une manière tout à fait empirique.

Les prises d'eau des canaux secondaires qui s'embranchent sur ces acequias ne sont pas moins empiriques. Voici d'abord les principes qui sont censés régler ces prises d'eau.

Sur l'acequia Gorda, toutes les prises d'eau doivent dériver le tiers du volume total qui passe au-devant de ces prises.

Sur celle de Taramonta, chaque prise doit dériver la moitié du volume qui passe devant elle.

Dans chacune de ces acequias, les prises d'eau consistent simplement dans un seuil et deux bajoyers maçonnés placés latéralement dans une des berges, et dont les dimensions sont fixées par Loaïsa, conformément à celles qui existaient du temps des Maures. Il n'est pas nécessaire d'insister beaucoup pour faire comprendre l'imperfection de pareils partiteurs.

Enfin, sur l'acequia d'Arabuleila, les prises d'eau consistent dans des trous ronds ou carrés, de diamètre variable, et percés dans des dalles posées verticalement le long de la berge.

On retrouve donc encore, à propos de ces divers partiteurs, toute l'incohérence d'idées que nous avons eu déjà l'occasion de faire remarquer.

Le Rio Darro n'arrose, comme on l'a vu déjà, que 450 hectares. Il est barré en deux endroits. La première prise d'eau est celle qui arrose les jardins du Generalife et de l'Alhambra, approvisionne, dans ce vieux palais des rois maures, des citernes dont nous aurons occasion de parler plus loin, et alimente les vasques de marbre et les jets d'eau de ces merveilles d'architecture mauresque, qu'on appelle la cour des Lions, la cour des Myrtes, la salle des deux Sœurs, la salle des Abencerrages, etc., etc.

A l'aval du premier barrage, il y en a un second qui donne lieu à deux nouvelles acequias, une sur chaque rive.

Les autres cours d'eau énumérés ci-dessus fournissent enfin d'autres canaux en plus ou moins grand nombre, suivant l'importance du volume des eaux.

CHAPITRE XXII

Agriculture de l'Andalousie. — Roues à godets de Palma.
Régime administratif.

Grenade est le seul centre d'irrigation important de l'Andalousie. Sur la foi de quelques renseignements puisés dans l'*Itinéraire descriptif de l'Espagne* de M. Alexandre de Laborde, nous étions parti de Grenade pensant qu'il nous restait à faire une large moisson de documents à Cordoue, Séville, Ecija, etc. ; mais, à peine arrivé à Cordoue, nous fûmes bien vite détrompé.

La vaste plaine du Guadalquivir, qui s'étend de Cordoue à Séville et à Cadix, limitée au nord par la chaîne de la Sierra Morena, au sud par les derniers contre-forts des montagnes d'Antequera (voir pl. I), est inculte sur beaucoup de points, et livrée, sur le reste de sa superficie, à la culture des oliviers et des céréales.

L'agriculture y est très-peu avancée ; la jachère existe partout, et les eaux abondantes du Guadalquivir s'écoulent improductives à la mer.

Les arrorages qui se font aux environs des villes, à Cordoue, Cabra, Séville, Ecija, Carmona, ont tous un caractère essentiellement privé. La noria à manége y règne en souveraine ; mais il n'y a là ni association, ni administration publique, ni travaux importants.

Une seule localité fait exception, Palma del Rio, petite ville de 10,000 âmes, située sur la rive droite du Genil,

près de son confluent dans le Guadalquivir. C'est ce même
Genil que nous avons déjà rencontré à Grenade, entièrement à sec par suite des saignées qui lui sont faites, mais
qui se réalimente dans la partie inférieure de son cours par
les eaux souterraines. A Palma, il ne débite pas moins de
10 à 12 mètres cubes par seconde, et son lit a moyennement 50 mètres de largeur.

Les environs de Palma ont avec certaines parties de la
plaine de la Métidja des analogies frappantes. On y voit de
vastes étendues non cultivées, où croissent spontanément
des prairies sauvages et du palmier nain, puis des champs
de blé qui s'étendent à perte de vue, puis enfin de magnifiques vergers d'orangers et de citronniers, coupés par des
haies de cactus et d'aloès. L'analogie ne s'arrête pas là ;
la fièvre africaine y règne tous les étés, bien qu'il n'y ait
pas de marais dans les environs et que les rivières du Guadalquivir et du Genil aient des pentes très-convenables ; le
sirocco enfin y fait sentir son haleine brûlante.

La huerta de Palma s'étend tantôt à droite, tantôt à gauche
de la rivière, sur une longueur d'environ 8 kilomètres et
une largeur moyenne de 250 mètres, ce qui fait une superficie de 200 hectares. A part quelques coins de terre livrés
à la culture maraîchère, toute la huerta est complantée
d'orangers aussi beaux que ceux de Blidah et qui alimentent un commerce d'exportation très-important.

Les orangeries s'y arrosent une fois par semaine, et les
jardins maraîchers deux fois ; c'est la même rotation qu'à
Blidah.

Le prix courant d'un hectare d'orangerie est de
10,000 francs. Les plus belles se payent jusqu'à
15,000 francs.

Cette huerta est entièrement arrosée par de grandes
roues à godets établies sur le Genil. Il y en a vingt en tout.

Le courant naturel de la rivière ne suffirait pas pour
mettre ces roues en mouvement. On y supplée à l'aide de

barrages, qui créent une chute dont la hauteur est généralement de 1 mètre et qui sont composés de deux lignes de pieux maintenant entre eux un massif d'enrochements, avec risberme d'enrochements à l'aval. Pourtant le barrage qui touche à la ville est en maçonnerie revêtue de pierres de taille ; c'est le seul.

Les eaux, retenues par ces barrages, passent en partie dans un coursier en maçonnerie établi le long d'une des rives. La roue à godets est établie dans le coursier, au milieu du courant rapide qui existe à la suite de la chute. Il y en a quelquefois plus d'une dans le même coursier. Au barrage voisin de la ville notamment on en voit trois à la suite l'une de l'autre.

Ces roues sont construites d'une manière tout à fait rustique, mais elles ne méritent pas moins d'être étudiées. Nous avons relevé le croquis d'une des trois qui sont placées aux environs de Palma, et nous en donnons le dessin planche XV.

Cette roue a 9^m,10 de diamètre. Tous ses bras sont placés dans un seul plan vertical ; ils ont $\frac{0,12}{0,12}$ d'équarrissage. Ils sont reliés entre eux, du côté de la circonférence extérieure, par trois couronnes doubles de $\frac{0,10}{0,03}$, formant moise. A l'intérieur de ces couronnes, deux grands plateaux massifs, de 0^m,04 d'épaisseur et présentant les dimensions du carré inscrit à la plus petite des trois couronnes, servent à relier et à contreventer les extrémités inférieures des bras. Quatre seulement de ces bras pénètrent dans l'arbre de la roue, pièce de chêne de 0^m,40 de diamètre et de 2^m,40 de longueur. Tous les autres bois sont en pin du pays. Toutes les pièces sont assujetties par de simples chevilles.

Chaque bras porte à son extrémité, au delà des couronnes, une palette de 1^m,20 de longueur et de 0^m,40 de largeur.

Les palettes sont percées de quatre trous de 7 à 8 centimètres de diamètre (deux trous de chaque côté du bras qui porte la palette). Des harts continues, en branches flexibles, sont enfilées dans chacun de ces trous, de façon à former de nouvelles couronnes (ce sont ces harts que, pour rendre le dessin plus intelligible, nous avons représentées comme des cordes). Les godets, en poterie, sont attachés sur chaque paire de couronnes de harts ; ils déversent leur eau dans une bâche en bois, comme dans les norias ordinaires.

Les supports et coussinets de la roue sont d'une simplicité curieuse. Ils consistent simplement en deux chapeaux couronnant des pieux et légèrement inclinés vers l'amont. L'arbre de la roue porte sur sa circonférence deux entailles correspondant chacune à l'un des deux chapeaux, et à l'aide desquelles l'arbre s'emboîte sur les chapeaux. Une forte chantignole, fixée sur ceux-ci, empêche l'arbre de rouler vers l'amont, suivant la pente des chapeaux, et l'arbre tourne ainsi, frottant contre les chantignoles et les chapeaux.

D'après un jaugeage fait dans un canal maçonné placé immédiatement à la suite de la bâche, la roue dont nous donnons le dessin fournissait 17 litres par seconde, élevés à une hauteur de $6^{\text{m}},80$.

Cette roue portait 96 godets, qui se vidaient une fois en un tour de roue. Ce tour durait 27 secondes. Le débit par seconde étant de 17 litres, le débit par tour de roue était de $27 \times 17 = 459$ litres, et la capacité utile de chaque godet était dès lors de $\frac{459}{96} = 4^{\text{lit.}},78$.

L'établissement de ces roues, leur mode de construction se perdent dans la nuit des temps, et le nombre de godets que chaque roue doit avoir est réglé par la tradition. Quelques-unes n'ont droit qu'à un seul rang de godets ; elles sont alors mal équilibrées, se déversent sur le côté et durent moins longtemps que les autres. Les roues à deux rangs de godets bien équilibrées, comme celle que nous venons de décrire, durent de dix-huit à vingt ans, moyennant de faibles dépenses d'entretien. Elles coûtent de 1,500 à 1,800 francs de premier établissement. Mais ce n'est là qu'une faible partie des dépenses de cette installation. La principale consiste dans la construction des barrages en enrochements qui, outre la dépense première, exigent un entretien très-onéreux, par suite des nombreuses dégradations que les crues leur font éprouver.

Ajoutons, pour terminer la description de ces ouvrages, qu'une vanne est placée en tête du coursier. On l'abaisse au moment des crues. La roue, abritée derrière cette vanne, se trouve dans une eau relativement calme, et ne souffre généralement pas du passage des crues.

La huerta de Palma del Rio est divisée en zones, à chacune desquelles correspondent une ou plusieurs norias, suivant son étendue. La noria et le barrage sont la propriété collective de la zone.

Chaque propriétaire de la zone jouit des eaux élevées par la noria pendant un nombre d'heures déterminé, et la fixation de ces heures est si ancienne, si universellement reconnue et acceptée par tous, qu'il n'est besoin d'aucune police. Il n'y a ni gardes ni tribunal des eaux.

Toutes les dépenses d'entretien ou de reconstruction du barrage et de la noria sont partagées entre les propriétaires de la zone, proportionnellement au nombre d'heures d'arrosage auxquelles ils ont droit.

En outre des vingt roues de Palma, il en existe une de même nature dans le territoire d'Ecija, situé également sur le Genil; mais c'est la seule. Ainsi que nous l'avons dit plus haut, les irrigations d'Ecija se font généralement avec des norias à manége.

Ici se termine le voyage d'étude que nous avions reçu la mission de faire dans le midi de l'Espagne, en vue des irri-

gations. Mais en dehors de cette question des irrigations, il
nous a paru convenable de fixer notre attention sur quelques particularités d'alimentation urbaine qui, par la simi-
litude des climats, pourraient être d'une heureuse application en Algérie.

En outre, il existe en dehors des contrées que nous avons
parcourues un barrage-réservoir construit pour l'alimentation de Madrid, et dont nous avons pu nous procurer les
dessins, et un autre en ruine sur lequel nous possédons
quelques renseignements. L'étude de ces deux derniers
ouvrages complétera la monographie de tous les barrages-
réservoirs qui existent en Espagne.

Il ne nous restera plus qu'à faire connaître le décret remarquable dont nous avons déjà dit quelques mots dans
l'introduction de ce travail, et qui résume et couronne
d'une façon si complète l'ensemble de toutes les institutions
hydrauliques disséminées sur la surface de la Péninsule.

Ces diverses questions feront l'objet des deux chapitres
suivants.

CHAPITRE XXIII

Valence. Manissès. Cuart. Muchamiel. San Juan. Alicante. Elche. Grenade. Cordoue. Séville. Madrid. — Barrage-réservoir du Lozoya. — Quelques mots sur le barrage en ruine du Guadarrama. — Coup d'œil rétrospectif sur les barrages-réservoirs d'Espagne.

———

Le travail le plus complet d'alimentation urbaine que nous ayons rencontré dans le cours de notre voyage est celui de Valence. Il donne de l'eau à tous les étages des maisons. C'est un ouvrage tout à fait moderne, construit, aux environs de 1850, par un ingénieur civil français, M. Marchessaux, au moyen des fonds légués à la ville pour cet objet par un riche particulier. Il ne répond pas précisément aux nécessités spéciales d'un pays méridional, car les eaux de la conduite arrivent en ville assez chaudes et ne dispensent pas en été d'avoir recours soit aux eaux de puits, soit aux réfrigérants ordinaires. Le système alimentaire de Valence sort donc un peu du cadre d'études que nous avons en vue dans ce chapitre; mais il est cependant trop important pour que nous n'en disions pas quelques mots.

. Un barrage spécial en maçonnerie a été construit sur le Rio Turia, à 700 ou 800 mètres à l'amont du barrage de Moncade, suivant le type même des barrages anciens (voir pl. II). Ce barrage dérive sur la rive droite le volume d'eau affecté à la dotation de la ville, lequel est reçu dans un grand bassin d'épuration de 16 mètres de longueur sur 13 mètres de largeur, enfermé dans un enclos où se trouve aussi une maison de garde.

Du bassin les eaux s'engagent dans une galerie voûtée constamment enterrée sous le sol, qui a 1^m,80 de largeur et 2^m,20 de hauteur sous clef. Sur le radier de la galerie est une cunette de 0^m,70 de largeur et 0^m,50 de profondeur.

Les eaux arrivent ainsi au village de Manissès, où se trouve établi un immense filtre dont nous donnons les dessins planche XVI. Ce filtre se compose de quatre compartiments, ayant chacun 25 mètres de longueur et 18 mètres de largeur. Deux compartiments sont destinés à fonctionner à la fois pendant qu'on nettoie les deux autres. L'épaisseur des couches filtrantes est de 2 mètres.

Après avoir traversé le filtre de Manissès, les eaux reprennent leur cours dans une galerie semblable à celle déjà décrite, et arrivent au village de Mislata, où elles tombent dans un grand réservoir creusé en déblais dans le sol. Ce réservoir, qui est voûté et recouvert d'une plate-forme de remblais, forme la tête de la conduite siphonnante en fonte.

Manissès. Cuart. Muchamiel. San Juan.

Les villages de Manissès, Cuart, et cinq ou six autres de la plaine de Valence, ceux de Muchamiel et de San Juan dans la plaine d'Alicante, sont alimentés par des citernes que l'on remplit à certaines époques de l'année au moyen des eaux des canaux d'irrigation. En général, ces citernes sont surmontées d'un regard qui sert de puits, et l'on y puise l'eau avec des seaux ; mais celle de Manissès est la plus remarquable par la grandeur de ses dimensions et par une disposition toute spéciale qui la transforme en fontaine. Nous en donnons le dessin planche XV. Elle a 30 mètres de longueur, 10 mètres de largeur, et est recouverte, d'après les renseignements qui nous ont été fournis, par une seule voûte en berceau. Le radier est à 12 mètres en contre-bas de la place publique du village. Nous n'avons pu être fixé d'une manière certaine au sujet de la hauteur sous clef.

Juxtaposée à la citerne, une galerie en voûte rampante s'enfonce dans le sol. Il y a dans cette galerie un escalier droit comptant soixante-quatre marches de $2^m,20$ de longueur, $0^m,42$ de largeur et $0^m,20$ de hauteur. Au pied de l'escalier un palier horizontal. Au droit de ce palier, un robinet soudé à l'extrémité d'un tuyau qui traverse le mur de la citerne permet de prendre l'eau dont on a besoin. Un petit trou percé dans le dallage du palier et correspondant à un puits perdu absorbe les éclaboussures des cruches.

Cette citerne est alimentée par les eaux de l'acequia de Cuart, qui passe tout auprès. On la remplit une fois par an, en janvier, où les eaux sont claires. Il s'y fait néanmoins quelques dépôts, que l'on cure chaque année en y descendant par un regard hermétiquement fermé le reste du temps.

Cette citerne, remplie une seule fois en janvier, sert à la boisson de tout le village (600 âmes) pendant les quatre mois d'été. Les eaux y sont d'une fraîcheur et d'une limpidité admirables. C'est presque un objet de luxe, car le village possède un grand nombre de puits dont l'eau est très-potable, très-convenablement fraîche ; mais les eaux de la citerne qui proviennent du Turia ont été fouettées par le courant et passent pour avoir des qualités hygiéniques bien supérieures.

Cet ouvrage date des Maures.

Alicante. Elche.

Alicante a eu autrefois une conduite d'eau pour alimenter ses fontaines publiques au moyen de sources situées du côté du village de Santa Faz, mais cette conduite est obstruée aujourd'hui par le calcin. On va chercher l'eau à une heure de marche de la ville, et on l'apporte par charrettes ou à dos d'âne. On la rafraîchit dans les alcarazas.

Elche a eu aussi autrefois une conduite en fonte qui

amenait en ville les eaux d'une source située aux environs
du barrage-réservoir. Mais il s'y est fait de nombreux sédiments ; les tuyaux sont engorgés, et la ville ne reçoit
plus qu'une quantité d'eau insignifiante. On projette de
faire un canal en maçonnerie recouvert simplement par des
dalles que l'on enlèvera fréquemment pour racler les sédiments. Ce travail est évalué 200,000 francs.

En dehors de cette source, les seules eaux du territoire
d'Elche sont celles du Rio Vinolapo où se trouve le barrage-réservoir ; mais elles ne sont pas potables, et servent
uniquement aux besoins de propreté de la ville. Les eaux
de boisson sont celles de pluie amassées dans des citernes.
Toutes les maisons de la ville sont couvertes en terrasses et
ont de vastes citernes qui donnent une eau très-fraîche.

Grenade.

Grenade reçoit pour son alimentation une partie des eaux
du Darro, 1/6 de celles du Genil et la totalité de la source
de l'Alfacar pendant la nuit de tous les vendredis. Le trop
plein de ces eaux retourne aux irrigations.

Il y a dans toutes les rues un système complet de conduites en poterie avec *souterrazi* qui remontent au temps
des Maures. Plusieurs fontaines publiques sont alimentées
très-abondamment, et la presque totalité des maisons jouit
de concessions d'eau réglées depuis l'époque des Maures.

Le système de ces concessions présente la même incohérence que celui des irrigations. Certaines maisons ont droit
à des filets d'eau continue, et elles ont alors dans leur cour
intérieure (*patio*), entourée d'arcades à colonnes comme les
maisons d'Alger, de délicieux parterres de fleurs, de bana-
niers, d'orangers, etc.; mais la plupart ont droit seulement
à un volume d'eau déterminé pour un certain nombre de
jours.

Ces dernières ont toutes de grandes cuves en terre cuite

(*tinajas*) enfouies dans le sol à 5 ou 6 mètres de profondeur. Il y en a de toutes dimensions ; les grandes ont de 0^m,80 à 1^m,20 de diamètre au fond et 1^m,50 environ de hauteur. On augmente cette capacité en cimentant au-dessus de la première tinaja une ou deux autres sans fond. On se procure ainsi des réservoirs souterrains très-grands et qui ont l'immense avantage, outre qu'ils fournissent l'eau nécessaire au ménage, de donner une boisson très-fraîche.

Le remplissage de ces réservoirs se fait pour chaque maison, périodiquement, le jour où revient la rotation de jouissance de cette maison ; c'est l'affaire des fontainiers de la ville, qui procèdent à cette opération d'une façon tout à fait primitive. Au milieu des rues de Grenade on rencontre à chaque pas des dalles percées d'un trou de 0^m,10 à 0^m,12 de diamètre, simplement bouché par un gros caillou roulé. Ces dalles correspondent aux regards de prise d'eau des maisons. Les fontainiers enlèvent le caillou, et à l'aide d'un tampon de linges placé au bout d'un bâton, ils interceptent l'écoulement de l'eau dans la conduite principale, et la font refluer dans la conduite particulière qui correspond à la tinaja qu'il faut remplir.

Tel est le système d'alimentation des maisons ; mais pour avoir de l'eau encore plus fraîche, plus limpide et réputée plus hygiénique, on a recours aux magnifiques citernes de l'Alhambra, dont nous donnons le dessin, planche XVI, et qui sont alimentées par les eaux du Darro. Cette eau s'apporte à dos d'âne, et coûte en ville 4 *cuartos* (12 centimes) le *cantaro* (12 litres). On l'extrait de la citerne à l'aide d'un seau, par un regard qui sert de puits. C'est cette eau que l'on débite dans toutes ces boutiques d'eaux en plein vent qui donnent un cachet si original aux villes de l'Andalousie.

Cordoue. Séville.

Cordoue est alimentée par des sources qui naissent dans
la montagne voisine et pour l'aménagement desquelles il a
été fait par les Maures des galeries de captage très-importantes. Ces sources sont conduites en ville par des tuyaux
en poterie. Presque toutes les maisons ont une concession
particulière. Le trop plein sert à arroser de petits jardins
qui, lorsqu'on entre dans Cordoue, font penser tout d'abord
que l'on entre dans un riche pays d'irrigation. Mais on sait
déjà que cette apparence est bien trompeuse.

Séville est alimentée de même par des sources qui naissent près de Carmona, et sont amenées en ville par un
aqueduc. Les maisons ont encore presque toutes des concessions qui entretiennent des parterres de fleurs et des jets
d'eau à vasques de marbre placés au milieu des *patios*, ou
cours intérieures à arcades.

Dans toutes ces villes, les alcarazas jouent un grand rôle
pour donner aux eaux la fraîcheur convenable.

Madrid.

Le travail important que nous allons faire connaître a été
exécuté par les ingénieurs du gouvernement espagnol. Il
est terminé seulement depuis quatre ou cinq ans. Il consiste
dans une dérivation du Rio Lozoya, cours d'eau qui prend
sa source dans les montagnes de Ségovie, au nord de
Madrid, traverse la province de Madrid, suivant une direction générale du nord au sud, et se jette dans le Tage au
sud-est de la capitale.

Cette contrée se trouvant en dehors de l'itinéraire que
nous avions à parcourir, et le temps nous ayant d'ailleurs
manqué, nous n'avons pu aller visiter ce canal. Ce que
nous allons en dire est extrait d'un article inséré en 1854

dans une revue technique qui se publie en Espagne (*Revista de obras publicas*).

La dérivation du Lozoya, appelée canal d'Isabelle II, a une longueur totale de 70,040 mètres. Sa portée d'eau est fixée à 30,000 *réaux fontainiers*, soit 1,200 litres par seconde (le réal fontainier vaut 4 centilitres). Sa principale destination est l'alimentation de Madrid en eau potable, et le surplus doit être concédé pour l'irrigation des jardins dans la ville ou aux environs.

La pente normale du canal, partout où des circonstances spéciales n'ont pas obligé à augmenter cette pente, a été fixée à deux dixièmes de millimètre par mètre (0^m,0002). Mais en tenant compte des pentes exceptionnelles commandées par les accidents de terrain, et des charges à ménager pour faire fonctionner les siphons, il a fallu une dénivellation totale de 30^m,64.

Ces siphons sont très-nombreux, car on les a adoptés comme système normal pour la traversée des ravins profonds. Au lieu de faire de grands aqueducs, on a construit partout des ponts bas, ayant simplement le débouché nécessaire pour le passage des crues, et on a établi au-dessus des siphons en fonte. Ces siphons consistent tous en quatre tuyaux de 1 mètre de diamètre, dont les extrémités ont la dénivellation nécessaire pour un débit de 600 litres par seconde. De ces quatre tuyaux, deux seulement doivent fonctionner simultanément. Les autres sont destinés à servir de rechange au moment des réparations ou nettoyages.

Nous avons dit plus haut qu'il avait été nécessaire de donner une dénivellation de 30^m,64 entre le point de départ des eaux et le point d'arrivée, qui est un réservoir où la cote du plan d'eau doit être à 15^m,60 au-dessus du point culminant de Madrid. Mais l'étiage du Lozoya, au lieu où devait être faite la dérivation, n'était qu'à 10^m,86 au-dessus de ce plan d'eau projeté. Il a donc fallu relever le niveau du Lozoya de 19^m,78. Tel est l'objet du barrage-réservoir qui forme la tête du canal d'Isabelle II. Il n'a que très-accessoirement pour objet l'emmagasinement des eaux; son but principal est le relèvement de leur niveau.

Les dessins que nous donnons de cet ouvrage sont extraits de la *Revue des travaux publics*, citée plus haut.

Le barrage de Lozoya est entièrement fondé et enraciné dans le rocher. Il est tracé en ligne droite normalement au thalweg, et a sur le couronnement une longueur totale de 72^m,50. Sa hauteur est de 32 mètres. Son profil transversal présente des dimensions et une composition de matériaux assez peu habituelles. Une largeur à la base de 39 mètres, dont 18^m,66 en pierres de taille ; le reste en maçonnerie de gros blocs. Le massif en pierres de taille va en diminuant successivement de largeur et se réduit à 6^m,70 en couronnement. Tout l'ouvrage est construit en mortier hydraulique, parementé avec beaucoup de soin, et présente un aspect architectural très-satisfaisant.

Il n'est percé d'aucune galerie. Celles-ci sont toutes ouvertes dans les rochers latéraux. Il y a d'abord sur la rive gauche un déversoir de décharge de 8^m,40 de largeur et dont le seuil est arrasé à 3^m,35 en contre-bas du couronnement du barrage. Sur la rive droite il y a deux galeries en tunnel : une placée à 6^m,82 au-dessous du niveau du couronnement forme la prise d'eau du canal ; une seconde, ouverte à 9^m,61 au-dessous du même couronnement, est destinée à servir de galerie de curage. Le reste de la capacité du bassin, sur une hauteur de 22^m,39, est abandonné aux envasements.

Nous ne possédons aucun renseignement sur le mode de fermeture de ces deux galeries, mais il n'y a pas lieu de le regretter, car les charges d'eau qui pèsent sur ces fermetures sont si faibles, qu'il n'a pas dû être nécessaire d'y appliquer des dispositions exceptionnelles.

Tel est le barrage-réservoir du Lozoya. Il forme avec

ceux que nous avons déjà fait connaître la totalité des ouvrages de ce genre existant actuellement. Nous croyons
pouvoir affirmer ce fait, car il résulte de tous les renseignements que nous avons recueillis dans les contrées que
nous avons parcourues, et il est de plus confirmé par l'article même de la *Revue des travaux publics* auquel nous
avons emprunté les détails qui précèdent. Cet article, écrit
spécialement en vue du barrage du Lozoya, donne la nomenclature de tous ceux que l'on rencontre en Espagne,
et il n'en mentionne aucun de plus que ceux que nous avons
fait connaître; il en omet même deux, celui d'Almansa et
celui d'Elche.

Ceci n'est pourtant pas entièrement exact. Il est question
dans cette nomenclature d'un barrage gigantesque tenté
en 1788 sur le Guadarrama, mais qui a été ruiné en cours
d'exécution et n'a pas été repris depuis. Pour ne rien
omettre, nous allons donner sur ce barrage les quelques
renseignements que nous trouvons dans l'article précité.

Ses dimensions projetées étaient les suivantes :

Hauteur. . . . . 93 mètres.
Epaisseur à la base. 72
Epaisseur au couronnement. 4

Il était tracé suivant une ligne droite dont la longueur
mesurée sur le couronnement devait être de 251 mètres.

Le massif consistait en deux murs de parement de $2^m,80$
d'épaisseur uniforme, reliés entre eux par des murs transversaux qui formaient avec les premiers des compartiments. Ces compartiments étaient remplis avec des pierres
sèches noyées dans de la glaise. « Le 14 mai 1799, la construction ayant déjà atteint la hauteur de 57 mètres, il survint des pluies qui firent gonfler la glaise des compartiments. Une partie du mur extérieur fut renversée, et
l'ouvrage n'a pas été repris depuis. »

Il n'est pas nécessaire que nous insistions beaucoup pour

montrer jusqu'à quel point un tel profil était vicieux et irrationnel. Si réellement les murs de parement n'avaient que 2^m,80 d'épaisseur comme le dit la *Revue*, il y a lieu de s'étonner que l'ouvrage ait pu être monté jusqu'à la hauteur de 57 mètres.

Au moment de quitter définitivement ce sujet des barrages-réservoirs, il ne nous paraît pas inutile de jeter un coup d'œil rétrospectif sur ces importants ouvrages. L'Espagne possède actuellement six barrages-réservoirs, qui sont ceux d'Almansa, d'Alicante, d'Elche, du val de Infierno, de Nijar et de Lozoya. Si l'on y ajoute celui de Puentes, qui a été détruit, il est vrai, mais après avoir fonctionné onze ans, on arrive à un total de sept barrages, qui, à des points de vue différents, sont susceptibles de donner des enseignements très-profitables.

Le plus petit de ces barrages, celui d'Almansa, a une hauteur de. . . . . 20^m,69.

Celui d'Elche. . . . . 23^m,20.
Celui de Nijar. . . . . 30^m,93.
Celui de Lozoya . . . . 32^m,00.
Celui du val de Infierno. . . . . 35^m,50.
Celui d'Alicante . . . . 42^m,70.
Celui de Puentes avait. . . . . 50^m,06.

Ils sont tous en maçonnerie.

Les barrages simplement en terre sont inconnus en Espagne.

Les barrages mixtes en terre et maçonnerie le sont tout autant. On n'a fait dans ce genre que l'infructueux essai du Guadarrama.

Tous les barrages existants reposent sur un sol de rocher entièrement incompressible et inaffouillable, et sont enracinés dans des rochers de même nature.

Le seul qui fit exception à cette règle était celui de Puentes. Il reposait sur les graviers du lit. Il a été emporté dans les circonstances suivantes : 13^m,40 de hauteur de vase agglutinée au fond du réservoir ; 33^m,40 de hauteur d'eau au-dessus de la vase. La maçonnerie n'a pas été culbutée, mais le fond a cédé sous la charge. Si l'on se rappelle ce qui a été dit, à propos du barrage d'Alicante, relativement à la compacité de ces vases fines agglutinées ; si l'on observe, de plus, que le fond de gravier sur lequel reposaient ces vases du réservoir de Puentes était incompressible, continu dans le sens de la longueur et présentait dès lors une résitance bien supérieure à celle d'un barrage ordinaire qui a le vide à son aval, on sera porté à conclure que les barrages en terre, quels que soient les soins que l'on apporte à leur exécution, sont tout à fait incapables de résister à des charges d'eau qui avoisinent 30 mètres. La prudence veut que l'on reste notablement au-dessous de cette limite.

Tous ces barrages sont construits dans les gorges de montagnes, et s'envasent avec une grande rapidité. Les moyens employés pour faire les curages consistent dans une grande galerie placée dans l'axe du thalweg que l'on ferme avec des poutrelles. Ces poutrelles sont enlevées au moment des curages, on perce la masse des dépôts avec une grande barre à mine manœuvrée du haut du barrage, et l'on provoque ainsi des chasses violentes qui assurent le nettoyage du réservoir.

Le meilleur type de galerie de curage se rencontre au barrage d'Alicante. Celui d'Elche offre le meilleur type de fermeture.

Les prises d'eau sont faites de façon à braver les dépôts qui s'accumulent au fond du réservoir. Elles consistent en un puits vertical placé près du parement amont du barrage, et percé de nombreuses barbacanes. Le puits est continué vers le bas par une galerie horizontale fermée par une ventelle qui sert à régler le débit. Cette ventelle est placée près du parement aval du barrage, et se manœuvre facilement à l'aide de quelques engrenages établis dans une petite chambrette que l'on ménage dans le massif.

CHAPITRE XXIV

PRINCIPES MODERNES DE L'ADMINISTRATION DES ARROSAGES.

Décret du 27 octobre 1848. — Décret du 29 avril 1860.
Développements sur ces décrets.

Dans la forme d'itinéraire un peu décousue de sa nature
que nous avons été conduit à donner à notre travail pour
en assurer la clarté, il aura été sans doute assez difficile au
lecteur de démêler qu'elle est au juste l'intervention du
gouvernement espagnol dans les questions d'irrigation. Sur
certains points, comme Alicante, on a vu des réformes com-
plètes ; sur d'autres, comme à Valence, des réformes partielles ; sur d'autres enfin, comme à Grenade, rien n'est encore venu modifier le *statu quo* séculaire. On est porté à se
demander quel est le genre d'action que le gouvernement
exerce sur les irrigations, quelle est la nature de son intervention, s'il est à la remorque des populations, ou s'il les
devance dans la voie du progrès.

Le gouvernement espagnol devance les populations,
mais il n'exerce sur elles aucune pression intempestive, et
quand les choses marchent convenablement par la force
invétérée des usages, il ne cherche pas à bouleverser l'ordre établi pour le vain plaisir d'obtenir une unité absolue
de réglementation. Il devance les populations, en ce sens
que tous les principes modernes concernant l'administration
des eaux sont posés dans des décrets généraux d'une manière nette et précise, et du moment que la nécessité d'une
réforme se fait sentir, les administrateurs connaissent la
voie dans laquelle ils ont à s'engager.

Il les devance encore pour tout ce qui a trait à la création des irrigations nouvelles. Au milieu du mouvement industriel qui remue en ce moment l'Espagne jusqu'au plus profond de ses entrailles, il était nécessaire de sauvegarder les droits et les intérêts futurs des populations, tout en faisant une part largement rémunératrice à l'esprit industriel. Les mêmes décrets dont nous parlions tout à l'heure posent avec une sagacité parfaite les bases générales des concessions d'arrosages et les droits respectifs des concessionnaires et des usagers, de sorte que sur toute l'étendue du royaume, les entreprises d'arrosages, quelle qu'en soit la nature, peuvent être organisées sans embarras, sans hésitation. Le cadre est arrêté ; il n'y a plus dans chaque cas particulier qu'à y intercaler les détails.

Nous allons faire connaître deux décrets qui répondent parfaitement aux exigences de la situation. Le premier est spécial aux tribunaux des eaux. On a vu déjà combien cette institution était utile, avec quelle efficacité elle assurait l'application des règlements.

D'un autre côté, la législation moderne d'Espagne prohibe les tribunaux privatifs d'une façon tout aussi absolue que la législation française. La difficulté a été évitée en transformant les tribunaux des eaux en une sorte de conseil de prud'hommes chargé simplement d'apprécier les faits et d'appliquer la peine prévue par les règlements particuliers des associations. Voici le texte de ce décret, qui porte la date du 27 octobre 1848 :

« Vu l'exposé des motifs qui m'a été présenté par mon ministre de grâce et de justice, d'accord avec la commission des codes, je déclare que ni par le code pénal ni par la loi édictée pour l'application dudit code, on ne doit considérer comme supprimés les tribunaux privatifs d'arrosage de Valence, Murcie et autres points où il y en a d'établis et où il pourrait s'en établir. Les attributions de ces tribunaux seront limitées comme par le passé à la police des eaux et à la connaissance des questions de fait qui surgiront entre

les personnes directement intéressées à l'arrosage[1], conformément à l'article 7 du décret royal du 10 juin de l'an dernier. Dans les ordonnances et règlements d'arrosage, qui
seront faits à l'avenir, on se conformera aux dispositions
de l'article 493 du code pénal. Donné au palais, le 27 octobre 1848. La reine. Le ministre de grâce et de justice,
Lorenzo Arrazola. »

Tel est le décret qui règle cette importante question des
tribunaux des eaux. On voit que le gouvernement n'a nullement subi cette institution sous la pression de l'opinion
populaire ; car il ne s'est pas contenté de la maintenir dans
les pays où elle existait depuis des siècles. Convaincu de
son excellence, il se l'est appropriée et en a fait une institution moderne applicable à des localités où elle n'a jamais
existé.

Le second décret que nous voulons faire connaître a un
caractère de généralité beaucoup plus grand. Il porte la
date du 29 avril 1860. En voici la traduction, dans laquelle
nous avons supprimé tous les articles relatifs aux autorisations d'usines et ceux qui règlent l'intervention des ingénieurs de l'État dans l'instruction des affaires hydrauliques.
Ces articles n'ont rien à nous apprendre.

« Sur la proposition du ministre des travaux publics, et
d'accord avec le conseil des ministres, je décrète ce qui
suit :

« ARTICLE PREMIER. Il sera nécessaire de l'autorisation
royale pour organiser toute entreprise d'intérêt public ou
privé ayant pour objet :

« 1° L'aménagement des eaux des fleuves, rivières, petites
rivières, ruisseaux et tous autres cours d'eau naturels,
quelle qu'en soit la dénomination ;

« 2° L'aménagement des eaux de sources, marais, étangs,

---

[1] « Los cuales (juzgados privativos) deberan continuar como hasta
aqui, limitados á la policia de las aguas y al conocimiento de las cuestiones de hecho entre los immediatamente interesados en el riego. »

lacs et lagunes existant sur les terrains de l'État ou des communes et sur ceux qui n'ont pas de maître connu ;

« 3° L'aménagement des eaux souterraines, toutes les fois que pour leur mise au jour il y aura à faire des puits, galeries ou autres travaux de recherche sur les terrains de l'État ou des communes, ou sur ceux qui n'appartiennent à aucun particulier.

« ART. 2. L'autorisation sera toujours censée faite sans préjudice des droits des tiers ni du droit de propriété.

. . . .

« ART. 5. Dans l'aménagement des eaux publiques, on observera l'ordre de préférence suivant :

« 1° Approvisionnement des eaux potables ;

« 2° Approvisionnement des chemins de fer ;

« 3° Arrosages ;

« 4° Canaux de navigation et de flottage ;

« 5° Usines.

« ART. 6. Les concessions d'eaux publiques pour arrosage, faites individuellement ou collectivement aux propriétaires mêmes des terres qui doivent utiliser les eaux, seront faites à perpétuité.

« Les concessions faites à des compagnies ou à des particuliers pour arroser des terres qui ne leur appartiennent pas, moyennant le payement d'une redevance, ne seront faites que pour un nombre déterminé d'années. Ce laps de temps écoulé, la redevance imposée aux terres irrigables pour assurer l'arrosage cessera, et les propriétaires de ces terres n'auront plus d'autre obligation que celle d'entretenir et de réparer les ouvrages.

« ART. 7. Toutes les fois qu'il existera des arrosages inférieurs, il sera procédé, préalablement à la concession, au jaugeage des eaux estivales, et la concession sera seulement faite lorsqu'il sera reconnu qu'il y a excédant d'eau, après qu'il aura été pourvu surabondamment auxdits arrosages inférieurs, en tenant compte de la qualité et de la position des terres.

« ART. 8. Toutefois cette opération préalable ne sera pas nécessaire lorsque la concession aura pour objet des eaux hivernales et torrentielles qui ne seraient pas déjà utilisées par des terrains inférieurs et lorsque la dérivation projetée sera placée à un niveau assez élevé et les dispositions d'exécution combinées de façon à ne pas altérer le volume d'eau dont jouissent les anciens usagers à l'époque des eaux ordinaires.

« ART. 9. Les concessionnaires d'eaux publiques destinées à l'arrosage auront le droit d'user de la servitude forcée d'aqueduc établie par la loi du 24 juin 1849, et, par application de ce droit, ils pourront exécuter sur le terrain d'autrui, moyennant une indemnité préalable, tous les travaux nécessaires pour barrer les eaux au point où doit être faite la dérivation, et les conduire sur les terrains irrigables.

« ART. 10. Toute concession d'eau d'arrosage qui intéressera un territoire devra être suivie de l'établissement d'un syndicat[1] et de la formation d'un règlement pour la bonne gestion de tout ce qui touche à l'usage des eaux, ledit règlement approuvé par mon gouvernement ou par les autorités provinciales, suivant les cas. En thèse générale, on prendra pour base de ces règlements le principe de l'administration des eaux par les intéressés eux-mêmes, sauf le contrôle de l'autorité locale, ou de l'autorité provinciale, ou de l'administration supérieure.

« ART. 11. Pour les irrigations qui existent aujourd'hui dûment autorisées, il sera pris les dispositions nécessaires pour qu'elles soient réglementées, si elles ne le sont déjà, conformément aux prescriptions de l'article précédent.

---

[1] « A toda concession de aguas para el riego que afecte los intereses de una comarca, debera seguir el establecimiento de una junta sindical, etc. »

« Art. 19. Les lits des rivières, ruisseaux et autres cours d'eau naturels dont il est question au paragraphe 1er de l'article 1er appartiennent de droit au domaine public. Il en est de même des eaux qui courent dans ces lits. On entend par lit l'espace de terrain baigné par les eaux dans les crues ordinaires.

. . . .

« Art. 24. Les barrages et prises d'eaux, les canaux de conduite des eaux, les canaux colateurs, tant qu'ils conservent la destination qui leur a été donnée par la concession, sont la propriété des concessionnaires, à perpétuité ou temporairement, suivant que les concessions sont perpétuelles ou temporaires. Leurs niveaux et dimensions ne pourront être modifiés sans le consentement formel du propriétaire, ou sans qu'il ait été procédé envers lui à l'expropriation forcée pour cause d'utilité publique.

« Art. 25. De même les francs-bords des canaux sont la propriété des maîtres de ces canaux, à moins que le contraire ne soit établi par des titres et documents faisant foi. Leur largeur, quand le contraire ne résultera pas des ordonnances ou règlements particuliers, sera toujours réputée égale à la profondeur du canal.

« Art. 26. Toute autorisation d'aménagement d'eaux publiques provenant de lacs, lagunes ou marais, entraîne avec elle la cession au concessionnaire des terrains appartenant à l'État ou aux communes qui seront desséchés ou assainis par les travaux.

« Art. 27. Les eaux souterraines mises au jour par des travaux de recherche, galeries ou puits ouverts, avec due autorisation, sur les terrains de l'État ou des communes, sont la propriété de l'inventeur, qui pourra en disposer à perpétuité, suivant sa convenance.

« Donné au palais d'Aranjuez, le 29 avril 1860.

« LA REINE.
« Le ministre des travaux publics,
« RAFAEL DE BUSTOS Y CASTILLA. »

Ce décret, on en conviendra, est conçu avec une netteté et une vigueur qui laissent peu à désirer.

L'article 19 pose en principe la domanialité des cours d'eau, quelle qu'en soit la nature, et l'article 1ᵉʳ réserve à l'État le droit de concession, d'abord pour les eaux courantes, qui sont toutes domaniales, ensuite pour les eaux stagnantes et les eaux souterraines qui existent sur les terrains de l'État ou des communes.

Rien de plus large que les conditions des concessions. Il faut surtout signaler les articles 6 et 10. En principe, les concessions d'arrosage sont faites aux propriétaires mêmes des terres qui doivent utiliser les eaux. L'intervention d'une compagnie chargée d'exécuter les travaux n'est qu'un accident temporaire qui disparaît au bout de quelques années, après lesquelles les propriétaires terriers sont considérés comme ayant acquis, au moyen des redevances annuelles qu'ils ont payées à la compagnie, la propriété absolue des ouvrages.

Cette propriété des ouvrages, soit que ceux-ci aient été ainsi acquis de la compagnie, soit qu'ils aient été directement exécutés par les usagers, cette propriété est absolue et incommutable, et la concession d'eau correspondante n'est assujettie à aucune réserve, à aucune restriction, elle est perpétuelle (art. 6).

Toute concession d'eau d'arrosage entraîne avec elle l'organisation des arrosants en syndicat (art. 10), et cela même lorsque les eaux sont concédées à une compagnie autorisée à percevoir une redevance temporaire. Par cette disposition éminemment tutélaire, les agriculteurs ne se trouvent plus isolément et individuellement aux prises avec la compagnie des eaux. Il y a en présence deux associations également puissantes, pouvant librement débattre entre elles les conditions de la redevance à payer : d'une part, l'association des propriétaires terriers, nu propriétaire des ouvrages et de la concession d'eau ; d'autre part, la compagnie exécutante, usufruitière de ces ouvrages et de la concession pour le nombre d'années déterminé par l'acte de concession.

Cette disposition est digne, à tous égards, d'être remarquée. Outre qu'elle est tutélaire pour les agriculteurs, elle est avantageuse pour la compagnie, qui, avant même d'entreprendre ses ouvrages, connaît le syndicat avec lequel elle aura affaire, et le chiffre certain des redevances sur lesquelles elle peut compter. Elle se trouve aujourd'hui posée en principe général par le décret du 29 avril 1860 ; mais on doit se rappeler que, dès le siècle dernier, il a été fait une application qui se rapproche beaucoup de ce principe, à propos de la concession faite au duc de Hijar d'une partie des eaux du Rio Jucar (voir chapitre VI).

Quant aux bases générales adoptées par le décret pour la constitution en syndicat des propriétaires terriers, elles sont aussi larges que possible. L'article 10 porte : « On prendra pour base de ces règlements le principe de l'administration des eaux par les intéressés eux-mêmes. » Ces termes généraux, élucidés par ce que nous savons déjà sur la manière dont se fait cette administration dans les anciens centres irrigants, comportent l'élection des syndics par l'universalité des usagers réunis en assemblée générale, le vote de l'impôt par ces délégués du suffrage universel, l'administration pratique des arrosages, soit par ces délégués, soit par des agents qui fonctionnent sous leurs ordres et qui sont armés de pouvoirs répressifs assez étendus, la constitution de tout ou partie de ces délégués en tribunal des eaux, agissant dans les limites déterminées par le décret du 27 octobre 1848, enfin la fixation d'un tarif de pénalités, délibéré par ces mêmes délégués et rendu exécutoire par le chef de l'État.

Il convient de signaler encore dans le décret de 1860 l'article 25 qui règle la question des francs-bords, si peu définie en France et en Algérie ; l'article 26, qui attribue avec une extrême largesse la propriété des terrains de l'État ou des communes desséchés ou assainis à ceux qui aménagent, en vue des irrigations, les eaux qui envahissaient ces terrains ; enfin l'article 27, qui donne sans restriction à l'inventeur des eaux souterraines existant dans les terrains de l'État ou des communes la propriété perpétuelle de ces eaux.

Ce décret, remarquable à tant de titres, comporte une lacune : il n'a pas abordé la réglementation des eaux souterraines, au point de vue de la protection à accorder aux inventeurs. Les eaux qui alimentent, soit les galeries souterraines, soit les puits artésiens, peuvent être, on le sait, facilement coupées en tout ou en partie par des travaux de même nature exécutés à l'amont. Le développement de cette industrie a donc besoin, pour prendre de l'essor, d'une protection sérieuse. Mais on sait de quelles énormes difficultés, tant techniques que légales, cette question est entourée. Ces difficultés sont telles, que la question n'aura sans doute pas paru susceptible d'une réglementation générale, et c'est ce qui explique le silence du décret à cet égard.

FIN.

APPENDICE.

RÈGLEMENT

POUR LA BONNE ADMINISTRATION ET LA JUSTE DISTRIBUTION
DES EAUX DE L'ACEQUIA DE TORMOS,
APPROUVÉ PAR ORDONNANCE ROYALE DU 10 JUIN 1843.

ART. 1er. L'assemblée générale (*junta general*) se réunira tous les trois ans, ou plus souvent si la gravité de quelque affaire l'exige, le 28 octobre, sous la présidence du chef supérieur politique de la province (gouverneur civil) ou du fonctionnaire chargé du service des eaux, dans le local et aux heures qui seront indiqués par lui. Les propriétaires hors de la ville seront convoqués par le crieur public, dans les territoires de Benicalaf, Marchalenes, etc. Ceux qui habitent Valence seront également convoqués par le crieur public, et, en outre, par des insertions dans les journaux de la ville. — *Réunion de l'assemblée générale.*

ART. 2. Auront droit de vote dans l'assemblée générale les propriétaires qui possèdent au moins deux hanegadas (16 ares 62) de terres arrosables par l'acequia de Tormos, ou qui seront maîtres de un ou plusieurs moulins. La légitimité des personnes ayant droit de vote sera attestée par le percepteur des taxes, qui devra affirmer sous serment qu'elles réunissent les conditions requises, et qui devra présenter le registre matricule à l'effet de permettre de décider sur les doutes et réclamations qui pourront surgir. — *Des personnes qui ont droit de voter à l'assemblée générale.*

- ART. 3. L'assemblée générale nommera un syndic à la majorité absolue des suffrages. Les conditions exigées sont d'être laboureur, d'une probité et d'une honorabilité sans tache; savoir lire et écrire, cultiver au moins une cahizada (49 ares 86) — *De la nomination du syndic.*

de terre arrosée par l'acequia et appartenant en propre au candidat, n'être pas débiteur de la communauté, n'être pas propriétaire ni fermier de moulin.

Durée de l'emploi du syndic. Art. 4. L'emploi de syndic durera trois ans. Le syndic pourra être réélu à l'expiration de son mandat, si l'assemblée générale l'estime convenable, à condition qu'il ait présenté et fait approuver les comptes de sa syndicature.

Mode de nomination du syndic en cas de vacance avant l'expiration des trois ans. Art. 5. Si pour décès, démission ou tout autre motif l'emploi de syndic devient vacant pendant l'année et demie qui forme la première moitié de la syndicature, il en sera nommé un autre en assemblée générale. Si la vacance survient après cette année et demie, le comité d'administration (*junta particular*) en nommera un autre pour le temps qui reste à courir pour compléter les trois années. Le nouveau syndic devra satisfaire aux conditions spécifiées à l'article 3.

Nomination du comité d'administration. Art. 6. Pour assurer le bon régime, la direction et l'administration de l'acequia, il y aura un comité d'administration appelé particulier ou des élus (*junta particular o' de electos*) composé de huit membres, savoir :

Deux, dont un laboureur (*labrador*) et un rentier (*hacendado*), propriétaires chacun d'au moins quatre hanegadas (33 ares 32) pour représenter les arrosants de Cuarte, Paterna, Benimamet, Campanar et Beniferri ;

Deux autres, dont un laboureur et un rentier, comme représentants des arrosants de Carpesa et Tabernès ;

Deux autres, dont un laboureur et un rentier, en représentation des arrosants de Burjasol et Borboto ;

Deux autres enfin, dont un laboureur et un rentier, en représentation des arrosants de Benicalaf et Marchalenès.

Il est entendu que nul ne pourra être nommé s'il ne réside dans le territoire même qu'il est appelé à représenter en qualité de laboureur.

Les nominations de chacun des élus se feront en assemblées particulières des territoires, dans lesquelles auront droit de voter tous ceux qui, d'après le présent règlement, peuvent exercer ce droit à l'assemblée générale.

Art. 7. L'assemblée générale nommera parmi les quatre élus rentiers le président du comité d'administration. C'est dans la maison du président qu'auront lieu les réunions du comité, que seront conservées les archives, et que sera placée la caisse qui renferme les fonds de l'acequia.

Nomination du président du comité d'administration.

Art. 8. Les fonctions d'élus dureront trois ans. Ils seront rééligibles aussi souvent que les assemblées particulières des territoires le jugeront convenable.

Durée de l'emploi d'élu.

Art. 9. L'assemblée générale nommera, à la majorité absolue des suffrages, un sous-syndic, qui remplira les fonctions de syndic, en cas d'absence ou de maladie. Il devra être laboureur et réunir les conditions spécifiées à l'article 3. Si l'élection aux fonctions de syndic tombe sur une personne dont les intérêts soient situés dans la moitié supérieure de la zone irrigable, le sous-syndic devra être pris parmi les personnes qui ont leurs intérêts dans la partie inférieure de ladite zone.

Nomination du sous-syndic.

Art. 10. Le comité d'administration se composera du syndic et des huit élus nommés conformément aux articles 3 et 6. Il se réunira une fois par mois, et plus souvent si les circonstances l'exigent.

Comité d'administration.

Art. 11. Le comité d'administration est chargé :

De décider la convocation de l'assemblée générale toutes les fois qu'il y aura à traiter quelque affaire d'importance, en outre de la session ordinaire prescrite par l'article 1er ;

Pouvoirs du comité d'administration.

De nommer le syndic dans le cas de vacance prévu à l'article 5 ;

De prescrire les travaux à faire à l'acequia, en commissionnant pour leur exécution le syndic, ou bien l'élu ou les élus qu'il jugera convenable ;

De nommer un avocat et un notaire pour les procès et affaires qui exigent l'intervention de ces agents ;

De statuer sur les plaintes qui seraient portées contre le syndic, le sous-syndic et les autres employés ;

De répartir et percevoir les taxes ordinaires et extraordinaires votées par l'assemblée générale, soit en affermant la perception, soit en nommant un ou plusieurs collecteurs chargés d'effectuer cette perception dans les délais et suivant les règles fixés par ledit comité d'administration ;

De nommer un garde, et aux époques de sécheresse un ou deux gardes auxiliaires, en ayant soin que les uns et les autres soient des gens honorables, ne cultivant point de terres et ne s'adonnant à aucune autre occupation que la surveillance de l'acequia ;

De destituer sur des motifs fondés tant le garde que les auxiliaires ;

De nommer quatre inspecteurs d'arrosage (*veedores regantes*), réunissant les conditions convenables de zèle, de bonne conduite et de connaissances pratiques ; un pour chacun des districts entre lesquels se trouve partagée la zone de l'acequia pour la nomination des élus.

Le comité d'administration jouira enfin de tous les pouvoirs nécessaires et indispensables pour la bonne administration et la conservation de l'acequia.

Obligations du syndic laboureur. — ART. 12. Pendant le mois qui suivra son élection, le syndic laboureur devra déposer son cautionnement, et pour que cette obligation ne lui soit pas onéreuse, les droits d'acte seront payés sur les fonds de la communauté.

Le syndic est tenu de convoquer le comité d'administration avant la réunion mensuelle, quand l'urgence d'une affaire l'exige. Il est tenu de solliciter de l'autorité compétente (gouverneur civil, art. 1er) la réunion de l'assemblée générale, lorsque le comité d'administration a décidé cette réunion.

Il devra se rendre tous les jeudis au lieu où siége le tribunal des eaux et aux heures convenues avec les autres syndics, à l'effet de statuer sur les plaintes portées par les arrosants, et de résoudre toutes les affaires particulières qui sont du ressort du tribunal. S'il ne peut assister lui-même à la séance, il devra en aviser le sous-syndic pour que celui-ci s'y rende.

Il devra assister personnellement aux partages d'eau qui se font par la voie du sort entre les sept acequias aux époques de disette d'eau, et veiller sous sa propre responsabilité à ce que la dotation de l'acequia n'éprouve pas la plus légère atteinte.

Il devra également, quand ce sera son tour, aller prendre l'eau aux villages de Benaguacil, Pedralba, Villamarchante et Ribarroja, de même qu'au barrage de Moncade, et distribuer équitablement l'eau qui revient à chaque acequia, en se conformant aux usages et coutumes qui règlent la matière.

Dans le cas où les eaux de la rivière ou quelque autre événement imprévu feraient éprouver des dommages à l'acequia, il prendra par lui-même, dans le but de prévenir de plus grands dommages, les premières mesures préservatrices, mais à charge d'informer immédiatement le comité d'administration des événements survenus et des mesures prises.

Le syndic devra veiller à ce que l'acequia soit toujours bien curée ; il fera enlever tous les obstacles occasionnés par des branches d'arbres ou autres qui pourraient ralentir le cours des eaux.

Lorsqu'il y aura lieu de laisser passer par le pertuis du barrage des bois de flottage, il fera visiter le barrage, le pertuis et la maison des vannes par des experts nommés, l'un par le syndic, l'autre par la partie qui aura sollicité le passage des bois, afin qu'en cas de dégradations celle-ci paye les dommages ; à cet effet il sera passé écriture en la forme ordinaire.

Enfin, le syndic rendra compte chaque année au comité d'administration des fonds qu'il aura gérés ; et de plus, huit jours avant l'expiration des trois ans de la syndicature, il présentera les comptes collectifs des trois années, lesquels seront examinés par le comité. S'il existe un déficit, le syndic devra le couvrir immédiatement.

Art. 13. Les élus feront en sorte de remplir fidèlement et exactement les obligations de leur honorable mandat, et s'acquitteront de toutes les missions qui leur seront confiées par le comité.

Obligations
des élus.

Obligations
du
sous-syndic.

ART. 14. En outre des devoirs et obligations de syndic dont il sera tenu quand il en remplira les fonctions, le sous-syndic devra prendre par lui-même les mesures d'urgence dans la partie du territoire qu'il habite. S'il survenait quelque avarie exigeant un prompt remède, il en rendra compte au syndic dans le plus bref délai possible.

Obligations
du notaire.

ART. 15. Le notaire devra assister aux assemblées générales, légaliser les délibérations et faire fonction de secrétaire dans le comité d'administration, toutes les fois qu'il n'y aura pas un élu chargé de ces fonctions. Il tiendra le registre matricule au courant des mutations survenues, soit entre les propriétaires du sol, soit entre les propriétaires des moulins. Il fera les lettres de convocation pour la réunion du comité d'administration.

Obligations
des
inspecteurs
d'arrosage.

ART. 16. Les inspecteurs d'arrosage (*veedores*) seront tenus de reconnaître l'acequia principale et ses bras, toutes les fois qu'on en effectuera le curage, et de remédier immédiatement aux imperfections du curage aux frais de ceux qui ne l'auront pas effectué, condamnant ceux-ci à une peine double de ce qu'aura coûté le travail. Ils devront également effectuer les reconnaissances et les visites prescrites par le syndic et le comité, tant pour fixer l'ordre de priorité des besoins éprouvés par les récoltes au moment de la sécheresse que pour tous autres réclamations ou litiges qui pourront être soumis à leur appréciation.

Obligations
du garde.

ART. 17. Le garde devra ouvrir et fermer les décharges de l'acequia suivant les ordres qu'il recevra du syndic ; et lorsqu'une crue menacera, il devra le faire sans attendre les ordres.

En temps d'abondance des eaux, il reconnaîtra une fois par semaine toute l'acequia et ses bras principaux, et fera part au syndic des dégradations qu'il aura remarquées. En temps de disette il fera cette reconnaissance aussi souvent que le syndic le lui ordonnera, et devra porter le croc[1] avec lui (*llevar el gancho*).

---

[1] Cela veut dire que le garde est obligé de porter avec lui l'outil nécessaire pour dégager le cours des eaux en cas d'obstruction.

En outre, le garde doit veiller à ce que chacun arrose conformément aux dispositions du présent règlement et aux ordres donnés par le syndic ; et s'il est reconnu qu'il a laissé prendre à un usinier ou à un arrosant plus d'eau qu'il ne lui en revient, il sera destitué.

Le barrage, les vannes, la maison des vannes et les pertuis de décharge sont confiés au garde. Il devra tenir ces derniers parfaitement fermés de la manière la plus convenable ; et s'il ne remplit pas bien cette partie de son service, il sera destitué.

Il devra convoquer les membres du comité, et exécuter ponctuellement tout ce qui lui sera ordonné par le syndic et le comité.

La veille du jour des séances du tribunal des eaux, il rendra compte au syndic des contraventions qui doivent être jugées ; sous aucun prétexte il ne pourra transiger avec les contrevenants, usiniers ou arrosants, ni leur remettre tout ou partie des amendes encourues, sous peine de destitution.

Enfin il veillera à ce que les prises d'eau de l'acequia soient conservées en bon état ; et si, après y avoir constaté quelques dégradations, il n'en rendait pas compte au syndic dans les vingt-quatre heures, il serait également destitué.

Art. 18. Afin d'assurer la juste et égale distribution des eaux, les arrosants de chaque bras, rigole, etc., nommeront à l'élection, après avoir préalablement fait connaître le jour et rendu compte du fait au syndic, les surveillants des tours d'arrosage (*atandadores*), en tel nombre que le syndic jugera nécessaire, et si, pour quelque motif que ce soit, l'élection n'aboutit pas, ces agents seront nommés par le syndic. *Surveillants des tours d'arrosage.*

Art. 19. Pour faire face aux dépenses de l'acequia, tous ceux qui se servent de ses eaux seront tenus de payer 7 réaux per cahizada (3 fr. 70 c. par hectare), sous le nom de taxe ordinaire, et, en outre, toute autre somme votée par l'assemblée générale, quand la taxe ordinaire ne sera pas suffisante. Celui qui ne payera pas sera privé de l'usage et du bénéfice *Du payement de la taxe ou acequiage.*

des eaux, et, s'il les prend quand elles lui auront été retirées, il encourra une amende de 150 réaux (39 fr. 45 c.).

De la garde des fonds. — ART. 20. Les fonds de l'acequia seront déposés dans un coffre-fort à trois clefs, dont l'une sera entre les mains du syndic, l'autre entre les mains du président du comité, la troisième entre les mains du notaire ou du secrétaire du comité chargé de tenir la comptabilité des entrées et sorties. Le coffre-fort sera placé dans la maison du président du comité.

Obligations du collecteur. — ART. 21. Le collecteur de la taxe présentera tous les trois ans au comité d'administration, dans les premiers jours d'octobre, la copie complète du livre des recouvrements, avec la mention des nouveaux propriétaires de terres ou de moulins. Il lui sera alloué 1 réal (0f,263) pour chaque mutation inscrite, et il subira une amende de 45 réaux (11 fr. 83 c.) pour chaque mutation omise.

ART. 22. (Détails locaux sur l'époque des curages.)

Mode de distribuer les eaux aux époques de sécheresse. — ART. 23. Le syndic et le comité devront, sous leur plus stricte responsabilité des préjudices que pourraient éprouver les arrosants, conduire les eaux sur les points où la situation des récoltes l'exige, après avoir pris l'avis des inspecteurs d'arrosage. Ils ont le droit de faire fermer toutes les prises d'eau nécessaires à cet effet.

ART. 24, 25, 26. (Détails purement locaux.)

ART. 27. Attendu que les disettes d'eau qui se font souvent remarquer en été conseillent comme une mesure de haute convenance d'établir à ces moments le régime général du *tandeo*, sans avoir égard aux droits ou priviléges, il est spécifié que, pendant les époques de tandeo, personne ne pourra réclamer ses droits ou priviléges, le comité d'administration restant chargé de faire entre tous les arrosants l'égale et équitable distribution des eaux de l'acequia sous sa plus étroite responsabilité et sous peine d'une amende de 200 réaux (52 fr. 60 c.), de manière que, le premier champ de l'acequia étant arrosé, il soit passé au second, et ainsi de suite jusqu'à ce que les derniers champs des bras secondaires aient été arrosés.

Art. 28. (Fixe les jours d'arrosage d'un quartier du territoire, et se termine ainsi :) ..... Ce qui précède s'entend des époques ordinaires, mais aux époques de tandeo les arrosants doivent obéir aux ordres que le syndic leur donnera par l'intermédiaire des surveillants des tours d'arrosage (atandadores).

. **Art. 29, 30, 31, 32, 33, 34, 35.** (Détails purement locaux.)

Art. 36. Quiconque prend l'eau d'arrosage sur une rigole commune à d'autres champs est tenu de fermer toutes les prises d'eau, moins celle qui touche à son bourrelet de prise d'eau ; il ne pourra défaire ce bourrelet. Celui qui lui succède dans l'ordre de l'arrosage a l'obligation de fermer la prise d'eau et de défaire le bourrelet dont il vient d'être question, sous peine de 45 réaux (11 fr. 80 c.) d'amende et de la réparation des dommages qu'il pourra occasionner. La même peine sera appliquée à quiconque inondera un champ ou causera des préjudices pour ne pas avoir fermé les prises d'eau, ou pour tout autre motif. *[Obligations des arrosants.]*

Art. 37. Tout irrigant qui aura terminé son arrosage devra, si un autre n'a pas besoin du barrage fait par lui (dans un bras principal, pour assurer l'alimentation de la rigole), défaire immédiatement ce barrage et fermer l'entrée de la rigole, sous peine de 90 réaux d'amende (23 fr. 60 c.), afin que les eaux ne se perdent pas et qu'elles puissent aller alimenter d'autres rigoles. *[L'usager qui a terminé son arrosage et qui n'a plus besoin du barrage, doit le défaire.]*

Art. 38. Nul irrigant ni usinier ne pourra faire passer l'eau de l'acequia de Tormos d'un bras à l'autre, sous peine de 45 réaux (11 fr. 80 c.) d'amende. L'amende sera de 300 réaux (78 fr. 90 c.) si l'eau de Tormos était conduite dans une des autres acequias de la plaine. *[Peine de celui qui détourne les eaux.]*

Art. 39. En temps de tandeo, nul ne pourra arroser s'il n'a fait des bourrelets (*caballones*) sur son champ. En aucun temps, il ne pourra arroser sans s'assujettir aux tours d'arrosage (*sin estar atandado*). *[Obligations des usagers en temps de tandeo.]*

Art. 40. Toutes les fois que l'on verra courir de l'eau volée, *[Peine de ceux]* qui volent
l'eau.

si l'auteur du vol n'est pas connu, le premier arrosant ou usi‑
nier qui se sera servi de cette eau en sera présumé l'auteur et
payera 300 réaux d'amende (78 fr. 90 c.), à moins que ledit
arrosant ou usinier ne fasse connaître le véritable auteur du
vol.

Peine de ceux
qui ouvrent
ou brisent
des vannes de
prise d'eau.

ART. 41. Quiconque brisera ou ouvrira des vannes de prise
d'eau (*portillos*) sur l'acequia mère ou un de ses bras sera
puni d'une amende de 150 réaux (39 fr. 45 c.) Il en sera de
même de celui qui enlèvera, brisera ou détruira les seuils des
partiteurs, les déversoirs des moulins ; le délinquant payera
en outre les frais de réparation et les dommages occasionnés ;
et comme l'expérience a appris que souvent ces délits sont
commis sans qu'on puisse en connaître les auteurs, si le fait
se renouvelle, la responsabilité tombera sur celui qui se sera
servi de l'eau détournée par ces moyens violents, alors même
qu'il ne serait pas usager de l'acequia de Tormos, ou bien
sur ceux contre lesquels il existera des présomptions.

Peine de celui
qui coupe le
franc-bord.

ART. 42. Celui qui coupera le franc-bord pour rejeter dans
le canal l'eau de son champ sera puni de 90 réaux d'amende
(23 fr. 60 c.) et de la réparation des dommages.

Obligations
des riverains.

ART. 43. Les riverains sont obligés d'enlever tous les ob‑
stacles qui s'opposent au libre cours des eaux, et s'ils ne le font
pas, après y avoir été invités par le garde, le syndic devra
faire exécuter le travail à leurs frais et les condamner à
15 réaux d'amende (3 fr. 95 c.).

On ne peut
jeter
des herbes
dans
l'acequia.

ART. 44. Nul ne peut jeter des herbes d'aucune espèce dans
l'acequia ni dans ses bras, ni les déposer sur le franc-bord,
encore moins des pierres, décombres ou autres matières pou‑
vant embarrasser le cours des eaux, sous peine de 45 réaux
d'amende (11 fr. 80 c.).

On ne peut
faire
des barrages
en terre
et branchages
dans les bras
de l'acequia.

ART. 45. Quiconque fera des barrages en terre, en
branchages ou pierres sera puni de 45 réaux d'amende
(11 fr. 80 c.).

Les troupeaux

ART. 46. Aucune espèce de quadrupèdes ne pourra paître

ni passer sur les francs-bords de l'acequia mère ou des bras principaux, sous peine de 150 réaux d'amende (39 fr. 45 c.).

et autres animaux ne peuvent passer sur les francs-bords.

Art. 47. Pour prévenir les fraudes et vols d'eau qui ont eu lieu jusqu'à ce jour, toutes les prises d'eau seront fermées avec des verrous à clef; ces clefs seront entre les mains des surveillants des tours d'arrosage (atandadores) respectifs de chaque prise ; et pour les prises d'eau qui fonctionnent tous les jours de l'année, il ne sera fait usage de ces verrous et clefs que dans le cas d'urgence extrême où il serait nécessaire de retirer l'eau aux prises dont il s'agit pour la porter sur des récoltes qui en auraient besoin.

Toutes les prises d'eau de l'acequia doivent être fermées.

Art. 48. Toutes les fois que l'on aura brisé une serrure de prise d'eau, le contrevenant encourra la peine de son rétablissement et 150 réaux d'amende (39 fr. 45 c.). Si l'on ne peut découvrir l'auteur, la serrure sera rétablie aux frais du premier qui se sera servi de l'eau; et si personne ne s'en est servi, tous les arrosants de la rigole correspondante à la prise d'eau brisée seront tenus de la rétablir à leurs frais dans le délai de trois jours, faute de quoi ils pourront être privés d'eau jusqu'au rétablissement des lieux dans leur état primitif.

Peine de ceux qui brisent les serrures de prise d'eau.

Art. 49. Toutes les fois qu'un usager aura besoin d'eau pour remplir ou renouveler une mare à rouir le chanvre, ou pour former une aire, on lui accordera une tuile d'eau [1] de préférence à l'arrosage de toute récolte comprise dans son district.

On doit accorder une tuile d'eau pour les mares et les aires.

Art. 50. Afin de ne pas empêcher le cours des eaux, il est interdit aux usiniers de tenir fermés à la fois leurs canaux d'amenée et leurs déversoirs, de façon à faire remou. Ils pourront n'employer que l'eau qui leur est nécessaire, mais sans préjudicier aux arrosants. A cet effet, il sera posé un repère à chaque moulin, et celui qui contreviendra aux dispositions du présent article encourra la peine de 375 réaux d'amende (98 fr. 60 c.).

Obligations des usiniers.

---

[1] Voir, au sujet de cette mesure, la note de la page 24.

De ceux qui
ont le droit
de dénoncer
les contra-
ventions.

Art. 51. En outre des employés de l'acequia, tous les usagers auront le droit de dénoncer une infraction quelconque aux prescriptions du présent règlement.

Répartition
des amendes
infligées par
le présent
règlement.

Art. 52. Les amendes infligées à ceux qui auront contrevenu aux dispositions du présent règlement seront partagées en trois parties égales : une pour le trésor royal, une pour le syndic ou l'employé qui l'aura infligée, et la troisième pour le dénonciateur. A défaut de dénonciateur, ce dernier tiers sera versé à la caisse de la communauté.

Salaires.

Art. 53. Le syndic recevra, en rémunération de ses travaux, un salaire annuel de 225 réaux (59 francs), et ses terres seront dégrevées du payement des taxes. Il recevra, en outre, 15 réaux (3 fr. 95 c.) pour chaque jour qu'il aura employé au service de l'acequia, et lorsqu'il remontera la rivière pour faire ce qu'on appelle vulgairement *démolir les prises d'eau* (derribar castillos [1]), il percevra pour chaque course la somme de 20 réaux (5 fr. 25 c.), et le garde 30 réaux (7 fr. 85 c.).

Le sous-syndic n'aura pas de salaire, à moins qu'il ne remplisse les fonctions de syndic, auquel cas il jouira des mêmes avantages que le syndic.

Les élus n'auront pas non plus de salaire ; mais ils recevront une gratification de 15 réaux (3 fr. 95 c.) pour chaque jour où ils auront été employés au service de l'acequia. Ils recevront, en outre, 6 réaux de présence (1 fr. 55 c.) pour chaque séance du comité d'administration.

Les inspecteurs d'arrosage (*veedores*) auront 10 réaux par jour (2 fr. 60 c.), quand ils auront été employés en commissions ou reconnaissances intéressant la communauté.

Le garde aura un salaire de 1,500 réaux par an (394 fr. 50 c.), en outre des 6 réaux (1 fr. 55 c.) qui lui seront alloués pour

---

1 Il s'agit ici de l'obligation imposée au syndic par l'article 12, § 5, d'aller prendre l'eau en temps de sécheresse aux villages de la montagne, Benaguacil, Pedralba, etc. Le mot de *castillo* s'emploie souvent pour désigner les constructions dans lesquelles sont enfermés les vannes et leurs mécanismes. *Castillo* signifie d'ailleurs château fort Il y a là un jeu de mots.

chaque convocation du comité d'administration, et des 6 réaux qui lui seront alloués toutes les fois qu'il ira avec le syndic faire la répartition des eaux en temps de tandeo.

L'avocat recevra 150 réaux (39 fr. 45 c.) par an, et, en outre, le payement de ses honoraires.

Enfin le notaire recevra également 150 réaux par an, et de plus la rémunération de son travail.

RÈGLEMENT

POUR L'ADMINISTRATION ET LA DIRECTION DE L'ACEQUIA ROYALE
DU JUCAR, ET L'USAGE DE SES EAUX
APPROUVÉ PAR ORDONNANCE ROYALE DU 13 AVRIL 1845.

EXTRAIT.

. . . .

CHAPITRE XIV

DISPOSITIONS PÉNALES.

ART. 121. Toute contravention ou délit contre le régime et l'usage des eaux établis par le présent règlement, qui entraînera des dommages pour les prises d'eau, les vannes, le lit et les francs-bords de l'acequia, sera châtié ou par l'acequiero mayor, ou par le comité d'administration, ou par le chef politique de la province, ou par les tribunaux ordinaires, conformément aux dispositions suivantes, sans préjudice des attributions que les lois confèrent au chef politique de la province et aux tribunaux ordinaires.

ART. 122. Toute contravention ou délit de l'espèce indiquée à l'article précédent sera puni de l'amende, de la prison, ou des deux peines à la fois, suivant les circonstances et la gravité du cas, sans préjudice de l'indemnité due à la partie lésée, laquelle indemnité sera payée de préférence à l'amende.

ART. 123. Tous les individus condamnés pour un même

délit sont solidairement tenus de l'amende, de la prison et de la réparation des dommages occasionnés.

Art. 124. Si des individus condamnés à l'amende sont insolvables, ils feront un nombre de jours de prison équivalent au nombre de jours de travail que représente le montant de l'amende et des dommages; ces jours de travail seront évalués à raison de 5 à 8 réaux (1 fr. 30 c. à 2 fr. 10 c.).

Art. 125. La première récidive sera punie d'une peine double.

Art. 126. Aux délits commis entre le coucher et le lever du soleil il sera appliqué le maximum de la peine.

Art. 127. Les amendes qui n'excèdent pas et ne peuvent excéder 100 réaux (26 fr. 30 c.) seront exigées par l'acequiero mayor; celles qui, d'après ce règlement, sont supérieures à 100 réaux et inférieures à 500 (131 fr. 50 c.), seront infligées par l'acequiero mayor, mais cet agent ne pourra les exiger sans la sanction du comité d'administration, le droit de réclamation auprès du chef politique étant réservé. Au-dessus de 500 réaux, l'amende ne pourra être exigée sans l'approbation du chef politique.

Les délits et contraventions commis par attroupement (*tumultuariamente*) seront déférés au tribunal de première instance du lieu du délit.

Art. 128. En outre des surveillants et gardes de l'acequia, les gardes champêtres et les membres des ayuntamientos des villages respectifs sont tenus de dénoncer les dommages causés.

Art. 129. Si les contrevenants sont surpris en flagrant délit, il suffira de la dénonciation pour leur imposer l'amende qu'ils auront encourue.

Art. 130. Toutes les dénonciations se feront dans les trois jours du délit devant l'acequiero mayor. Si la perception de l'amende est de sa compétence, il en exigera immédiatement le payement, en faisant intervenir l'alcade de la commune du délinquant; dans les autres cas il rendra compte, soit au comité d'administration, soit au chef politique, suivant l'occurrence.

ART. 131. L'acequiero mayor tiendra un registre exact et suffisamment clair de toutes les dénonciations qu'il recevra, et un autre également clair et exact des amendes qu'il aura exigées et perçues; il versera mensuellement ces amendes contre des récépissés entre les mains du caissier de l'acequia.

ART. 132. Celui qui coupera ou arrachera, sans la permission de l'acequiero mayor, des roseaux, broussailles ou toute autre production naturelle sur le cavalier de l'acequia (*cajero*, digue en remblais, cavalier), encourra une amende de 10 à 30 réaux (2 fr. 60 c. à 7 fr. 90 c.).

ART. 133. Celui qui, sans la même permission, enlèvera de la terre au cavalier de façon à l'affaiblir tant soit peu, alors même qu'il ne lui causerait pas un dommage notable, encourra une amende de 100 à 150 réaux (26 fr. 30 c. à 39 fr. 45 c.) et sera tenu de rétablir le cavalier dans son état primitif.

ART. 134. Si le dommage causé au cavalier était tel, qu'il y eût danger de voir l'eau passer par-dessus et le rompre, le coupable sera livré au tribunal de première instance.

ART. 135. Celui qui fera paître sur le cavalier de l'acequia un troupeau de moutons ou de chèvres payera une amende d'un demi-réal (0 fr. 13 c.) par tête ; l'amende sera de 4 réaux par tête (1 fr. 05 c.) pour les ânes ; de 8 réaux (2 fr. 10 c.) pour les grands animaux, de 10 réaux (2 fr. 60 c.) par tête pour les troupeaux de cochons.

ART. 136. On ne pourra faire passer sur le cavalier de l'acequia aucune espèce de véhicule sans la permission de l'acequiero mayor, et ce sous peine de 40 à 100 réaux d'amende (10 fr. 50 c. à 26 fr. 30 c.).

ART. 137. Celui qui jetterait dans l'acequia des roseaux, broussailles, branches et troncs d'arbres, gerbes de riz, paille, blé ou tout autre objet pouvant obstruer le libre cours des eaux, ou occasionner de plus grandes dépenses dans les curages, subira une amende de 30 à 80 réaux (7 fr. 90 c. à 21 fr.).

Art. 138. Si lesdits objets ont été jetés dans l'acequia dans le but de faire des bâtardeaux qui, relevant le niveau, auraient pour effet de faire entrer dans une ou plusieurs prises une quantité d'eau plus grande que celle fixée par l'acequiero mayor, l'amende sera de 200 à 1,000 réaux (52 fr. 60 c. à 263 francs).

Art. 139. Celui qui, par une prise d'eau découverte, prendrait une quantité d'eau plus grande que celle assignée par l'acequiero mayor, subira une amende de 200 à 1,000 réaux (52 fr. 60 c. à 263 francs).

Art. 140. Si l'usurpation d'eau est faite dans une prise d'eau enclose, et qu'elle soit accompagnée du bris de porte, serrure ou toute autre partie de la guérite (*casita*) qui renferme la vanne, l'amende sera de 600 à 1,000 réaux (157 fr. 80 c. à 263 francs), et le coupable sera livré à la justice.

Art. 141. Celui qui se servirait de clefs pour ouvrir la porte d'une guérite et prendrait plus d'eau que celle fixée par l'acequiero mayor, sera passible de la même peine.

Art. 142. Celui qui, dans une prise d'eau enclose, soulèverait (du dehors) la vanne avec un levier ou tout autre instrument, y ferait des trous et en amoindrirait les dimensions en la sciant ou la coupant, subira une amende de 600 à 1,000 réaux.

Art. 143. Celui qui, dans une prise d'eau enclose, gênerait la sortie des eaux, en empêchant leur cours par des branches ou troncs d'arbres, sarments, gerbes de paille, ou de blé, ou toute autre chose pouvant servir à cet effet, subira une amende de 300 à 1,000 réaux (78 fr. 90 c. à 263 francs).

Art. 144. Celui qui, à l'aide de machines quelconques, puisera de l'eau dans l'acequia, sans avoir rempli les formalités prescrites par le règlement, sera passible d'une amende de 100 à 500 réaux (26 fr. 30 c. à 131 fr. 50 c.); sa machine sera brisée et mise dans l'impossibilité de servir.

Art. 145. Si un des agents chargés de la surveillance et de la garde de l'acequia prêtait son concours ou se rendait complice dans la perpétration d'un des délits ou contraventions prévus par le présent chapitre, il subira le maximum de la peine et sera renvoyé à tout jamais du service de l'acequia, sans préjudice d'être livré à la justice.

Art. 146. Si, dans les contraventions et délits relatifs aux usurpations d'eau, le coupable n'est pas découvert, l'ayuntamiento du lieu du délit payera les frais pour la première fois. A la première récidive survenue dans l'année, l'ayuntamiento payera les frais et une amende de 600 à 1,000 réaux (157 fr. 80 c à 263 francs). A la seconde récidive, il payera encore les frais et l'amende, et sera tenu de mettre un garde à ses frais jusqu'à l'enlèvement des récoltes pendantes.

TABLE DES MATIÈRES.

FIN DE LA TABLE DES MATIÈRES.

Paris. — Typographie HENNUYER ET FILS, rue du Boulevard, 7.

Nouvelles Annales

D'AGRICULTURE

PUBLICATION ÉCONOMIQUE

DE DESSINS ET DOCUMENTS AGRICOLES

PAR C. A. OPPERMANN,

Ancien Ingénieur des Ponts et Chaussées, Directeur des *Nouvelles Annales de la Construction*,
du *Portefeuille économique des Machines*, et de *l'Album de l'Art Industriel*.

REVUE DES FERMES IMPÉRIALES

TRAVAUX DE LA COMPAGNIE DES CONSTRUCTIONS RURALES ÉCONOMIQUES

DE LA COMPAGNIE GÉNÉRALE DU DRAINAGE

ET DE LA SOCIÉTÉ D'ACCLIMATATION.

30 à 40 Planches grand format avec 12 livraisons de Texte.

Prix de l'abonnement : — 15 fr. par an pour Paris.

17 fr. pour les Départements et l'Algérie.

Les *Nouvelles Annales d'Agriculture* entrent aujourd'hui dans leur *sixième année* de publication. Le bienveillant accueil qui leur a été fait depuis leur origine a prouvé qu'elles répondaient, dans leur forme essentiellement pratique, à un besoin réel. Une consécration, en quelque sorte officielle, leur a été donnée d'ailleurs, par la bienveillance du Ministère de l'Agriculture, qui en a mis une collection complète à la disposition de chacun de MM. les Inspecteurs généraux de l'Agriculture.

En outre, le privilége exclusif de la publication des *travaux des Domaines Impériaux*, leur a été accordé par l'obligeance de l'Administration des Domaines de la Couronne.

Tout, d'ailleurs, présage aujourd'hui qu'une ère nouvelle s'ouvre pour l'agriculture en France.

L'initiative prise dans ces dernières années par l'État, les encouragements puissants qu'il a donnés aux Concours agricoles, aux Comices, aux Expositions universelles et régionales, la création de Fermes Impériales dans les pays les moins favorisés, la nouvelle loi sur le Drainage, la protection accordée aux institutions de Crédit qui ont pour objet de venir en aide aux propriétaires fonciers, tout démontre la haute importance qu'il attache au progrès agricole dans un pays qui a tant à faire encore pour le réaliser complétement.

Le travail privé, de son côté, est entré résolûment dans la voie des améliorations pratiques.

De toutes parts on a vu surgir les inventions utiles, les perfectionnements relatifs à la préparation du sol, à la production économique des animaux et des végétaux. Le Drainage, les Irrigations, les Engrais liquides, les Engrais artificiels, ont doublé et quadruplé les récoltes des propriétaires qui les ont employés dans des conditions favorables, et leurs soins ont rendu fertiles les terres les plus ingrates.

La pratique même du travail agricole s'est modifiée et perfectionnée dans un grand nombre de localités. Des assolements raisonnés ont remplacé les anciennes routines des campagnes; des constructions rurales économiques se sont élevées sur les ruines des chaumes et des masures d'autrefois; on a appris à ensemencer, à moissonner, à battre le blé à la machine, et la vapeur, enfin, secondée par d'ingénieux manéges, est venue apporter son énergique concours aux premiers développements de l'*Agriculture industrielle*.

En présence de ce mouvement heureux qui se manifeste en faveur de l'Agriculture, on ne saurait donner trop de développement aux publications spéciales, qui rendent compte de tous les faits nouveaux et utiles, et mettent les agriculteurs à même de profiter, dans la mesure de leurs ressources, de tous les bons résultats constatés par l'expérience, de tous les faits utiles démontrés par de nombreuses applications.

Les *Nouvelles Annales d'Agriculture* se distinguent principalement des autres publications du même genre qui ont paru jusqu'à ce jour, par ce fait que leur cadre comprend, indépendamment de nombreux documents particuliers, de *grandes planches* ou *dessins d'exécution* permettant de représenter exactement à l'échelle, et mieux que par des gravures intercalées dans les textes, les objets relatifs à l'*Agriculture générale*, au *Drainage*, aux *Irrigations*, aux *Constructions rurales*, au *Matériel agricole perfectionné*.

Puissent-elles contribuer ainsi à étendre l'action des bons exemples, et à inspirer aux plus indifférents l'amour de cet art, le premier de tous, dont le développement renferme en germe celui de toutes les autres branches de l'activité humaine !

En espérant, Monsieur, que vous voudrez bien honorer de votre souscription un recueil qui mettra ses soins les plus constants à la mériter,

Je vous prie d'agréer l'assurance de ma considération très-distinguée,

E. LACROIX, *Éditeur*,
15, Quai Malaquais, à Paris.

NOUVELLES ANNALES D'AGRICULTURE

Dirigées par **C. A. OPPERMANN**, *Ancien Ingénieur des Ponts et Chaussées.*

COMPOSITION DES LIVRAISONS MENSUELLES.

Il paraît **CHAQUE MOIS**, depuis le 1ᵉʳ Janvier 1859, une livraison de **QUATRE à SIX PLANCHES** contenant chacune de nombreuses cotes et leur légende explicative, plus **QUATRE à HUIT PAGES DE TEXTE** sur deux colonnes, avec figures intercalées.

Au besoin, deux pages de texte pourront être remplacées par une planche.

Les planches que leur importance obligera de tirer sur le double format seront comptées pour deux planches.

TEXTE. — PROJETS ET PROPOSITIONS. — CHRONIQUE AGRICOLE. Nouvelles diverses, Avis, Expériences et Applications nouvelles faites en France, en Allemagne, en Angleterre, aux Etats-Unis, etc. — AGRICULTURE GÉNÉRALE. Engrais naturels et artificiels. — CONSTRUCTIONS RURALES ÉCONOMIQUES. — DRAINAGE ET IRRIGATIONS. Dessèchements et Colmatages. — MATÉRIEL AGRICOLE PERFECTIONNÉ. — CULTURES DIVERSES. Sylviculture, Viticulture, Horticulture, Sériciculture. — ANIMAUX DOMESTIQUES. — HYGIÈNE AGRICOLE. — REVUE DES FERMES IMPÉRIALES. — REVUE DES EXPOSITIONS AGRICOLES. — REVUE DES COMICES ET CONCOURS. — TRAVAUX AGRICOLES DU MOIS COURANT. — INDICATEUR DES HALLES ET MARCHÉS. Prix courants des bestiaux, des grains, des denrées alimentaires. — MÉTÉOROLOGIE AGRICOLE. — LOIS ET RÉGLEMENTS.

EXTRAIT. — QUATRIÈME ANNÉE. — 1862.

CINQUIEME ANNÉE. — 1863.

EN PRÉPARATION.

Agriculture générale.

Pratique des assolements dans les différents pays.
Analyse des terres.
Analyse et dosage des engrais.
Pratique des amendements.
Création des prairies artificielles.
Fabrication des engrais artificiels.
Le Guano, son histoire, ses différents gisements, son prix de revient dans les différentes villes de l'Europe, ses propriétés, son mode d'emploi.
Les engrais liquides, leurs propriétés, leur fabrication, leur emploi.
Engrais JAUFFRET.
Table des équivalents des engrais.
L'agriculture allemande, son organisation, ses principes, ses écoles spéciales, ses procédés les plus récents.
L'agriculture anglaise.
L'agriculture américaine.
Exploitations des biens ruraux par le fermage, le bail à cheptel, le métayage et la culture personnelle.
Études sur l'agriculture du centre de la France.
De l'organisation du Personnel agricole.

Constructions rurales économiques.

Ensemble et détails principaux des Fermes Impériales des Landes.
Plan général du domaine de Birsaloffka, par M. le baron de SEEBACK, Ambassadeur de S. M. le roi de Saxe.
Types gradués de constructions rurales économiques avec plans, coupes, élévations, détails et devis estimatifs.
Construction des granges. Principes généraux. Types divers.
Types de maisons de paysans et d'habitations de journaliers.
Du pavage des écuries, la pente du sol et des rigoles d'écoulement.
Des boxes pour les chevaux, les bœufs, les vaches et les porcs à l'engrais.
Éclairage des écuries pendant la nuit.
Les bergeries de Rambouillet.
Les bergeries de Grignon.

Drainage et Irrigations.

Instructions pratiques pour l'application du drainage à tous les genres de terrains, et à tous les cas particuliers qui peuvent se présenter.
Charrues à drainer.
Du drainage à la vapeur.
Causes des inondations et moyen de les prévenir.
Principes généraux d'hydroscopie.
Barrages fixes et mobiles.
Endiguement des cours d'eau.
De l'arrosage des rues et des routes.
De l'arrosage des prairies et des cultures maraîchères.
Appareils économiques pour l'élévation des eaux.
De la récolte et de la conservation des eaux pluviales.
Construction des puits, puisards et citernes.
Les irrigations en Lombardie.

Desséchements et Colmatages.

Des causes et des effets de l'insalubrité des étangs.
Desséchement des Polders de la Hollande.
Desséchement des Wattringues du Nord.
Desséchement des marais de Bourgoin.
Desséchement de la vallée des Baux.
Desséchement de la vallée de la Dive.
Marais de Saint-Gond.
Vallée de l'Authie.
Marais de Donges.
Vallée de la basse Somme.
Etang du Pourra (Bouches-du-Rhône).
Marais Vernier (Eure).

Matériel agricole perfectionné.

Application des machines à vapeur locomobiles aux divers travaux de l'agriculture.
Labourage à la vapeur. Etat de la question.
Charrues spéciales de GRIGNON.
Herses cintrées, triangulaires, en zigzags de HOWARD, BODIN, etc.
Rouleaux CROSKILL, GREBEL, à limons de GRIGNON, etc.
Semoirs à bras, à cuiller, à godets, etc., de DOMBASLE, HUGUES, ARNAULT, ROBERT, etc.
Houes à bras, à cheval, etc., de BARRETT, JOHN MARTIN, etc.
Machines à moissonner de MAC CORNICK, HUSSEY, etc.
Machines à battre de DUVOIR, CUMMING, LOTZ, CLAYTON, etc.
Tarares, cribles, hache-paille, concasseurs, coupe-racines, barattes, etc.

Animaux domestiques.

Elève des vaches laitières.
Engraissement des bœufs, vaches, veaux, porcs et moutons.
Nourriture des animaux de l'espèce bovine.
Espèce galline.
Espèce porcine.
Volières en fer et en treillage de zinc.
Colombiers perfectionnés.
Apiculture, ruches perfectionnées.
Pisciculture.
Description de l'établissement de Huningue.
Les haras en France, en Angleterre et en Allemagne.
Elève du lapin domestique.
Engraissement des volailles.
Etudes diverses sur le croisement des races, etc.

Viticulture.

Culture et Taille de la vigne.
Fabrication du vin.
Presses perfectionnées.
Fabrication de l'alcool.
Fabrication du vinaigre.
Culture de l'osier.
Fûts en terre et en métal.
Conservation du vin dans les citernes.
Des vignes à raisins précoces.
Remplacement des échalas par des ligues de fer mobiles.
Description des cépages les plus cultivés dans tous les vignobles de l'Europe, etc.

Sylviculture.

Reboisement des terrains vagues et des vallées secondaires.
Aménagement et Exploitation des forêts.
Fabrication du charbon.
Plantations de pins dans les Landes de la Gascogne et de la Champagne.
Pratique des assolements forestiers.
Essences complémentaires et contraires.

Transplantation des arbres de grandes dimensions.
Plantation des routes des canaux.
Plantation des talus des chemins de fer.

Horticulture.

Plans raisonnés de jardins français et anglais.
Culture des fleurs.
Plantes à terre de bruyère.
Orangeries.
Serres chaudes en fer et en vitrerie, avec chauf-
fage économique à circulation d'eau.
Cultures maraîchères.
Composition et Conservation des herbiers.
Monographies diverses.
Monographie du dahlia.
— de la rose.
— de la pensée.
— des orchidées.
— de la tulipe.
— de l'œillet.
— du géranium.
Le jardinier des fenêtres.
Instructions pour le semis des fleurs en pleine
terre, etc.

Pomologie.

Physiologie et plantation des arbres fruitiers.
Pépinières centrales et particulières.
De la Taille des arbres fruitiers.
Des arbres à fruits multiples.

Sériciculture (Vers à soie).

Description de la Magnanerie expérimentale de
Saint-Tulle.
Culture du mûrier.
Procédé pour le battage des cocons.
Système de ventilation de DARCET, etc.

Cultures industrielles.

Plantation et distillation de la betterave.
Établissement des raffineries.
Alcool du Sorgho.
Culture du houblon.
Plantation de la garance.
Culture des champignons comestibles.
Plantation du tabac.
Culture du safran.
Plantation du cotonnier, etc.

Hygiène agricole.

Principes de l'art vétérinaire.
Maladies de la vigne et moyens d'y remédier.
Maladie des pommes de terre et moyens d'y remé-
dier.
Maladies des arbres fruitiers et moyens de les
guérir.
Des lits dans les écuries.
Dimensions générales des logements d'animaux.
Connaissance de l'âge des animaux.
Animaux morts.

Pratique de l'inoculation.
Remèdes contre la morve des chevaux, la pourriture, le piétin des moutons, etc.

Météorologie agricole.

Courbe graphique de la température et de la quan-
tité de pluie tombée en diverses localités.
Des moyens de combattre les effets de la grêle.
Des compagnies d'assurances agricoles.

Chimie agricole.

Des effets de la chaux sur la végétation.
Action des phosphates de chaux considérés comme
engrais.
De la marne et de ses effets sur les terres arables.
Des effets du sel sur l'organisme des animaux
domestiques, etc.

Lois et Règlements.

Le nouveau Code rural.
Le Code des irrigations.
Commentaire du Code forestier.
Organisation du travail agricole.
Du morcellement du sol et des moyens d'y re-
médier, etc.

Comptabilité agricole.

Tenue des livres d'une ferme.
Calcul des bénéfices d'une entreprise agricole.
Du crédit agricole.
Du crédit foncier.

Statistique agricole.

Statistique agricole de la France.
Statistique agricole de l'Angleterre, de l'Alle-
magne, de l'Espagne, de l'Italie, etc.
Des effets des inondations sur la production agri-
cole.
Statistique des sinistres agricoles.
Importation et exportation annuelles de la
France, etc.

Revue des Fermes Impériales.

Fermes des Landes, etc.
Fermes Impériales du camp de Châlons.
Ferme de Lamotte-Beuvron.
Ferme de Rambouillet.
Ferme du mont Valérien.

Revue des Colonies agricoles.

Colonie agricole de Mettray.
Colonie agricole de Petit-Bourg.
Colonies agricoles de l'Angleterre, de la Belgique,
de la Hollande, de la Suisse et de l'Alle-
magne.
Colonie agricole de Granjouan.
Colonisation de l'Algérie.
La colonisation aux États-Unis.
Application des troupes aux travaux agricoles en
Prusse et en Russie, etc.

Paris. — Imprimé par E. THUNOT et Cⁱᵉ, rue Racine, 26.

NOUVELLES ANNALES D'AGRICULTURE

REVUE DES FERMES IMPÉRIALES

ORGANE DE LA COMPAGNIE DES CONSTRUCTIONS RURALES ÉCONOMIQUES

ET DE LA COMPAGNIE GÉNÉRALE DU DRAINAGE.

Par C. A. OPPERMANN, *Ancien Ingénieur des Ponts et Chaussées*

PRIX. — 15 fr. par an pour Paris.

17 fr. pour les Départements et l'Algérie.

BULLETIN D'ABONNEMENT.

Pour s'abonner, et recevoir *franco* toutes les livraisons qui ont paru des années que l'on désignera, il suffit d'*affranchir* à la poste le présent bulletin, en y joignant un mandat pour solde, au nom de M. LACROIX, Éditeur.

Je soussigné ————————————————————

déclare m'abonner pour (¹) ———— *exemplaire* , *aux* Nouvelles Annales

D'Agriculture, *année* (²) ———————————— , *qui me ser* ——

adressé à (³) ————————————————————

————————————————————————————

moyennant la somme de (⁴) ————————————————

que je joins en un mandat-poste.

A ———————— *le* ———————— 186 .

Signature (⁵)

(1) Mettre le nombre d'exemplaires.
(2) Indiquer l'année ou les années.
(3) Mettre son adresse complète, et l'écrire très-lisiblement, S. V. P.
(4) Mettre le prix équivalent au nombre d'exemplaires demandés.
(5) Signer très-lisiblement.
     (Détacher ce bulletin, le cacheter, l'*affranchir* à la poste.)

Paris. — Imprimé par E. Thunot et Cᵉ, 26, rue Racine.

BIBLIOGRAPHIE

DES

INGÉNIEURS, DES ARCHITECTES

DES

CHEFS D'USINES INDUSTRIELLES

DES

ÉLÈVES DES ÉCOLES POLYTECHNIQUE ET PROFESSIONNELLES

ET DES AGRICULTEURS

PUBLIÉE

PAR EUGÈNE LACROIX

LIBRAIRE-ÉDITEUR, A PARIS

IIIᵉ SÉRIE. Nᵒ 7.

PUBLICATIONS DU TROISIÈME TRIMESTRE 1863

TIRÉE A 11,000 EXEMPLAIRES.

25 centimes.

AVIS DE L'ÉDITEUR. — La plupart des ouvrages sans indication de prix, et les Cours lithographiés des diverses Écoles, sont des publications qui, le plus souvent, ne sont pas livrées au commerce ; nous les signalons cependant à l'attention de nos lecteurs, tout en les prévenant que l'acquisition en est quelquefois impossible. A cette occasion, nous prions ceux de nos clients qui seraient en possession de quelques-uns de ces ouvrages qui, pour eux, deviendraient sans utilité, de vouloir bien nous en proposer l'acquisition, pour nous aider à compléter notre collection et celles de quelques-uns de nos abonnés.

PARIS

LIBRAIRIE SCIENTIFIQUE, INDUSTRIELLE ET AGRICOLE

EUGÈNE LACROIX, ÉDITEUR

Libraire de la Société des Ingénieurs civils.

15, QUAI MALAQUAIS.

JUILLET A SEPTEMBRE 1863.

A

ALBERT (Denis), cultivateur-vigneron. Mémoire concernant la régénération de la vigne et autres végétaux, l'amélioration des terres, la replantation des arbres, les temps et les saisons qui conviennent aux travaux des champs, l'arrosage, etc. 2e édition, augmentée et corrigée. In-8, 56 p. Angoulême. 2 fr.

* ALCAN. De la production des étoffes à mailles en général et des principaux progrès réalisés dans le travail spécial de la bonneterie.

Annales du Conservatoire, n° 13.

*ALLIBERT. Recherches sur l'exhalation carbonique des animaux domestiques.

Annales du Conservatoire, n° 13.

* ANNALES D'AGRICULTURE (Nouvelles), par Oppermann (C.-A.), Revue des fermes impériales, organe de la Compagnie des constructions rurales économiques, de la Compagnie générale du drainage et de la Société d'acclimatation, 5e année. (Paraît mensuellement.) L'année forme 1 vol. in-fol. d'environ 135 p. de texte à 2 colonnes et 30 à 35 pl. Prix de l'abonnement, Paris, 15 fr. par an ; province, 17 fr.

SOMMAIRE DU 3e TRIMESTRE 1863.

Ferme modèle de Rique à Vic-Fezensac (Gers), avec 2 pl. — Etudes générales sur les herses et sur les rouleaux, avec 2 pl. — Semoirs à brouette et semoirs à la main, par M. Pruneau. — Entreprise générale des irrigations en Espagne, en Portugal et en Italie. — Emploi du schiste bitumineux comme amendement. — Crible-trieur de M. Pernollet, avec 1 pl. — Charrues fouilleuses, avec pl. — Machines à piocher et à labourer à la vapeur. — Plantes fourragères à l'Exposition de Londres. — Récolte des tabacs aux Etats-Unis. — Appareils américains pour ramasser et enlever les fourrages, avec pl. — Nouvelles pompes d'épuisement à purin et à incendie, de J.-J. Aubry, avec pl. — Egreneur à maïs. — Lavoirs à racines et légumes, par Ch. Laurent et Millet, avec 2 pl. — Concours régional de Rennes. — Concours de Saint-Georges d'Aunay, etc.

ANNALES de l'Observatoire impérial de Paris, publiées par U.-J. Le Verrier, directeur. Observations. Tome VIII. 1848-1849. In-4, vi-360 p. Paris. 40 fr.

* ANNALES du Conservatoire impérial des arts et métiers, recueil de mé-

moires et d'observations sur les sciences, l'industrie et l'agriculture;
publiées par MM. les professeurs du Conservatoire; M. Ch. Laboulaye, directeur de la publication.

4e année. Sommaire du 1er trimestre.

De la production des étoffes à mailles en général et des principaux progrès réalisés dans le travail spécial de la bonneterie, avec 1 pl., par M. Alcan. — Du papier, à l'occasion de l'Exposition universelle de 1862, par M. Barreswil. — De la constitution moléculaire des corps compatible avec la théorie mécanique de la chaleur, par Ch. Laboulaye. — Procès-verbal des expériences faites au Conservatoire impérial des arts et métiers sur la machine à air chaud de M. Lobereau, avec 1 pl., par M. Tresca. — Procès-verbal des expériences faites sur la résistance à l'écrasement de pierres factices provenant de la fusion des laitiers, par M. Tresca. — Résultats d'expériences d'écrasement sur divers matériaux de construction.— Recherches sur l'exhalation carbonique des animaux domestiques, par M. Allibert. — Recherches sur le plâtrage des terres arables, par M. Deherain.

Les Annales du Conservatoire paraissent tous les trois mois, depuis le 1er juillet 1860, en cahiers de 12 à 15 feuilles in-8; avec gravures sur cuivre et sur bois.

Prix de l'abonnement, 16 francs par an pour toute la France.

* ANNALES du Génie civil, recueil de mémoires sur les mathématiques pures et appliquées, l'astronomie, les ponts et chaussées, les routes et chemins de fer, les constructions et la navigation maritime et fluviale, l'architecture, les mines, la métallurgie, la chimie, la physique, les arts mécaniques, l'économie industrielle, le génie rural, revue de l'industrie française et étrangère, publiée par une réunion d'ingénieurs, d'architectes, de professeurs et d'anciens élèves de l'Ecole centrale et des Ecoles d'arts et métiers, avec le concours d'ingénieurs et de savants étrangers.

2e Année 1863. Sommaire du 3e trimestre.

Conduite d'eau forcée au bourg de Bresles, avec 1 pl., par M. J. Laffineur. — Construction des chemins de fer. Exécution du souterrain de Chezy, avec 1 pl., par M. Ninout. — De l'extraction dans les chaudières alimentées avec des eaux chargées de sels, et des salinomètres permanents, avec 1 pl.. par M. Ortolan. — Nouvelle fabrication des vernis gras au copal, avec 1 pl., par M. H. Violette. — Détermination du travail d'une machine par le frein dynamométrique de Prony. — Sur une nouvelle espèce de traverses en fer étiré pour l'établissement des voies de chemins de fer, par M. A. Demanet. — Des pierres meulières, du rayonnement et du rhabillage des meules, par M. P. Marmay. — Note sur la moyenne des rayons vecteurs dans l'ellipse en général et dans les ellipses planétaires, par M. E. Dubois. — Renseignements sur les Ecoles professionnelles en France, par le Comité de rédaction. — Fabrication d'un vin particulier connu sous le nom de *vin de Pelle*, par M. Nicklès. — Enlèvement des neiges sur les voies ferrées, par M. Palaa. — Essai sur les moyens de prévenir les effets nuisibles de la fumée, par Williams; traduction par Bona Christave. — Travaux des Sociétés savantes, par Tom Richard. — Chronique minière et métallurgique, par M. Gratcau. — Travaux exécutés à l'étranger. — Analyse et examen des revues, des publications et des inventions nouvelles, par le Comité de traduction. Bibliographie industrielle, etc.

Les Annales du génie civil paraissent mensuellement depuis le 1er février 1862 par cahier de 3 à 4 feuilles grand in-8°, avec figures dans le texte et 3 ou 4 planches in-4° gravées.

Prix de l'abonnement, 20 francs par an. — Avec les mémoires des ingénieurs civils, 36 francs.

Prix du numéro séparé, 2 fr. 50 c. ; les années écoulées, 2 vol. in-8 brochés et atlas dans un carton, 25 francs.

⋆ANNUAIRE de la Revue des sciences, journal de la Société des sciences industrielles, arts et belles-lettres de Paris ; publié par le docteur B. Lunel. 1re année. 1862-63. Grand in-18, 71 p. Paris.

ANNUAIRE de la Société impériale et centrale d'agriculture de France. Année 1863. In-12, 215 p. Paris.

ANNUAIRE du Cercle des conducteurs des ponts et chaussées et des gardes-mines pour 1863. 8e année. In-8, 216 p. Saint-Nicolas, près Nancy.

ANNUAIRE du ministère de l'agriculture, du commerce et des travaux publics pour l'année 1862. In-8°, 390 p. Paris.

B

BALTARD (V.), membre de l'Institut, et CALLET (F.), architecte. Monographie des halles centrales de Paris, construites sous le règne de Napoléon III. In-fol., 40 p. et 35 pl. Paris. 60 fr.

⋆BARBIER (Ch.). Industries agricoles (distilleries). In-8° à 2 col., 211 p. Mesnil. 5 fr.

Extrait de l'Encyclopédie pratique de l'agriculture.

BARDIN (G.), professeur et auteur d'un cours de dessin industriel. Mémoire sur l'enseignement du dessin dans les écoles municipales d'enfants, d'apprentis et d'ouvriers de la ville de Paris, et sur l'organisation de cet enseignement. In-4, 47 p. Orléans.

BARRAL. Rapports sur les instruments et appareils agricoles. Société impériale d'agriculture de France. Concours général de 1860. In-8, 116 p. Paris.

Extrait des Mémoires de la Société impériale et centrale d'agriculture en France. Année 1862.

BARRAL (J.-A.). Le Blé et le pain, liberté de la boulangerie. In-18 jésus, 697 p. Paris. 6 fr.

⋆BARRESWILL. Du papier, à l'occasion de l'Exposition universelle de 1862.

Annales du Conservatoire, n° 13.

BASSEPORTE. De la plantation de la vigne, de sa culture et de sa production. In-12, 23 p. et pl. Corbeil. 1 fr.

⋆BASSET (N.). Guide pratique de chimie agricole, leçons familières sur les notions de chimie élémentaire utiles au cultivateur, et sur les opérations chimiques les plus nécessaires à la pratique agricole. Grand in-18, 336 p. Paris. 3 fr.

Bibliothèque des professions industrielles et agricoles. Série II, n° 9.

BERTON (F.), métreur-vérificateur spécial. Sous-détails raisonnés pro-

pres à servir à l'établissement du prix et au règlement des travaux
de pavage et de carrelage ; précédés d'instructions relatives aux matériaux qui y sont employés. Gr. in-8 à 2 colonnes, 17 p. Paris. 3 fr.

BERTRAND (Th.), professeur de comptabilité commerciale à Paris.
Eléments simplifiés de tenue de livres, suivis de notions de comptabilité agricole. In-12, 160 p. Paris.   1 fr.

BESQUEUT (Jules), maître de forges. Méthode de torréfaction du bois
en forêt, locomobile et continue. In-8, 45 p. et 1 pl. Paris.

BESSE (Auguste). Résumé de la méthode du docteur Guyot et de ses
conseils sur la culture de la vigne, etc. In-8°, 23 p. Avignon. 50 c.
Compte rendu de la séance extraordinaire de la Société d'agriculture et
d'horticulture de Vaucluse, du 13 mars 1863.

BEZON, professeur de théorie de fabrique. Dictionnaire général des
tissus anciens et modernes, ouvrage où sont indiquées et classées
toutes les espèces de tissus connues jusqu'à ce jour, soit en France,
soit à l'étranger, notamment dans l'Inde, la Chine, etc.; avec l'explication abrégée des moyens de fabrication et l'entente des matières,
nature et apprêt, applicables à chaque tissu en particulier. Un atlas
de planches, plans de métiers, dessins de machines, d'armures, etc.,
sera publié à la suite de l'ouvrage et comme complément. 2e édition.
Tome VIII et dernier. In-8, 438 p. Lyon.   7 fr. 50 c.

* BIEZ (E.). Jaugeage des cours d'eau, avec 1 pl.
Portefeuille des conducteurs. 4e série.

BIGOT (Hilaire), agriculteur et horticulteur. Trésor de l'agriculteur et
de l'horticulteur, contenant plusieurs recettes pour soigner, dresser
et cultiver les arbres fruitiers, etc. In-8, 16 p. et fig. Bordeaux.

BLONDEL (J.), commis de 1re classe du service des sucres à Douilly
(Somme). Manuel de la fabrication du sucre de betterave. In-8, 56 p.
Péronne.

BOBIERRE. L'atmosphère, le sol, les engrais ; leçons professées de 1850
à 1862, à la chaire municipale et à l'Ecole préparatoire des sciences de
Nantes, par Adolphe Bobierre, professeur ; avec une introduction par
M. Jules Rieffel. In-12, xii-637 p. Nantes.

BODIN (J.), directeur de l'Ecole d'agriculture de Rennes. Eléments d'a-
griculture, ou Leçons d'agriculture appliquées au département d'Ille-
et-Vilaine et à quelques départements voisins, faites aux élèves de
l'Ecole d'agriculture de Rennes et à ceux de l'Ecole normale. 4e édition, revue, augmentée et ornée de planches dans le texte. Gr. in-18,
360 p. et fig. Rennes.   1 fr. 75 c.

BOEHM (Joseph-Georges), directeur de l'Observatoire à Prague. Etudes
de balistique théorique et expérimentale, ayant particulièrement pour
objet les nouvelles armes à feu portatives de l'armée impériale et
royale et les carabines Minié de l'armée française. Traduit de l'alle-

mand par E. Tardieu, ancien capitaine d'artillerie ; avec 3 pl. In-8,
216 p. Sceaux.

BONJEAN (F.), pharmacien à Chambéry. La Savoie agricole, industrielle et manufacturière ; suivi d'une notice historique sur la percée
du mont Cenis, par J. Bonjean. In-16, 179 p. Chambéry.   3 fr.

BORIE. Les Travaux des champs; par Victor Borie. 2e édit. In-12, 192 p.
Paris.   1 fr. 25
Bibliothèque du cultivateur.

BORIE (Victor). Animaux de la ferme, espèce bovine. 1re livraison. In-4,
24 p. et 3 pl. Paris.

BOVIER-LAPIERRE, professeur de mathématiques. Nouveau traité de
trigonométrie rectiligne. In-8, 75 p. Tournon.

*BRÉART (E.), lieutenant de vaisseau. Manuel du gréement et de la ma-
nœuvre, pour servir au brevet de capitaine au long cours et de maître
au cabotage, suivi de notes utiles à tous les marins. 2e partie. Manœuvres particulières au bâtiment à vapeur. Grand in-8, 110 p.
Paris.   3 fr.
Ouvrage terminé. La 1re partie, 1 vol. gr. in-8o et atlas de même format, 10 fr.

BROISE et THIEFFRY, autographes. Album encyclopédique des chemins
de fer, publication autorisée par les Compagnies. Chaque livraison
mensuelle se compose de 12 pl. 1/2 gr. aigle.
    Prix de la livraison.   4 fr.
    La 1/2 feuille gr. aigle.   50 c.
    La feuille gr. aigle.   1 fr.

2e SÉRIE. 16e LIVRAISON.

Pl. 181, 182. Plaque tournante de 4m,40.   (Lyon.)
— 183. Type d'installation de pompes doubles Letestu, de 0m,08 et
    0m,12.   (Nord-France.)
— 184, 185. Voitures de troisième classe à frein et guérite.   (Ouest-France.)
— 186. Waggon-écurie à sept stalles.   (Ouest-Suisse.)
— 187. Type d'installation d'un magasin de combustibles.   (Lyon.)
— 188. Type de fosse à piquer le feu (modifié).   (Lyon.)
— 189. Machine locomobile de deux chevaux, système Calla.   (Nord-France.)
— 190 Croisement tangente 0m,80 en rails double champignon. (Orléans-R.C.)
— 191. Aiguillage triple en rails double champignon.   (Orléans-R.C.)
— 192. Traversée de voie, tangente 0m,125, double champignon. (Orléans-R.C.)
  La première série contient 12 livraisons format demi-grand aigle, 12 planches par livraison.
  Prix de la livraison,   4 fr.
  Planches séparément,   50 c.
  Planches doubles,   1 fr.

*BRULL (A.). Comparaison des propriétés résistantes du fer et de l'acier.
Mémoires de la Société des ingénieurs civils. 16e année. 1er trimestre 1863.

*BULLETIN de la Société industrielle d'Amiens, paraissant tous les 2 mois.
TOME SECOND. No 4. 1er juillet 1863. SOMMAIRE.
Note sur le séchage des laines après le dégraissage, par E. Cornut. — Note
sur un échantillon de coton herbacé récolté sur le territoire de Belizane (Algérie), par Humbert. — Note sur la doubleuse de M. Gaillard-Collé à Fouen-

camps, avec 1 pl., par M. Cornut. — Rapport sur le résultat du concours (de 1862-63), par de Commines de Marsilly. — Rapport sur l'emploi des huiles minérales dans le graissage des machines, par Foulon. — Rapport sur la culture du lin dans le département de la Somme, par Cornet d'Hunval. — Notes scientifiques : Frein automatique à patin. — Soie provenant du ver à soie du chêne. — Moteur à air dilaté de M. Lenoir, etc.

Prix de l'abonnement à l'année,   10 fr.

C

CASTETS. Lettres sur la propagation de la culture des graines oléagineuses, à MM. les agriculteurs des Hautes-Pyrénées ; 1re lettre. Le colza. In-4 à 2 colonnes, 8 p. Tarbes.

CAZIN (Achille), docteur ès sciences agrégé. Exposé de la théorie mécanique de la chaleur, présenté à la Société des sciences naturelles de Seine-et-Oise. In-8, 64 p. et planche. Versailles.

Extrait des Mémoires de la Société des sciences naturelles de Seine-et-Oise.

CHAMPONNOIS-BUGNIOT. Question de la distribution d'eau dans la ville de Châlon. In-8, 21 p. Châlon-sur-Saône.   1 fr.

* CHAPUIS. Fabrication des tuyaux de drainage. Avec 2 planches.

Portefeuille des conducteurs. 4e série.

CHEVIGNÉ (Le comte Arthur de), ex-lieutenant d'état-major. Tables numériques destinées à faciliter les opérations topographiques, calculées pour la division sexagésimale de la circonférence. 2e édit. In-16, xvi-48 p. Nantes.

CHEVREUL (E.), membre de l'Institut. Recherches chimiques sur la teinture. 12e, 13e et 14e mémoires. Institut impérial de France. In-4, 406 p. Paris.

Extrait du tome XXXIV de l'Académie des sciences.

* CHRETIEN (J.), ingénieur civil. Des machines-outils, leur importance, leur utilité. Progrès apportés dans leur fabrication, constatés par l'Exposition universelle de Londres en 1862. In-8, 53 p., accompagné de 3 pl. gr. in-fol. Paris.   3 fr.

* CLARINVAL (A.), capitaine d'état-major, professeur à l'Ecole impériale d'application d'état-major. Amortissement des obligations de chemins de fer et valeur de la prime de remboursement d'une obligation. In-4 de 72 pages ou tableaux. Paris.   5 fr.

CONCOURS général d'animaux reproducteurs, d'instruments, machines, ustensiles ou appareils à l'usage de l'industrie agricole et des divers produits de l'agriculture, tenu à Paris en 1860. Compte rendu des opérations du concours publié par les soins de la Société impériale et centrale d'agriculture de France. In-8, lxxii-494 p. et 21 pl. Paris.

CONGRÈS scientifique de France, 29e session, tenue à Saint-Étienne au mois de septembre 1862. Tome I. In-8, 531 p. Saint-Étienne.

CORNIOT (F.), métreur–vérificateur. Sous-détails raisonnés propres à servir à l'établissement des prix et au règlement des travaux de couverture, précédés d'instructions relatives aux matériaux qui y sont employés. Gr. in-8 à 2 col., 27 p. Paris.　　　　4 fr.

COTELLE. Cours d'agriculture pratique professé par M. Gaucheron, professeur de chimie agricole, rédigé par M. A. Cotelle, secrétaire du cours de chimie agricole. T. 2. Engrais. In-12, iv-235 p. Orléans.

COTEAU. Rapport sur les progrès de la géologie en France pendant l'année 1862. In-8. 88 p. Caen.
Extrait de l'Annuaire de l'Institut des provinces. Année 1864.

COURTOIS-GÉRARD. Manuel pratique de culture maraîchère. 4e édition, augmentée d'un grand nombre de figures et de plusieurs articles nouveaux. Ouvrage couronné d'une médaille d'or par la Société impériale et centrale d'agriculture ; d'une grande médaille de vermeil, par la Société impériale et centrale d'horticulture. 1 vol. in-12 de 390 p. Paris.　　　　3 fr. 50

— marchand grainier, horticulteur, membre de la Société impériale et centrale d'horticulture. De la culture des fleurs dans les petits jardins, sur les fenêtres et dans les appartements. 4e édition, ornée de 15 gravures. In-18, 192 p. Paris.　　　　1 fr.
Bibliothèque des professions industrielles et agricoles. Série H, n° 28.

CRISTAL (Maurice). Le Jardinier des appartements, des fenêtres, des balcons et des petits jardins ; suivi d'un aperçu sur la pisciculture et les aquariums. In-18 jésus, 249 p. Paris.

CUCHE. Mémoire sur un nouveau moteur à air dilaté. In-8, 23 p. Saint-Quentin.
Extrait du Bulletin de la Société académique de Saint-Quentin. 1862.

D

DALIZON (J.-P). Nouveau système d'éducation des vers à soie pour les préserver des maladies. In-12, 24 p. et planche. Lyon.　　　　50 c.

DALLOZ (J.-F). Tarif, ou Barême métrique pour le cubage des bois équarris ou ronds. In-32, 73 p. Lons-le-Saulnier.

DAVID (A.-L.), viticulteur. Note sur les moyens curatifs de la maladie de la vigne. In-8, 27 p. Le Mans.
Extrait du Bulletin de la Société d'agriculture, etc., de la Sarthe.

DEBRAY (H.), professeur au lycée Charlemagne. Cours élémentaire de chimie, avec nombreuses fig. intercalées dans le texte. 3e fascicule. In-8, 401-816 p. Paris.

— professeur de physique au lycée Charlemagne. Des principales sources de lumière. In-8, 27 p. Paris.

DEHERAIN (P.-P). Les Industries d'art. Exposition universelle de Londres en 1862. In-8, 68 p. Paris.

Extrait des Annales du Conservatoire impérial des arts et métiers.

— Recherches sur le plâtrage des terres arables. In-8, 16 p. Paris.

Extrait des Annales du Conservatoire impérial des arts et métiers.

* DEMANET (A). Sur une nouvelle espèce de traverses en fer étiré, pour l'établissement des voies de chemin de fer.

Annales du génie civil. 2e année.

DENEIROUSSE, ancien fabricant de châles. Notice sur la nécessité de remplacer par un tissage mécanique les brochés à la main. In-8, 80 p. et planches. Corbeil.

DESCRIPTION des machines et procédés pour lesquels des brevets d'invention ont été pris sous le régime de la loi du 5 juillet 1844, publiée par les ordres de M. le ministre de l'agriculture, du commerce et des travaux publics. Tome XLV. In-4 à 2 col., 325 p. et 60 pl. Paris.

DOLLFUS-AUSSET. Matériaux pour l'étude des glaciers. Tome III, Phénomènes erratiques. Grand in-8, 734 p. Strasbourg.

DUBOIS (Ed). Note sur la moyenne des rayons vecteurs dans l'ellipse en général et dans les ellipses planétaires.

Annales du génie civil. 2e année.

DU BREUIL, chargé du cours d'horticulture au Conservatoire des arts et métiers. Instruction élémentaire sur la conduite des arbres fruitiers, greffe, taille, restauration des arbres mal taillés et épuisés par la vieillesse, etc. 5e édition. In-18 jésus, 207 p. Corbeil.

DUBUS (F.-J). Ephémérides maritimes à l'usage des marins du commerce et des candidats aux grades de capitaine au long cours et de maître au cabotage, pour l'année 1864, rédigées par F.-J. Dubus, professeur de navigation en retraite. 28e année. In-12, 132 p. Saint-Brieuc.   1 fr. 50

DUMAY. Etude sur les engrais et sur l'action de leurs principaux éléments, ou Résumé extrait des recherches et travaux de MM. Liebig, Boussingault, Payen, Malagutti, etc. ; de quelques notions et principes importants en matière d'engrais, de nutrition végétale et de culture. In-8, 47 p. Clermont-Ferrand.

Extrait du Bulletin de la Société d'agriculture du Puy-de-Dôme, avril et mai 1862.

E

ELLUIN, agréé en médecine vétérinaire. Traité de maréchalerie par le nouveau système de ferrure en caoutchouc durci et ses accessoires pédicuraux. In-18, 34 p.   1 fr.

EXPOSITION universelle de 1862 à Londres. Etude de cette exposition internationale au point de vue des intérêts agricoles et industriels du département de l'Aisne. In-8, 171 p. Laon.

F

*FAIVRE. Type de passerelle, escalier en métal. Texte et 3 pl.
— Types de guérites en bois. Texte et 2 pl.

Portefeuille des conducteurs. 4° série.

FIGUIER (Louis). L'Année scientifique et industrielle, ou Exposé annuel des travaux scientifiques, des inventions et des principales applications de la science à l'industrie et aux arts, etc.; 7° année, contenant 1 pl. coloriée et 7 grav. sur bois. In-18 jésus, 552 p. Paris. 3 fr. 50

FITZ-ROY (Robert). Instructions nautiques sur les côtes occidentales d'Amérique, de la rivière Tumbez à Panama. Traduit de l'anglais par M. Mac-Dermott, lieutenant de vaisseau. In-8, 92 p. Paris.   1 fr.

Publications du dépôt de la marine.

*FLACHAT (Eugène). Chemins de fer. Questions de tracé et d'exploitation. 1° Comparaison entre un profil à inclinaison de 15 millimètres et un profil à inclinaison de 25 millimètres. 2° De l'emploi des rails en acier sur les rampes de 25 millimètres. In-8, 83 p. ou tabl. 3 fr.

G

GAILHABAUD. L'Art dans ses diverses branches, ou l'architecture, la sculpture, la peinture, la fonte, la ferronnerie, etc., chez tous les peuples et à toutes les époques jusqu'en 1789, par Jules Gailhabaud ; d'après les travaux des principaux architectes et artistes, reproduits par les plus habiles graveurs et chromolithographes. 1re partie. Livraisons 1 à 35. In-4, 36 p. et 70 pl. Paris.

Cette partie, brochée, 65 fr. sur papier blanc ; 110 fr. sur papier de Chine.

GIRARD (L.-D.), ingénieur civil. Hydraulique. Utilisation de la force vive de l'eau appliquée à l'industrie. Critique de la théorie connue et exposé d'une théorie nouvelle, avec 13 pl. In-4, 41 p. Paris. 15 fr.

GOMART. Les labours profonds. Rapport présenté au Congrès central des sociétés savantes, réuni à Paris le 19 mars 1863, par M. Ch. Gomart, secrétaire général du comice de Saint-Quentin. In-8, 24 p. Caen.

Extrait de l'Annuaire de l'Institut des provinces. Année 1863.

GRANDAY. Météorologie. La Clef du temps. Grand in-18, 72 p. Paris.
1 fr.

GRANDVOINNET (J.). Détermination du travail d'une machine par le frein dynamométrique de Prony.

Annales du génie civil. 2° année.

GRESSENT, professeur d'arboriculture. Leçons élémentaires théoriques
et pratiques d'arboriculture (fruits de table), comprenant : les greffes,
la culture, la taille et la restauration des arbres fruitiers ; la désigna-
tion des meilleures variétés de fruits pour la vente, etc. Ouvrage destiné
aux écoles, aux cultivateurs et aux jardiniers. 3e édition. In-18, 161 p.
Orléans.   1 fr. 50

GUEDEVILLE. Traité de la ferrure des chevaux, ou Moyen d'éviter le
resserrement et autres altérations du pied ; à l'usage des éleveurs et
de toute personne s'occupant de chevaux. Grand in-18, 114 p. et 4 pl.
Paris.   2 fr.

GUILLON, propriétaire. Le Vade-mecum de l'agriculteur provençal.
2e édition. In-16, iii-139 p. Draguignan.

GUYOT. Sur la viticulture de l'Est de la France. Rapport à S. Exc.
M. Rouher, ministre de l'agriculture, etc.; par le docteur J. Guyot.
In-8, 207 p. Paris.

H

* HUIN, ingénieur. Notice sur l'utilité de l'arithmomètre et de l'hydrostat.
In-8, 16 p. Paris.   2 fr.
Extrait des Annales du génie civil. 2e année.

HULIN (V.), métreur-vérificateur spécial. Sous-détails raisonnés propres à servir à l'établissement des prix et au règlement des travaux
de serrurerie, précédés d'instructions relatives aux matériaux qui
y sont employés. Grand in-8 à 2 col., 45 p. Paris.   5 fr.

J

JACQUE (Ch.). Le Poulailler, monographie des poules indigènes et
exotiques; aménagements, croisements, élevage, hygiène, maladies, etc.
Texte et dessins. 2e édition. In-18 jésus, 360 p. Paris.   3 fr. 50

JOUFFROY (Achille de). Nouveau système économique de voies ferrées
applicable aux montagnes comme aux plaines, aux courbes de très-
faibles rayons et aux routes existantes. In-4, 14 p. et pl. Besançon.

JOUHAUD (Gustave). Du nouveau système dit Jouhaud d'Enraud dans la
fabrication des papiers blancs, au point de vue d'un bon collage, du
nerf de la fibre, de la blancheur et de la pureté. In-8, 31 p. Limoges.

L

* LABOULAYE (Ch.). De la constitution moléculaire des corps, compatible avec la théorie mécanique de la chaleur.
Annales du Conservatoire. No 13.

LACROIX. Complément des éléments d'algèbre à l'usage de l'Ecole centrale des Quatre-Nations. 7e édition. In-8, viii-342 p. Paris.   4 fr.

LACROIX (Eugène) éditeur. Bibliographie des ingénieurs, des architectes, des chefs d'usines industrielles, des élèves des écoles professionnelles et agricoles. 2e série, 1857-1861, 1 vol. in-8, 186 p., 3e édition.   3 fr.

LADREY. Cours de chimie appliquée à l'agriculture et à l'œnologie. Leçon sur la fermentation alcoolique, professée le jeudi 7 mai 1863, à la Faculté des sciences de Dijon, par C. Ladrey. In-8, 16 p. Dijon.

Extrait de la Revue viticole, juin 1863.

LAFFINEUR (J.). Hydraulique pratique. Conduite d'eau forcée au bourg de Bresles, avec 1 pl.

Annales du génie civil. 2e année.

LAGOUT (Edouard), ingénieur au corps impérial des ponts et chaussées, auteur de l'Equation du beau. Philosophie et science, 1 broch. Statuaire nouvelle, 1 broch. Architecture nouvelle, 2 broch. Grand in-8 avec beaucoup de gravures.   Prix de chaque 1 fr.

— Esthétique nombrée, application de l'équation du beau à l'analyse harmonique de l'architecture nouvelle. In-8 à 2 col., 20 p. et grav. Paris.   1 fr.

Extrait de l'Annuaire encyclopédique de 1863. 2e année. 2e tirage.

LALAISSE (Hippolyte), professeur à l'Ecole polytechnique. Les Chevaux français en 1852, collection de 48 pl. dessinées d'après nature et lithographiées par H. Lalaisse, sous la direction et avec texte descriptif de M. Eug. Gayot, directeur de l'administration des haras. In-fol. cartonné contenant plus de 100 types divers, choisis dans les principales races des chevaux de France, tous pris sur nature et variés d'attitude et d'aspect.

La collection.   45 fr.
La feuille.   1 fr. 25

LE BÉALLE, maître des travaux graphiques au collége Rollin. Cours théorique et pratique de dessin linéaire. 12e édition. Cours élémentaire. 4e partie. Etude des surfaces. Charpente, plans, édifices, etc. In-4, 4 p. et 14 pl. Paris.   2 fr.

LE BOUCHER (Aug.). Guide télégraphique à l'usage des fonctionnaires, employés et agents de cette administration, contenant un dictionnaire raisonné de toutes les questions et matières se rattachant au service. In-12, 236 p. Mirecourt.

LE CORDIER (Léon), ingénieur civil. Note sur l'architecture de la Normandie au treizième siécle. In-8, 21 p. Caen.

Extrait du Bulletin monumental publié à Caen, par M. de Caumont.

LEFÉBURE DE FOURCY, professeur à la Faculté des sciences de l'Académie de Paris. Leçons de trigonométrie, comprenant la trigonométrie rectiligne, la trigonométrie sphérique et quelques applications à l'algèbre. 8e édition. In-8, 112 pages et 1 pl. Paris.

— Leçons de géométrie analytique, comprenant la trigonométrie rectiligne et sphérique, les lignes et les surfaces des deux premiers ordres. 7e édition. In-8, viii-499 p. et 11 pl. Paris.

LEFÈVRE-BRÉART, agronome. Entretiens familiers sur l'agriculture, l'horticulture et l'arboriculture, comprenant un traité complet de drainage, avec de nombreuses figures dans le texte, etc., à l'usage des bibliothèques scolaires, des chefs d'institution, des cultivateurs, etc. 3e vol. In-12, 396 p. Mézières.   3 fr. 50

LÉGISLATION de la marine marchande en Angleterre. Précis des actes de la marine du commerce de 1854, 1855 et 1862. In-8, 94 p. Paris.
Extrait de la Revue maritime et coloniale. 1862.

*LÉON (Jules). Manuel pour reconnaître les falsifications. Secours dans les empoisonnements. 1 vol. in-8 de 159 p. Bordeaux.   2 fr.

L'EPERVIER DE QUENNON. L'Arithmomètre Thomas. In-8, 60 p. Sceaux.

*LEROUX (C.), ingénieur-constructeur-mécanicien. Nouveau système de rouissage et teillage du lin et du chanvre. In-8, 30 p. et pl. Abbeville.   3 fr.

LEYDIER. Simples notions sur le drainage, par M. Leydier, cultivateur. In-12, 12 p. Carpentras.   25 c.

LEWAL, lieutenant de vaisseau. Traité pratique d'artillerie navale et tactique des combats de mer. Tome III. Tir convergent. Tir précipité. Tir à ricochet. Avec atlas et tables de graduation pour l'établissement et l'exécution du tir convergent. In-8, 732 p. Paris. 20 fr.

LOISEL, membre de la Société d'horticulture de Paris. Melon, culture sous cloches, sur buttes et sur couches. 4e édition. In-12, 108 p.   1 fr. 25
Bibliothèque du jardinier.

LONDET (A.), répétiteur d'agriculture à l'ancien Institut agronomique de Versailles. Traité d'économie rurale. Tome I. In-8, xxviii-432 p. Paris. Chaque volume,   6 fr.
L'ouvrage formera 4 volumes.

M

MAISON RUSTIQUE du dix-neuvième siècle, contenant les meilleures méthodes de culture usitées en France et à l'étranger, les procédés pratiques propres à guider le fermier, le régisseur et le propriétaire, dans l'exploitation d'un domaine rural ; les principes généraux d'agriculture, etc.; avec 2,500 gravures représentant les instruments, machines, races d'animaux, etc.; terminé par des tables méthodique et alphabétique. Rédigé par une réunion d'agronomes et de praticiens, sous la direction de MM. Bailly, Bixio et Malpeyre. Tome II. Cultures industrielles. Animaux domestiques. Grand in-8 à 2 col., viii-560 p. Paris.

Nous croyons pouvoir avancer que ce volume n'est qu'une réimpression sans changement. L'ouvrage se compose de cinq volumes, qui se vendent séparément et qui se réimpriment de même snr clichés au fur et à mesure des besoins de la vente.

MALAGUTI (F.), doyen de la Faculté des sciences de Rennes. Leçons élémentaires de chimie. 3e édition, corrigée et augmentée. Tome III. In-18 jésus, 472 p. Corbeil.

— Leçons élémentaires de chimie. 2e édition, refondue et augmentée. 2e partie. In-18 jésus, 832 p. Paris.

MANILIUS (J.-J.), ingénieur des ponts et chaussées. Méthode infinitésimale sans métaphysique et indépendante de la méthode des limites. In-8, 29 p. Gand.

— Essai sur la métaphysique du calcul différentiel, suivi d'une nouvelle théorie sur la flexion des arcs très-surbaissés. In-8, 20 p. Gand.

MANUEL des lois du bâtiment élaboré par la Société centrale des architectes, suivi du recueil des lois, ordonnances et arrêtés concernant la voirie ayant trait aux constructions. In-8, viii-384 p. Paris.
7 fr. 50

MANUEL du matelot-canonnier, publié par ordre de S. Exc. le ministre de la marine. 8e édition. In-18, 331 p. Paris. 3 fr.

MARIE (Maximilien), répétiteur de mécanique à l'Ecole polytechnique. Leçons d'algèbre élémentaire. In-8, viii-200 p. Paris. 4 fr.

*MARMAY (P.), auteur d'un guide pratique de meunerie. Des pierres meulières. Du rayonnement et du rhabillage des meules.
Annales du Génie civil. 2e année.

MEGNIN, vétérinaire en deuxième au 19e d'artillerie. De la Teigne du cheval. In-8, 16 p. Saint-Germain.
Extrait du Journal de médecine vétérinaire militaire.

MÉMOIRES d'agriculture, d'économie rurale et domestique, publiés par la Société impériale et centrale d'agriculture de France. Année 1862. 2e partie. In-8, lxxii-494 p. Paris.

*MÉMOIRES et compte rendu des travaux de la Société des ingénieurs civils, fondée le 4 mars 1848. 16e année. 2e série.
Cette publication paraît trimestriellement.

1ᵉʳ ᴛʀɪᴍᴇꜱᴛʀᴇ 1863 (janvier, février et mars). — Sᴏᴍᴍᴀɪʀᴇ.

Comparaison des propriétés résistantes du fer et de l'acier, par M. A. Brüll. — Comparaison entre un profil à inclinaisons de 15 millimètres et un profil à inclinaisons de 25 millimètres, par M. Eugène Flachat. — Résumé des séances du 1ᵉʳ trimestre 1863.

Prix de l'abonnement à l'année, 20 francs ; avec les Annales du génie civil, 36 francs.

MENET (Louis), jardinier en chef. Traité élémentaire et pratique d'arboriculture, taille et conduite des arbres fruitiers. In-8, 78 p. et pl. Colmar.

MERLIN (Jules), maître voilier. Traité pratique de voilure, ou Exposé de méthodes simples et faciles pour calculer et couper toutes espéces de voiles ; suivi d'un dictionnaire de marine à voiles. In-8, 312 p., 7 pl., et 96 fig. dans le texte. Paris.

MERTENS (J.). Tableaux des salaires, ou Comptes faits des jours et des heures jusqu'à 31 jours de travail du prix de 1 franc à 8 fr. 75 c., de 25 en 25 centimes, la journée étant de 10, 11 ou 12 heures, avec les petites journées converties en journées de 10, 11 et 12 heures. 3ᵉ édition. In-8, 37 p. Paris.   75 c.

MEUNIER. Betonnière horizontale de M. Lepaire. Texte et 1 planche.

Portefeuille des conducteurs. 4ᵉ série.

MILLET. Projet de construction d'une ferme modèle. Mémoire, devis et plans présentés au concours par M. D. Millet, architecte à Metz, précédés du rapport de M. Simon-Favier, président de la Commission. Académie impériale de Metz. Concours d'agriculture de 1863. Architecture rurale. In-4, 78 p. et plan. Metz.

Extrait des Mémoires de l'Académie de Metz. Année 1862-1863.

MONOYER. Application des sciences physiques aux théories de la circulation. Thèse pour le concours d'agrégation des sciences physiques, présentée à la Faculté de médecine de Strasbourg, par Ferdinand Monoyer, docteur en médecine. In-4, 90 p. Strasbourg.

*MORIN, général de division d'artillerie, membre de l'Institut. Mécanique pratique. Etudes sur la ventilation. 2 vol. in-8, ɪv-1026 p. et 16 pl. Paris.   18 fr.

MUTRÉCY-MARÉCHAL. De la culture de la vigne en Sologne et dans les pays où la main-d'œuvre fait défaut. Rapport lu au Comité central agricole de la Sologne. In-8, 24 p. Orléans.

N

NICKLÈS (J.). De l'analyse de la fonte et de l'acier. Recherche du soufre et du phosphore dans ces métaux. In-8, 7 p. Nancy.

Extrait des Mémoires de l'Académie de Stanislas, 1862.

NICKLÈS (J.). Fabrication d'un vin particulier, connu sous le nom de vin
de Pelle.
Annales du génie civil. 2e année.

* NINOUT, conducteur des ponts et chaussées. Construction des chemins
de fer. Exécution du souterrain de Chézy. Texte et 1 pl.
Annales du génie civil. 2e année.

NOMBELA PEREZ. Manual del cultivo del algodon, de su fabricacion y
de los diversos usos á que se aplica ; aumentado con una descripcion
de la fibrilia y de los demas sustitutos del algodon recientemente des-
cubiertos ; redactado por D. Joaquin Nombela Perez ; con presencia
de las mejores obras inglésas y francésas, opusculos, documentos,
oficiales, etc. In-18, 303 p. Poissy.
Encíclopedia hispaño-americana.

O

OGER (J.), vétérinaire en premier. Recherches théoriques et expérimentales sur l'aération permanente des écuries, considérée au point de
vue de la conservation et du perfectionnement du cheval de troupe.
In-8, 71 p. Saint-Germain.
Extrait du Journal de médecine vétérinaire. Année 1862-63. Nos 6 à 10.

ORTOLAN (A.). De l'extraction dans les chaudières alimentées avec des
eaux chargées de sels, et des salinomètres permanents. Texte et
1 planche.
Annales du génie civil. 2e année.

P

PAGEL (Louis), capitaine de frégate. Formule générale pour trouver la
latitude et la longitude par les hauteurs hors du méridien. In-8, 43 p.
Paris.   1 fr.
Publication du Dépôt de la marine.

PALAA (G.). Enlévement des neiges sur les voies ferrées. Texte et
1 planche.
Annales du génie civil. 2e année.

PEILLON (H.), ingénieur civil. Notice sur l'enseignement du dessin industriel. In-8, 16 p. Lyon.

PELOUZE et FREMY. Traité de chimie générale, analytique, industrielle et agricole, par J. Pelouze et E. Fremy, membres de l'Institut.
3e édit., entièrement refondue, avec fig. dans le texte. T. V, 2e fascicule. Chimie organique. In-8, 561-1123 p. Paris.   5 fr.
Chaque vol. complet.   15 fr.
L'ouvrage se composera de six forts volumes grand in-8, avec nombreuses
figures dans le texte.

PERROT DE CHAUMEUX. Collodion sec, exposé de tous les procédés connus, manipulations, formules; suivi d'un aperçu de l'opinion des divers auteurs sur la formation de l'image photographique dans la chambre noire. Gr. in-18, ii-153 p. Bar-sur-Aube.

Encyclopédie photographique.

PEYRON. Projet de M. de Vésian, ingénieur des ponts et chaussées, pour l'amélioration de la navigation de la Loire. Compte rendu par M. Peyron, capitaine de frégate. In-8, 16 pages. Paris.   2 fr. 50

Extrait des Annales du génie civil. Mai 1863.

PEYROU. Le Parfait maître de chai, ou Guide complet à l'usage des propriétaires de caves, des commerçants de liquides et de toutes les personnes qui ont des vins et eaux-de-vie à soigner et à manipuler, donnant, sans calcul aucun, le titre réel des alcools contenus dans chaque qualité de vin. In-8 de 336 p. et 10 planches. Saintes.   5 fr.

PICARD (S.), docteur en médecine. De l'hygiène des ouvriers employés dans les filatures. Mémoire couronné en 1862 par la Société médicale d'Amiens. In-8, 28 p. Amiens.

PICHERIE-DUNAN (J.-P.), laboureur-cultivateur-agriculteur-praticien. Le Livre des engrais-fumiers, ou la Véritable richesse des cultivateurs et des jardiniers, surnommé le Livre aux louis d'or. In-18, 71 p. Rennes.

PORTEFEUILLE des conducteurs des ponts et chaussées et des gardes-mines, publié par le Cercle. Mémoires, notes et documents pratiques relatifs aux constructions en général, accompagnés de nombreuses planches d'ensemble et de détail. Statistique; prix de revient, etc. 4e série; nos 4 et 5. Prix de l'abonnement à cette série. Paris.   15 fr. Province.   17 fr.

SOMMAIRE DES Nos 4 ET 5.

Type de passerelle-escalier en métal, avec 3 pl., par M. Faivre. — Bétonnière horizontale de M. Lepaire, avec 1 pl., par M. Meunier. — Fabrication des tuyaux de drainage, avec 2 pl., par M. Chapuis. — Types de guérites en bois, avec 2 pl., par M. Faivre. — Jaugeage des cours d'eau, avec 1 pl., par M. E Biez. — Dépôts aux abords des voies ferrées, par M. Palaa.

Il paraît par an une série composée de 10 numéros. Chaque numéro se compose de 4 pages de texte in-fol. à 2 colonnes et de 4 pl. de même format.

POUILLET, membre de l'Académie, Institut impérial de France. Nouvelle méthode pour graduer les aréomètres à degrés égaux et l'alcoomètre centésimal. In-4, 98 p. Paris.

POULAIN (H.), capitaine, ex-chef du génie de Gorée (Sénégal). Production du coton dans nos colonies. In-8, ii-85 p. Paris.   2 fr.

PROU (V.), ingénieur civil. Observations sur le ciment hydraulique artificiel de Portland, d'après les comptes rendus de la Société des ingénieurs civils de Londres. In-8, 19 p. Sceaux.

R

RAOUL. Manuel pratique d'arboriculture, renfermant ce que les meilleurs auteurs et les praticiens ont dit de mieux sur le défoncement, la plantation, les formes, la taille et la mise à fruit des arbres fruitiers. 3ᵉ édition, revue, augmentée et ornée de figures par l'auteur. In-16, 265 p. et pl. Besançon.

ROBERT D'HURCOURT (E.), ancien capitaine d'artillerie. De l'éclairage au gaz, développement sur la composition des gaz destinés à l'éclairage, sur la construction des fourneaux et des cheminées, sur la pose des tuyaux, sur les phénomènes de la lumière, etc. 2ᵉ édition. In-8, xi-521 p., et Atlas petit in-4 de 16 pl. Corbeil. 15 fr.

RONDOT. Exposition universelle de 1862. Rapport de M. Natalis Rondot, secrétaire de la commission impériale et membre du jury international. In-4, 75 p. Paris.

Extrait des rapports des membres de la section française du jury international.

ROUILLÉ-COURBE. Le Soufrage de la vigne en Touraine et dans les départements voisins. 2ᵉ édition, revue et augmentée. In-8, 64 p. Tours. 75 c.

ROUSSELON. Le Jardinier pratique, ou Guide des amateurs dans la culture des plantes utiles et agréables, contenant les jardins fruitiers, potagers et d'agrément, augmenté de la composition des jardins et de la culture des serres et d'appartement, par M. H. Rousselon, avec la collaboration de MM. Jacquin, Hocquart, Noisette et Vibert. Illustré de 200 grav. sur bois. In-18 jésus, 540 p. Saint-Denis.

S

SABATTIER ET FRÉMINVILLE, ingénieurs de la marine. Notes sur les navires cuirassés et quelques paquebots à vapeur de la marine anglaise. In-8, 46 p. Paris.
Extrait de la Revue maritime et coloniale.

SCHNEIDER (Le docteur Félix). Agriculture. L'atmosphère est un engrais complet. In-8, 26 p. Thionville.

SCHUTZENBERGER. Essai sur les substitutions des éléments électronégatifs aux métaux dans les sels, et sur les combinaisons des acides anhydres entre eux. Propositions de physique données par la Faculté. Thèses présentées à la Faculté des sciences de Paris pour le doctorat ès sciences physiques, par M. P. Schützenberger, docteur en médecine. In-4, 61 p. Strasbourg.

SCHWERZ. Manuel de l'agriculteur commençant. Traduit par Charles
et Félix Villeroy, cultivateurs à Bittershoff. 7e édition. In-12, 336 p.
Paris.   1 fr. 25
Bibliothèque du cultivateur.

SERRES (Marcel de), professeur à la Faculté des sciences de Montpellier,
conseiller honoraire à la Cour impériale de la même ville, officier de
la Légion d'honneur. Traité des roches simples et composées, ou de
la Classification géognostique des roches, d'après leurs caractères mi-
néralogiques et l'époque de leur apparition. 1 vol. in-12, 288 p. Paris.
                                                                          3 fr.
STURM, membre de l'Institut. Cours d'analyse de l'Ecole polytechnique.
2e édition, revue et corrigée par Em. Prouhet, répétiteur d'analyse à
l'Ecole polytechnique. Tome I. In-8, xxxii-528 p. Paris. Les 2 vol.
                                                                          12 fr.

T

TASSIN (Désiré), ingénieur-mécanicien, inspecteur particulier des machines à vapeur de Verviers et environs. Des explosions foudroyantes
des chaudières à vapeur ; de leur véritable cause ; moyen infaillible de
les éviter. Liége.   3 fr. 50
THOUVENOT, ingénieur. Un moyen de franchir les Alpes ou toute autre
chaîne de montagnes, par un chemin de fer avec des rampes de 5 à
6 pour 100. In-4 de 36 p. et 4 pl. Vevey.   3 fr.
TRAFORO delle Alpi tra bardonneche e Modana. Relazione della direzione Tenica alla direzione generale delle strade ferrate dello Stato.
In-4, 113 p. et 10 pl. in-fol. Turin, 1863.   15 fr.
TRESCA. Machines à travailler les métaux et les bois à l'Exposition
universelle de Londres. In-8, 59 p. et 1 pl. Paris.
Extrait des Annales du Conservatoire.

TRESCA (H.). Procès-verbal des expériences faites au Conservatoire
impérial des arts et métiers sur la machine à air chaud de M. Lau-
bereau. Texte et 1 pl.
— Procès-verbal des expériences faites sur la résistance à l'écrasement
de pierres provenant de la fusion des laitiers.
— Résultats d'expériences d'écrasement sur divers matériaux de construction.
Annales du Conservatoire. No 13.

V

VACOSSAINT (Ch.-N), arpenteur-géomètre. Traité de géodésie pratique,
contenant des méthodes nouvelles, simples et exactes, pour la division
des superficies agricoles, suivi : 1º de plusieurs opérations d'arpen-
tage ; 2º de la manière de planter des arbres en quinconce, etc.; à

l'usage des arpenteurs, des instituteurs. In-8, n-111 p. et pl. Abbeville.

VALENCIENNES. Rapport sur les animaux de basse-cour. Concours
général d'agriculture de 1860. In-8, 32 p. et pl. Paris.

VERNET (Z.), métreur-vérificateur. Sous-détails raisonnés, propres à servir à l'établissement du prix et au règlement des travaux de peinture,
dorure, décors et vitrerie, précédés d'instructions relatives aux matériaux qui y sont employés. Grand in-8 à 2 col., 59 p. Paris.
                                                                  4 fr.

VILLA. Des perles, de leur origine et de leur production artificielle ;
par Antonio Villa (de Milan). Traduit de l'italien par Timothée Coutet.
Grand in-18, 32 p. Paris.

VILLEROY. Laiterie, beurre et fromages, par Félix Villeroy, cultivateur
à Rittershof. In-18 jésus, 396 p. Paris.   3 fr. 50

VINOT (Joseph), professeur de mathématiques. Solutions raisonnées de
problèmes donnés aux compositions écrites du baccalauréat ès sciences.
4ᵉ série. In-18, 73-96 p. Paris.   50 c.

VIOLETTE (Henri). Nouvelle fabrication des vernis gras au copal, avec
1 planche.
Annales du génie civil. 2ᵉ année.

VUIGNER (Emile), ingénieur en chef de la compagnie des chemins de
fer de l'Est. Mémoire relatif aux travaux exécutés pour l'établissement
de l'embranchement du camp de Châlons, chemin de fer de 25 kilomètres construit en 65 jours. Avec atlas de 18 pl. In-4, 108 p. Paris.

<h1 style="text-align:center">W</h1>

WILLIAMS WYE. Essai sur les moyens de prévenir les effets nuisibles
de la fumée.
Annales du génie civil. 2ᵉ année.

<h1 style="text-align:center">Y</h1>

YSABEAU, agronome. La Science des campagnes. Le Jardin potager,
notions pratiques de culture maraîchère. In-18, 116 p. Clichy.

<h1 style="text-align:center">Z</h1>

ZELLER, (Constant), ingénieur civil. Des conduites d'eau, de leur établissement et de leur entretien, manuel théorique et pratique ; avec
tables et calcul contenant tous les renseignements sur la pose, l'entretien et le choix des tuyaux de conduite. In-18 jésus, 93 p. Paris.
                                                                  2 fr.

CHRONIQUE

DE LA BIBLIOGRAPHIE LACROIX.

Sous le titre d'*Office de l'imprimerie*, la majorité des maîtres imprimeurs de Paris vient de fonder, dans l'intérêt commun des patrons et des ouvriers, un bureau de placement, autorisé par arrêté préfectoral du 16 mars 1863 et destiné à établir un centre de renseignements où les patrons pourront s'adresser pour l'entretien et l'augmentation de leur personnel, et où les ouvriers et les ouvrières pourront se renseigner sur les emplois vacants. Ce bureau donne spécialement des renseignements pour le placement des employés, ouvriers et ouvrières de toutes professions se rattachant indistinctement aux travaux de l'imprimerie typographique, tels que correcteurs, correctrices, compositeurs, compositrices, imprimeurs, conducteurs, margeurs, margeuses, receveurs, receveuses, trempeurs, chauffeurs, assembleurs, assembleuses, brocheurs, brocheuses, garçons de magasin, etc.

Le bureau, géré par un agent comptable placé sous le contrôle et la surveillance d'une commission de neuf maîtres imprimeurs, est entièrement gratuit pour les employés, ouvriers et ouvrières ; les renseignements, les demandes d'emploi, l'inscription, le placement, ne donnent lieu, de leur part, *à aucune perception ni rétribution*. Les maîtres imprimeurs de Paris et des départements qui adressent des demandes d'ouvriers au bureau acquittent seuls un droit fixé par le règlement de l'*Office*.

Un tableau synoptique indique dans le bureau toutes les demandes d'emploi adressées à l'*Office*. Chacun peut le consulter, choisir la maison où il lui convient de travailler sans avoir à faire connaître son nom ni sa qualité. Ce n'est que sur la demande des ouvriers que l'agent inscrit leurs noms et leurs adresses pour qu'ils soient aussitôt prévenus par lettre des vacances signalées dans les imprimeries.

— Nous reproduisons ici l'article suivant, que nous trouvons dans le dernier numéro d'un journal industriel rédigé par M. Dureau (*le Journal des fabricants de sucre*).

« *La librairie scientifique industrielle* a pris depuis quelques années un certain développement. Deux éditeurs étaient à peu près seuls pour publier les ouvrages de ce genre, la maison Carilian-Gœury, aujourd'hui maison Dunod, librairie officielle des ingénieurs des ponts et chaussées, et la maison Mathias, aujourd'hui maison Eugène Lacroix, librairie des ingénieurs civils, des élèves d'arts et métiers, etc.

« Dans ces dernières années, des éditeurs spécialistes d'ouvrages de médecine, d'architecture, de mathématiques, d'histoire naturelle, de livres classiques, se détournant de la spécialité de leurs publications, sont entrés aussi dans la voie des publications industrielles d'arts et de métiers.

« Il était alors nécessaire de trouver un centre où l'on puisse prendre connaissance de toutes ces publications éparses, sans avoir à courir chez tous les éditeurs. La librairie des ingénieurs civils forme ce centre. M. Eugène Lacroix y est parvenu en publiant sa *Bibliographie des Ingénieurs, des Architectes et des Agriculteurs*, qui paraît depuis 1857, et en rassemblant une quantité innombrable d'ouvrages, qui forment la bibliothèque la plus complète à consulter. Nous voulons donner à nos lecteurs un petit aperçu historique sur cette librairie des *Ingénieurs civils*.

« Vers 1827, au milieu de ce courant d'idées industrielles qui a lieu, M. Mathias, avec quelques ouvrages provenant de la librairie Malher, qui avait été elle-même fondée sous les auspices et avec le concours des professeurs de l'Ecole centrale, M. Mathias, disons-nous, fonde la librairie scientifique industrielle ; jusqu'en 1848, M. Mathias a publié les ouvrages les plus recommandables, entre autres, le *Traité de la fonte et du fer*, par MM. Flachat, Berrault et Petiet; *les Matières textiles*, par M. Alcan; le *Portefeuille de l'Ingénieur des chemins de fer*, par MM. Perdonnet et Polonceau, et surtout le *Carnet de l'Ingénieur*, cet excellent vade-mecum qui en est à sa douzième édition et dont M. Mathias était lui-même le rédacteur; cet ouvrage a eu aujourd'hui l'honneur de plusieurs imitations.

« M. Mathias, homme très-honorable, travailleur infatigable, n'a pu voir cependant ses efforts couronnés de succès ; il succomba au milieu de ses travaux, dans le courant de l'année 1849, sans avoir pu jouir du fruit de ses labeurs.

« C'est que les ouvrages de sciences industrielles coûtent fort cher à fabriquer, et l'écoulement en est long et difficile.

« De 1849 à 1856, la maison Mathias a continué à marcher sur sa vieille réputation, mais il ne s'y est plus publié que fort peu de choses. En 1856, elle est réunie au Comptoir des imprimeurs unis par l'achat qu'en fait M. Eugène Lacroix.

« Le Comptoir des imprimeurs unis avait été fondé en 1842, par une réunion d'imprimeurs, sous la gérance de M. G. Comon ; l'association fut dissoute après les événements de 1848. M. Comon, libraire et bibliophile très-distingué, resta propriétaire de la maison. Il ne s'y publiait alors que des ouvrages littéraires d'assez peu de valeur ; on doit cependant en excepter les remarquables œuvres de MM. Michelet et Quinet : *Les Jésuites, le Prêtre, la Femme et la Famille*, et quelques autres dont le titre nous échappe.

« M. Lacroix devient propriétaire de cette maison à la suite d'une alliance, et, inconnu en librairie, il s'adjoint le nom de son beau-père. Il publie quelques rares ouvrages sans valeur littéraire, sous la raison sociale Lacroix-Comon ; deux ans plus tard, il acquiert la librairie Mathias, contiguë à sa maison, et de cette réunion il fonde une nouvelle librairie connue sous la dénomination de : *Librairie scientifique industrielle et agricole des Ingénieurs civils ;* il abandonne complétement les publications étrangères aux sciences industrielles, et il s'applique à reconquérir la vieille et bonne renommée, un peu effacée, de l'ancienne maison Auguste Mathias.

« En 1858, la raison sociale change ; par une association de dix ans, M. Lacroix, dans l'espoir d'élargir le cercle de ses affaires, l'importance et le nombre de ses publications, s'adjoint M. Baudry, de l'ancienne maison Gide et Baudry ; après une exploitation de deux ans, l'association n'ayant pas produit les fruits qu'on aurait pu en espérer, elle est rompue d'un commun accord, M. Eugène Lacroix continue seul l'exploitation de sa maison, comme par le passé ; il obtient quelque temps après le titre officiel de Libraire de la Société des ingénieurs civils, de la Société des anciens élèves d'arts et métiers, du Cercle des conducteurs des ponts et chaussées, etc. En 1862, il fonde les *Annales du Génie civil*, recueil qui certes n'a pas son équivalent en France ; en 1861, il avait déjà commencé la publication si remarquable des *Annales du Conservatoire impérial des arts et métiers*, rédigées par MM. les professeurs et par M. Ch. Laboulaye; il livre au public la *Bibliothèque des arts et manufactures collection* de volumes in-octavo compacte, avec planches et figures dans le texte ; en 1862, il entreprend la publication de la *Bibliothèque des professions industrielles et agricoles,* collection de petits manuels ou guides pratiques, rédigés sous la direction des *rédacteurs du génie civil ;* enfin, depuis 1856, cet éditeur a livré à la publicité, 91 volumes in-octavo, 67 volumes in-dix-huit, 29 volumes in-quarto, dont 14 avec atlas in-folio de planches gravées, 26 volumes grand in-folio, avec planches ou atlas, 59 volumes grand in-octavo, dont 17 avec atlas.

« D'après ces données, on peut dire que M. Lacroix a mis au jour une bonne partie des publications industrielles parues dans ces dernières années ; et pour celles publiées en dehors de sa maison, il a souvent donné son concours à ses collègues, en leur prenant des parties considérables de leurs éditions, et en en propageant la connaissance par sa bibliographie, tirée trimestriellement à 10,000 exemplaires, et dont la plus grande partie est très-largement distribuée à titre gratuit.

« Nos lecteurs étant tous hommes de sciences pratiques, nous avons cru que le meilleur encouragement à donner à cet éditeur, qui s'est consacré complétement à cette branche assez ingrate de la librairie (la science industrielle et agricole), était de faire connaître dans notre journal le résultat de ses efforts, et nous espérons bien que dans un temps peu éloigné la consommation de ces livres utiles qui se publient aujourd'hui si fréquemment sera plus en rapport avec le chiffre de notre nombreuse population industrielle et agricole.

« B. Dureau,
« Rédacteur en chef du journal des fabricants de sucre. »

— On lit dans le dernier numéro de l'*Amateur d'autographes*, curieuse publication de M. G. Charavay :

« Paris, 28 août 1863.

« Monsieur,

« La Bibliothèque Ambroisienne de Milan vient de faire une perte considérable. Tout un grand carton de *correspondances autographes des Médicis avec les ducs de Milan (de* 1496 *à* 1510*)* vient de disparaître du cabinet même du conservateur, M. le docteur Gatti. Tous les journaux milanais ont parlé de ce vol, commis avec une effronterie et une véritable adresse d'escamoteur. Il est bon que la presse française soit avertie. Qu'est devenue cette liasse de précieux documents? C'est ce qu'il est impossible d'établir; mais, comme il est probable qu'elle sera transportée soit en France, soit en Angleterre, pour être vendue, je vous prie de vouloir bien, par votre intelligente et sûre publicité, donner l'éveil aux curieux et au commerce, qui ne voudront certainement pas se faire complices d'un vol. La Bibliothèque de Milan est décidée à poursuivre par toutes les voies légales la revendication. Elle a raison, et elle n'a pas besoin de réclamer votre concours, qui lui est tout acquis.

Veuillez aviser de cette circonstance messieurs vos confrères, dont le commerce, toujours honorable et toujours digne de notre pays, seraient les premiers à aider l'administration de la Bibliothèque de Milan dans ses recherches. M. Panizzi, à Londres, aura l'œil ouvert de son côté. Je viens d'être averti de ce déplorable incident par l'un de vos assidus lecteurs, M. le marquis d'Adda, de Milan, un des plus grands curieux de l'Europe, dont j'ai eu le bonheur de visiter, l'année dernière, la bibliothèque, à coup sûr une des plus remarquables et des plus riches en livres rares et de haut prix. M. d'Adda est un maître ; honorons-nous en le secondant.

« Veuillez insérer cette note rapide dans votre estimable et si utile journal.

« Agréez, etc.,   Feuillet de Conches. »

—M. Eugène Lacroix rappelle à messieurs ses confrères et aux auteurs qui désirent annoncer leurs ouvrages, qu'il fait paraître depuis l'année 1857 ce bulletin semestriel, auquel il a donné le titre de *Bibliographie des Ingénieurs, des Architectes, des Agriculteurs,* etc.

Cette publication s'adresse donc à une classe de lecteurs composée d'ingénieurs, d'agriculteurs et de savants. Chaque numéro se compose d'une ou deux feuilles in-8. Cette publication est tirée à 11,000 exemplaires.

A la mise en vente un numéro est envoyé gratuitement aux principaux libraires de la province et de l'étranger, à toutes les bibliothèques et aux sociétés savantes. En dehors de cette distribution gratuite, le prix du numéro est fixé à 25 centimes. La période des cinq premières années a été réunie en un volume accompagné d'une table méthodique, d'une liste des publications scientifiques industrielles périodiques françaises, une bibliographie allemande pour les publications analogues, et enfin une table alphabétique des noms d'auteurs, le tout formant 186 pages; le prix de cette bibliographie est de 3 francs.

M. Lacroix pense rendre cette publication plus intéressante, sans cependant en augmenter le prix, en y insérant sous la rubrique *Feuilleton,* les annonces qui pourraient lui être envoyées par les auteurs ou par les éditeurs.

Ces annonces doivent parvenir avant le 15 décembre, le 15 mars, le 15 juin, le 15 septembre de chaque année.

Prix de la page, 70 francs ; 1/2 page, 40 francs ; 1/4 de page 25 francs.

FIN DE LA CHRONIQUE.

OUVRAGES RECOMMANDABLES

Publiés récemment dans les principales maisons
de la France et de l'étranger.

BARDIN. Cours de dessin industriel, choix d'exercices à l'usage des élèves des Écoles primaires supérieures, des classes de dessin industriel d'apprentis et d'adultes, des écoles professionnelles, etc, 1re partie, Géométrie graphique. In-f°, 10 p. et 18 pl.   2 fr. 50
— 2e partie, Étude géométrique des solides. In-fol, 20 p. et 20 pl. 5 fr,

BRÉART. (E.), lieutenant de vaisseau. Manuel du gréement et de la manœuvre, pour servir au brevet de capitaine au long cours et de maitre au cabotage, suivi de notes utiles à tous les marins. 1 vol. grand in-8 de 448 p. et un atlas double grand in-8 de 16 pl., 12e éd,   10 fr,
Ouvrage publié avec l'autorisation de Son Excellence le Ministre de la marine,

CALCULS FAITS, à l'usage des industriels. Édition complétement refondue des calculs faits de Lenoir, par Vinot, professeur de mathématiques. 1 vol. in-18 de 204 p. ou tableaux.   3 fr,
Cartonné.   4 fr.

CHAUMONT (L.) et J. PETIT-COLIN, anciens élèves de M. Leblanc et du Conservatoire des arts et métiers, Portefeuille des principaux appareils, machines, instruments et outils employés actuellement dans les différents genres de l'industrie française et étrangère et dans l'agriculture ; ouvrage utile à tous les ingénieurs, aux constructeurs et propriétaires de machines et à tous les élèves des écoles professionnelles, 1 vol. de texte in-fol. oblong et un atlas in-fol. de 88 pl.   40 fr.

COURTOIS GÉRARD, horticulteur. Manuel pratique du jardinage, contenant la manière de cultiver soi-même un jardin ou d'en diriger la
culture. 6ᵉ édit. In-18 jésus, vii-396 p.   3 fr. 50
DEMANET (A.), lieutenant-colonel du génie. Cours de construction professé à l'Ecole militaire de Bruxelles. Connaissance et emploi des
matériaux, théorie des constructions, établissement des fondations,
application et économie des travaux, et entretien. 2 vol. gr. in-8,
ensemble 1,108 p. et tableaux, avec un atlas in-fol., de 60 pl. 70 fr.

SOMMAIRE DES MATIÈRES.

Première partie. Connaissance des matériaux, 1ʳᵉ section : étude des matériaux pierreux, des pierres en général ; étude minéralogique des pierres à
bâtir; ressources de la France en pierres à bâtir; ressources de la Belgique en
pierres à bâtir; des sables, des argiles, des pierres artificielles; renseignements
sur les pierres artificielles de France, renseignements sur les pierres artificielles belges; du verre à vitre. 2ᵉ section : étude des matériaux ligneux ; bois
de construction; des arbres propres à fournir des bois de construction, bois de
fascinages, plantes herbacées ; aperçu des ressources de la France et de la
Belgique en matériaux ligneux. 3ᵉ section : étude des matériaux métalliques ;
fer, plomb, zinc, étain, cuivre et alliage ; objets de clouterie. Aperçu des ressources de la France et de la Belgique en matériaux métalliques.

Deuxième partie. Emploi des matériaux, 1ʳᵉ section : emploi des matériaux
pierreux ; art du maçon appareilleur, art du maçon, art du plafonneur et du
stucateur, art du paveur et du carreleur, art du couvreur. 2ᵉ section : emploi
des matériaux ligneux ; art du charpentier, art du menuisier, art du tourneur,
art du fascineur et du paillassonneur. 3ᵉ section : emploi des matériaux métalliques ; art du serrurier, art du plombier, du ferblantier et de l'ouvrier en cuivre et en zinc.

Troisième partie. Théorie des constructions, 1ʳᵉ section : théorie de la résistance des solides, applications de la théorie de la résistance des solides à
l'établissement des constructions, détermination des coefficients d'élasticité et
de rupture. 2ᵉ section : détermination de l'épaisseur des murs, murs soumis à
des pressions verticales, murs soumis à des poussées horizontales ou obliques,
théorie de l'équilibre des voûtes.

Quatrième partie. Etablissement des fondations, 1ʳᵉ section : notions préliminaires, nature et qualité du sol, reconnaissance du terrain des diverses espèces de fondations. 2ᵉ section : des opérations préliminaires à l'établissement des fondations, sondage du terrain, déblai des tranchées, drainage,
régalage et vérification du fond, établissement des échafauds, construction des
batardeaux, épuisements. 3ᵉ section : des opérations relatives à l'établissement
des fondations, construction des pilotis, construction des grillages et plates-
formes en charpente, construction des caissons sans fond, immersion du
béton, formation des enrochements, construction des maçonneries de la base,
construction des massifs buttants et comprimants.

Cinquième partie. Applications, 1ʳᵉ section : bâtiments civils et militaires;
2ᵉ section : ponts; 3ᵉ section : écluses, batardeaux, digues, etc.

Sixième partie. Economie des travaux, appendice, travaux d'entretien et des
réparations.

DICTIONNAIRE ENCYCLOPÉDIQUE USUEL, ou Résumé de tous les dic-
tionnaires historiques, biographiques, géographiques, mythologiques,
scientifiques, artistiques et technologiques, et Répertoire universel et
abrégé de toutes les connaissances humaines, contenant la matière
de 50 volumes in-8 ordinaires, et présentant la définition exacte et
précise de quarante mille mots; publié sous la direction de Ch. Saint-
Laurent. 2 vol. gr. in-8 à 3 colonnes, vi-1,487 p., 4ᵉ édition.   25 fr.

DUBOIS (Edmond), ancien officier de marine, professeur d'astronomie et de navigation à l'École navale impériale. Le Nouveau Cosmos, revue astronomique pour l'année 1862. Gr. in-18 de 118 p. Paris.　　**2 fr.**

FRESENIUS (R.) et WILL (H.), docteurs. Nouvelle Méthode pour reconnaître et pour déterminer le titre véritable et la valeur commerciale des potasses, des soudes, des cendres, des acides, des manganèses, avec 9 tables de détermination. Traduit de l'allemand par le docteur G. W. Bichon. 1 vol. in-18, 164 p. avec bois dans le texte et tableaux.
2 fr. 50

GAUDRY (J.), ingénieur au chemin de fer de l'Est. Instruction pratique sur la construction, l'emploi et la conduite des machines agricoles en général et des machines à vapeur rurales en particulier. 1 vol in-18, 100 p. et bois dans le texte.　　**1 fr. 75**

GROUVELLE et JAUNEZ, ingénieurs civils. Guide du chauffeur et du propriétaire de machines à vapeurs, 4ᵉ édition entièrement refondue par P. Grouvelle. 2 vol. in-8 et 2 atlas in-8.　　**20 fr.**

1ʳᵉ partie : Traité de la construction et du service des fourneaux et des chaudières à vapeur et de circulation d'eau, etc. 1 vol. in-8, 540 p. et 52 pl.

2ᵉ partie : Règles et modèles de construction des principaux types de machines à vapeur, consommations, entretiens et services comparés, accidents de chaque pièce, calcul et mesures de leur force ; machines des locomotives, des locomobiles, etc., etc. 1 vol. in-8, 602 p. et atlas in-8, 4 p. et 44 pl.

La planche 3 dans l'atlas de la deuxième partie n'existe pas.

HERLANT (A). Précis du cours de chimie usuelle professé aux sections d'infanterie et de cavalerie à l'École militaire de Belgique, par Achille Herlant, pharmacien de première classe, chevalier de l'ordre de Léopold, décoré de la croix comm., chargé de la direction pharmaceutique de l'hôpital militaire de Bruxelles. 2ᵉ édit., avec figures, corrigée, augmentée et imprimée en deux sortes de caractères, pour servir aux élèves des athénées (section professionnelle) et des universités (candidature en sciences). In-8 de 592 p. Bruxelles.　　**7 fr.**

JARIEZ (J.), ancien sous-directeur des écoles de Châlons et d'Aix, ancien professeur de mécanique à l'Ecole d'Angers, fondateur et directeur de l'Ecole de Lima (Pérou). Cours élémentaire de sciences mathématiques, physiques et mécaniques appliquées aux arts industriels, à l'usage des élèves des Ecoles impériales d'arts et métiers et des Ecoles professionnelles.

Tome I. Arithmétique. 5ᵉ édit. In-8, 222 p.　　**3 fr. 50**

Tome II. Notions d'algèbre et de trigonométrie. In-8, 336 p. et pl.　　**5 fr.**

Tome III. Géométrie élémentaire. 3ᵉ édit., revue et corrigée par l'auteur. In-8, 498 p., 831 fig. dans le texte.　　**6 fr.**

Tome. IV. Géométrie descriptive. 3ᵉ édit., revue et corrigée. In-8, 183 p. et atlas de 13 pl. Paris.   6 fr.

Tome V et VI. Mécanique industrielle. 3ᵉ édit. 2 vol. in-8 ensemble de 815 p. et 13 pl.   14 fr.

LIEBIG (J.). Introduction à l'étude de la chimie, contenant les principes généraux de cette science, les proportions chimiques, la théorie atomique, etc., accompagnée de considérations détaillées sur les acides, les bases et les sels, traduit de l'allemand par Ch. Gerhardt. 1 vol. in-12, 248 p.   2 fr.

MARIOT-DIDIEUX. Education lucrative des poules, ou Traité raisonné de gallinoculture. 1 vol. in-18, 530 p.   3 fr. 50

—Guide de l'éducateur de lapins, ou Traité de la race cuniculine, suivi de l'Art de mégisser leurs peaux et d'en confectionner des fourrures. 2ᵉ édition. Grand in-18, 165 p.   1 fr. 75

— Le Chasseur médecin, ou Traité complet sur les maladies du chien, par Francis Clater, vétérinaire anglais. Traduit de l'anglais sur la 27ᵉ édition. 3ᵉ édition française, corrigée et augmentée par Mariot-Didieux, vétérinaire en premier, attaché aux remontes de l'armée. In-12, vII-189 p.   2 fr.

MIEGE. Guide pratique de télégraphie électrique, ou Vade-mecum pratique à l'usage des employés des lignes télégraphiques, suivi du programme des connaissances exigées pour être admis au surnumérariat dans l'administration des lignes télégraphiques ; par B. Miége, directeur de station. In-18 jésus, xI-148 p. Paris.   2 fr.
Bibliothèque des professions industrielles et agricoles.

MUFFAT. Collection de machines à vapeur pour servir aux études pratiques de dessin et de lavis, dressées à l'échelle, accompagnées d'un texte explicatif et précédées d'un cours raisonné de lavis ; ouvrage utile aux ingénieurs-mécaniciens et aux professeurs et élèves des écoles professionnelles.

Cette collection contient tous les types de machines à vapeur employées dans l'industrie. Ces machines, réduites, d'après nature, suivant une échelle métrique, peuvent servir à la construction. Elle se compose de 12 planches de 0ᵐ,75 sur 0ᵐ,55.

NOMENCLATURE.

Pl. 1, machines de Cornouailles. 2, locomobiles Rouffet. 3, locomotives Crampton (grande vitesse). 4, machine à balancier de Wolff, 5, machine horizontale. 6, machine verticale. 7, machines oscillantes du Titan. 8, machine à vapeurs d'eau et d'éther. 9, machine à air dilaté de Lenoir. 10, régulateur à air et à force centrifuge. 11, cylindre à vapeur coulisse Stephenson, etc. 12, pompes diverses et condenseur.

Prix de la collection coloriée.	30 fr.	
Id. noire.	20	
En album, le prix du cartonnage.	2	50
Chaque planche séparée se vend coloriée.	3	
Id. noire.	2	25

MULAT. Traité de géométrie pratique, précédé du système métrique des poids et mesures, et suivi des règles de trois, d'intérêt et d'escompte, avec un grand nombre de modèles d'actes sous seing privé, à l'usage des écoles primaires, des cultivateurs et des ouvriers de toutes les professions ; par M. Mulat, instituteur. In-12, 143 p. et 4 pl.   1 fr. 25

PERDONNET (A.), ancien élève de l'Ecole polytechnique, directeur de l'Ecole centrale des arts et manufactures, administrateur des chemins de l'est de la France et de l'ouest de la Suisse, etc., etc.

— Notions générales sur les chemins de fer. Statistique, histoire, exploitation, accidents, organisation des compagnies, administration, tarifs, service médical, institution de prévoyance, construction de la voie, voitures, machines fixes, locomotives, nouveaux systèmes, etc., terminé par une bibliographie raisonnée des chemins de fer. 1 vol. in-18, 452 p., avec nombreux bois dans le texte et tableaux.   5 fr.

POURIAU (A.), docteur ès sciences, professeur à l'Ecole impériale d'agriculture lyonnaise.

— Eléments des sciences physiques appliquées à l'agriculture. Chimie inorganique, suivie de l'étude des marnes, des eaux, et d'une méthode générale pour reconnaître la nature d'un des composés minéraux, intéressant l'agriculture ou la médecine vétérinaire. 1 vol. in-12, 512 p. et 154 bois dans le texte.   6 fr.

RAMBOSSON (J.), ancien rédacteur en chef du journal *la Science pour tous*, rédacteur des Revues scientifiques de la *Gazette de France*, etc. La Science populaire, ou Revue du progrès des connaissances et de leurs applications aux arts et à l'industrie. 1 vol. in-12, 494 p. et nombreuses figures dans le texte. Paris.   3 fr. 50

ROBINET (feu), ingénieur civil. Cours de lavis, appliqué à l'enseignement du dessin d'architecture et des machines, avec un texte descriptif. Ouvrage destiné aux élèves des écoles des beaux-arts et des arts industriels, et à ceux qui désirent être admis aux Ecoles polytechnique, de Saint-Cyr, de la marine, des mines et à l'Ecole centrale des arts et manufactures. 3e édit. gr. in-fol., 12 p. et 50 pl.   25 fr.

VIOLETTE (J.-M.-H.), commissaire des poudres et salpêtres. Nouvelles Manipulations chimiques simplifiées, ou Laboratoire économique de l'étudiant, ouvrage contenant la description d'appareils simples et nouveaux, suivie d'un Cours de chimie pratique à l'aide de ces instruments. 3e édition, considérablement augmentée, avec 30 tableaux et 200 fig. dans le texte. 1 vol. in-8, 476 p.   7 fr. 50

VINOT. Calculs faits à l'usage des industriels. Recueil de tables et de calculs à l'usage des chefs d'ateliers, des contre-maîtres, des ouvriers. 1 vol. in-18, XII-204 p. Broché, 3 fr. — Cartonné.   4 fr.

WILL (H.). De l'analyse qualitative, instruction pratique à l'usage des laboratoires de chimie ; traduit de l'allemand par le docteur O. W. Bichon. 1 vol. in-18.   2 fr.

La Bibliographie des Ingénieurs, des Architectes et des Agriculteurs paraît depuis le 1er janvier 1857. D'abord publiée semestriellement, elle est devenue trimestrielle à la suite de nombreuses demandes, 1857 à 1861, cinq années forment la deuxième série, 1 vol. in-8 de 186 pages, avec table méthodique et table des noms d'auteurs. La troisième série, en cours de publication, sera réunie en 1 vol. avec tables, à la fin de l'année 1865.

La première série, qui comprendra tous les ouvrages remarquables parus antérieurement à 1857, est aujourd'hui sous presse, et nous en ouvrons dès à présent la souscription.

Cette partie formera 1 volume in-8 d'environ 700 pages, y compris une table méthodique, et une des noms d'auteurs ; elle sera publiée par livraison à partir de janvier 1864.

Prix : pour les souscripteurs qui payeront d'avance,   10 fr.

On souscrit en adressant franco, à M. Lacroix, ladite somme de DIX FRANCS, en un mandat sur la poste.

A la réception de cette somme, M. Lacroix enverra :

1° Les livraisons parues de cette première série ;

2° Et à titre gratuit et franco :

La deuxième série, dont le prix est de 3 fr. et tous les numéros parus et à paraître de la troisième série, dont le prix par numéro est de 25 c. Cette série, qui sera terminée en 1865, aura donc seize numéros, ce qui, à 25 c., représente   4 fr.

Les souscripteurs ne payeront donc, par le fait, cette première série, 1 vol. de 700 à 800 pages, que   3 fr.

C'est-à-dire juste et peut-être au-dessous du prix de fabrication, surtout si le nombre des souscripteurs n'atteint pas au moins le chiffre de 11,000, chiffre actuel du tirage de la Bibliographie. Nous ne mettons pas en ligne de compte le temps et la peine qu'il nous a fallu pour réunir tous les matériaux nécessaires à la formation de ce volume, et tout le temps qu'il nous faudra encore pour en suivre et diriger l'impression à la satisfaction de tous nos souscripteurs.

Le Rédacteur, EUGÈNE LACROIX.

Paris. — Typographie HENNUYER et fils, rue du Boulevard, 7.

BIBLIOGRAPHIE

DES

INGÉNIEURS, DES ARCHITECTES

DES

CHEFS D'USINES INDUSTRIELLES

DES

ÉLÈVES DES ÉCOLES POLYTECHNIQUE ET PROFESSIONNELLES

ET DES AGRICULTEURS

PUBLIÉE

PAR EUGÈNE LACROIX

LIBRAIRE-ÉDITEUR, A PARIS

IIIᵉ SÉRIE. Nᵒ 8.

PUBLICATIONS DU QUATRIÈME TRIMESTRE 1863

TIRÉE A 11,000 EXEMPLAIRES.

25 centimes.

AVIS DE L'ÉDITEUR. — La plupart des ouvrages sans indication de prix, et les Cours lithographiés des diverses Écoles, sont des publications qui, le plus souvent, ne sont pas livrées au commerce ; nous les signalons cependant à l'attention de nos lecteurs, tout en les prévenant que l'acquisition en est quelquefois impossible. A cette occasion, nous prions ceux de nos clients qui seraient en possession de quelques-uns de ces ouvrages qui, pour eux, deviendraient sans utilité, de vouloir bien nous en proposer l'acquisition, pour nous aider à compléter notre collection et celles de quelques-uns de nos abonnés.

PARIS

LIBRAIRIE SCIENTIFIQUE, INDUSTRIELLE ET AGRICOLE

EUGÈNE LACROIX, ÉDITEUR

Libraire de la Société des Ingénieurs civils.

15, QUAI MALAQUAIS.

Paris. — Typographie HENNUYER ET FILS; rue du Boulevard, 7.

A

ALRIC (J.). Construction sous un chemin de fer en exploitation : pont de service en charpente sans assemblages, 1 pl.

Portefeuille des conducteurs. 4e série.

ALCAN, ingénieur civil, etc. Succédanés du coton.   5 fr.

Annales du Conservatoire. No 14.

* ANNALES D'AGRICULTURE (Nouvelles), par Oppermann (C.-A.). Revue des fermes impériales, organe de la Compagnie des constructions rurales économiques, de la Compagnie générale du drainage et de la Société d'acclimatation, 5e année. (Paraît mensuellement.) L'année forme 1 vol. in-fol. d'environ 150 p. de texte à 2 colonnes et 50 à 60 pl. Prix de l'abonnement, Paris, 15 fr. par an ; province, 18 fr,

SOMMAIRE DU 4e TRIMESTRE 1863.

Ferme d'expérimentation agricole à Vincennes. — Engrais de vidange employé dans les landes. — Recherches nouvelles sur le plâtrage en agriculture. — Plan d'ensemble de la ferme de Villaroche, 2 pl. — Les tabacs à l'Exposition de Londres. — Type de distillerie agricole (système Leplay), 2 pl. — Etudes sur le matériel des étables, bergeries et porcheries, 1 pl. — Four circulaire à sole tournante, par M. Rolland, 1 pl. — Culture et exploitation du lin en Algérie. — La culture flamande, ou une visite à Hazebrouck. — De l'état actuel du drainage en France. — Sucrerie de M. Beaupère, 3 pl. — Revue des comices et concours.

* ANNALES du Conservatoire impérial des arts et métiers, recueil de mémoires et d'observations sur les sciences, l'industrie et l'agriculture; publiées par MM. les professeurs du Conservatoire ; M. Ch. Laboulaye, directeur de la publication.

4e ANNÉE. SOMMAIRE DU 2e TRIMESTRE. (OCTOBRE, NOVEMBRE ET DÉCEMBRE 1863.)

Rapport à S. Exc. le ministre de l'agriculture, du commerce et des travaux publics, sur l'enseignement du Conservatoire des arts et métiers en 1862-1863, par M. A. Morin. — Essais sur la conservation des farines (1857-1863), par le même. — Succédanés du coton, par M. Alcan. — Procès-verbal des expériences faites au Conservatoire des arts et métiers sur la machine à égrener le coton de M. J. Durand, par M. H. Tresca. — Procès-verbal des expériences faites sur la machine du bateau *la Comtesse Luba* de M. Gache, par le même, 1 pl.—De la constitution moléculaire des corps compatible avec la théorie mécanique de la chaleur, 1 pl. (2e article), par M. Ch. Laboulaye. —

Composition des poussières provenant du nettoyage et du débourrage des laines, par M. A. Houzeaux. — La parfumerie en 1862, par M. Barreswil. — Etudes pour servir à l'histoire de la chimie, par M. P.-P. Deherain.

Les Annales du Conservatoire paraissent tous les trois mois, depuis le 1er juillet 1860, en cahiers de 12 à 15 feuilles in-8; avec gravures sur cuivre et sur bois.

Prix de l'abonnement et de chaque année parue, 16 francs par an.

* ANNALES DU GÉNIE CIVIL, recueil [de mémoires sur les mathématiques pures et appliquées, les ponts et chaussées, les routes et chemins de fer, les constructions et la navigation maritime et fluviale, l'architecture, les mines, la métallurgie, la chimie, la physique, les arts mécaniques, l'économie industrielle, le génie rural; revue de l'industrie française et étrangère, publiée par une réunion d'ingénieurs, d'architectes, de professeurs et d'anciens élèves de l'Ecole centrale et des Ecoles d'arts et métiers, avec le concours d'ingénieurs et de savants étrangers.

2e Année 1863. Sommaire du 4e trimestre.

De la pente à donner aux talus des grandes digues, d'après les travaux de commissions officielles, par M. J. N., ingénieur civil. — Sur la théorie de la trempe, par M. Ed. Grateau. — Note sur l'opération du dérasement de la roche La Rose à l'entrée du port de Brest, 1 pl., par M. Verrier. — Méthode infinitésimale sans métaphysique et indépendante de la méthode des limites, 1 pl., par M. J.-J. Manilius. — Destruction des insectes nuisibles aux plantations, par M. Bernadeau. — Essai sur les moyens de prévenir les effets nuisibles de la fumée, 1 pl., par M. Williams Wye, traduit par M. Bona Christave, capitaine de frégate. — Choix des semences, par M. G. Le Docte. — De la cochenille et de son emploi dans la fabrication des tissus imprimés et teints, par M. Kœppelin. — Appareil à forer sur place les conduites d'eau et de gaz, de M. M. Mathelin, par M. A. Guettier —. Sur l'épaisseur maximum de mort-terrain dont l'exploitation du lignite peut supporter les frais d'enlèvement, par M. Ed. Grateau. — Distillation des térébenthines et des résines, 1 pl., par M. Henri Violette. — Nouvelles grues perfectionnées, 2 pl., par M. J. Chrétien. — Principes relatifs à la transmission du mouvement d'un corps solide à un autre, 1 pl., par M. Ch. Girault. — Fabrication de quelques pièces de grosse forge, précédée de nouvelles observations sur l'effet du recuit, 1 pl., par M. Ortolan. — Altération et conservation des bois employés en agriculture et en horticulture, par M. A. Pouriau. — Viaducs du Rœsbœchel et de la Largue, construits sur le chemin de fer de Paris à Mulhouse, 2 pl., par M. A. Dubois. — Graduation du manomètre à air comprimé, 1 pl., par M. Garnault. — Note sur une question d'astronomie élémentaire, par M. Ed. Dubois. — Pisciculture. Transport des poissons vivants, par M. Carbonnier. — Chronique minière et métallurgique, par M. Ed. Grateau. — Examen des travaux remarquables exécutés à l'étranger. — Analyse et examen des revues, des publications et des inventions nouvelles, par le comité de rédaction. — Travaux des Sociétés savantes et d'utilité publique. — Variétés. — Bulletin bibliographique.

Les Annales du génie civil paraissent mensuellement depuis le 1er janvier 1862, par cahier de 4 à 5 feuilles grand in-8º, avec figures dans le texte et 3 ou 4 pl. in-4 gravées.

Prix de l'abonnement à l'année courante, 20 francs par an. — Avec les mémoires des ingénieurs civils (1863), 30 francs.

Prix des années écoulées, 1 fort vol. grand in-8 et atlas dans un carton, 25 francs.

* ANNUAIRE publié par le comité de la Société des anciens élèves des

Ecoles impériales d'arts et métiers, 1863, 16° année. In-8, 412 p. et
11 pl., Saint-Nicolas.   5 fr.

Cet ouvrage forme avec les volumes publiés précédemment et annuellement
le recueil des travaux des anciens élèves des Ecoles d'arts et métiers. Plusieurs
années de la collection sont très-rares ; 1848, 1849, 1850 et 1853.

ARMENGAUD aîné, ingénieur, ancien professeur au Conservatoire im-
péral des arts et métiers. Le Vignole des mécaniciens, essai sur la
construction des machines, études des éléments qui les constituent,
types et proportions des organes qui composent les moteurs, les
transmissions de mouvement et autres mécanismes, 1er fascicule.
In-4, xlviii-360 p., Saint-Nicolas.   20 fr.

L'ouvrage se composera d'un vol. de texte in-4°. avec 150 grav. sur bois,
et d'un atlas de 40 pl. in-fol., gravées sur cuivre. Il sera complet en 2 fasci-
cules.

B

* BARBOT (Charles), ancien joaillier, membre de plusieurs sociétés
savantes. Guide pratique du joaillier, ou Traité complet des pierres
précieuses, leur étude chimique et minéralogique, les moyens de les
reconnaître sûrement, leur valeur approximative et raisonnée, leur
emploi, la description des plus extraordinaires et des chefs-d'œuvre
anciens et modernes auxquels elles ont concouru. 1 vol. in-18,
567 p. et 178 fig., Paris.   5 fr.

Bibliothèque des professions industrielles et agricoles. Publié par E. Lacroix. Série G, n° 26.

BARRESWIL. La parfumerie en 1862.   5 fr.

Annales du Conservatoire, n° 14.

BARRUEL (G.), ex-préparateur à la faculté des sciences de Paris, etc.
Traité de chimie technique appliquée aux arts et à l'industrie, à la
pharmacie et à l'agriculture, tome VII et dernier, traitant de la chimie
appliquée aux arts agricoles. In-8, 547 p., Mesnil.   7 fr.

BERNADEAU. Destruction des insectes nuisibles aux plantations.

Annales du génie civil. 2e année.

* BOCHET (Pierre-Alexis). Le Guide du comptable, ou Nouveaux éléments
de comptabilité commerciale, méthode synthétique, brève et facile,
contenant l'exposition des divers systèmes connus, des exercices théoriques et des exercices éminemment pratiques, les termes en usage
dans le commerce, etc., de nouveaux contrôles ou nouvelles balances,
le journal rationnel à double balance identique et continue, l'application du journal-partiteur à la comptabilité agricole et à celle des
revenus fonciers, les comptes d'intérêts, les opérations en participa-
tion, un tableau synoptique et comparatif des monnaies, poids et mesures des principales places du commerce, etc.; précédés de la Méthode

en partie simple, par E.-T. Jones, de Bristol. In-8. xxvii-120 p.,
Troyes.   5 fr.

BOUDARD jeune. Note sur l'exposition universelle de Londres en 1862,
1 planche.

Bulletin de la Société industrielle d'Amiens. Tome II.

BOUDIN (M.), ingénieur des ponts et chaussées, professeur à l'Ecole du
génie civil à Gand. De l'axe hydraulique des cours d'eau contenus
dans un lit prismatique, et des dispositifs réalisant, en pratique, ses
formes diverses. In-8 de 159 p., Gand.   4 fr.

BOUTAN, professeur au lycée Saint-Louis, et D'ALMEIDA, professeur au
lycée Napoléon. Cours élémentaire de physique, précédé de notions de
mécanique et suivi de problèmes, avec 633 fig. et un spectre solaire
intercalés dans le texte. In-8, 864 p., Corbeil.   7 fr.

BRIOT (Charles), professeur au lycée Saint-Louis. Essais sur la théorie
mathématique de la lumière. In-8, xxii-132 p., Paris.   4 fr.

BROISE et THIEFFRY, autographes. Album encyclopédique des chemins de fer, publication autorisée par les Compagnies. Chaque livraison mensuelle se compose de 12 pl. 1/2 gr. aigle.

Prix de la livraison.   4 fr.
La 1/2 feuille gr. aigle.   50 c.
La feuille gr. aigle.   1 fr.

PLANCHES PUBLIÉES PENDANT LE 4e TRIMESTRE 1863.

17e livraison.

N°s 193, 194. Grue hydraulique. — Poids des pièces, etc. (Lyon à la Méditerranée.)
195. Moteur à air chaud. — Pl. I. (Machine de 3 chevaux.) (M.L.-D. Girard.)
196.   Id.   Texte. 1re part.   (Id.)   (Id.)
197. Plan d'ensemble des changements de voie en rails Vignole. (Nord.)
198. Machine locomobile de 2 chevaux. (Calla.) Détails. (Nord.)
199.   Id.   Id.   Id.   (Id.)
200, 201. Waggon couvert à volets. — Ensemble. (Ouest-France.)
202. Frein automoteur à 2 sabots. (M. Guérin.)
203.   Id.   à 4 sabots.   Id.)
204. Aiguillage simple en rails double champignon. (Orléans R. C.)

18e livraison.

205. Moteur à air chaud. Pl. n° 3. (M. L.-D. Girard.)
206.   Id.   Pl. n° 2.   (Id.)
207.   Id.   Texte. 2e part. (Id.)
208, 209. Waggon couvert à volets. — Caisse. (Ouest-France.)
210. Machine locomobile de 2 chevaux. (Calla.) — Détails. (Nord-France.)
211.   Id.   Id.   Détails et légende.   (Id.)
212. Chariot pour waggons. — Ensemble et détails.   (Id.)
213. Maison de garde. — Type n° 3. — (Pl. I.)   (Id.)
214, 215. Voiture de 3e classe. — Caisse. (Ouest-France.)
216. Profils de rails en acier. (Divers chemins de fer.)

19e livraison.

217, 218. Machine locomotive à marchandises à 8 roues couplées au 1/20.
Elévation, plan et coupes. (Nord de l'Espagne.)

219. Moteur à air chaud. — Pl. nº 4.   (M. L.-D. Girard.)
220.   Id.   Texte. 3ᵉ part.   (Id.)
221, 222. Voiture de 3ᵉ classe.— Caisse (2ᵉ feuille). (Ouest-France.)
223. Profils de rails en acier. (Divers chemins de fer.)
224, 225. Voie Vignole.— Disposition du joint éclissé. (Paris-Lyon-Méd.)
226. Maison de garde. — Type nº 3, pl. II. (Nord-France.)
227, 228. Lanterne pour mâts de signaux. (Paris-Lyon-Méditerranée.)

* BULLETIN de la Société de l'industrie minérale. tom. VIII, 3ᵉ livraison.
   janvier, février et mars 1863. In-8, 183 p. et 6 pl. in-fol.
   Prix du numéro,   7 fr.
   L'année ou volume,   25 fr.

SOMMAIRE DE LA 3ᵉ LIVRAISON DU TOME VIII.

Etude sur les filons barytiques et plombifères des environs de Brioude, par
M. J. Dorlhac (suite). — Note sur les houillères françaises en 1862, par
M. Luyton. — Notice sur le procédé Bessemer pour l'affinage de la fonte, par
M. Vicaire.— Machine à fabriquer les tuiles, carreaux et briques de MM. Bou-
let et Buissare, par M. J. Pirckher.

*BULLETIN de la Société industrielle d'Amiens, paraissant tous les deux
   mois.

TOME II, nᵒˢ V ET VI. (SEPTEMBRE ET NOVEMBRE 1863.)

SOMMAIRE : Cours de tissage à Amiens. — En quoi il différera de celui qui
est professé au Conservatoire des arts et métiers de Paris, par M. Ed. Gand.
— Rapport sur le métier rectiligne automatique de M. Tailbouis, 2 pl., par
le même. — Notice sur l'appareil Carré, destiné à produire la glace artificiellement, 1 pl., par M. P. Poiré. — Note sur l'Exposition universelle de Londres
en 1862, 1 pl., par M. Boudard jeune. — Recherches sur les gaz que la
tourbe dégage par l'action de la chaleur, par M. Commines de Marsilly. —
Mémoire sur les houilles qui approvisionnent le département de la Somme, par
le même.
   Prix de l'abonnement à l'année,   10 fr.
   Le numéro séparé,   3 fr.

C

* CARBONNIER, pisciculteur, fabricant d'appareils à éclosion, membre
   de la section des poissons de la Société impériale d'acclimatation et
   de plusieurs sociétés savantes, etc. Guide pratique du pisciculteur,
   1 vol. in-18 jésus, viii-200 p. et nombreuses gravures dans le texte,
   Paris.   2 fr.

Bibliothèque des professions industrielles et agricoles publiée par E. Lacroix.
Série II. Nº 20.

* CARRIÉ (l'abbé), curé de Barbaste. Hydroscopographie et métallosco-
   pographie, ou l'Art de découvrir les eaux souterraines et les gisements
   métallifères au moyen de l'électro-magnétisme. In-8, 241 p., Poi-
   tiers.   5 fr.

*CHATEAU (Théodore), chimiste, ex-préparateur au Muséum d'histoire
   naturelle, lauréat de la Chambre de commerce d'Avignon pour le
   concours des falsifications des garances, lauréat de la Société industrielle de Mulhouse pour les falsifications des corps gras et pour

l'analyse des benzines, nitro-benzines et anilines du commerce,
Guide pratique de la connaissance et de l'exploitation des corps gras
industrielle, contenant l'histoire des provenances, des modes d'extraction, des propriétés physiques et chimiques, du commerce des
corps gras ; des altérations et des falsifications dont ils sont l'objet,
et des moyens anciens et nouveaux de reconnaître ces sophistications.
1 vol. in-18 d'environ 400 p. ou tableaux.   4 fr.

Bibliothèque des professions industrielles et agricoles publiée par E. Lacroix. Série G. No 9.

CHRÉTIEN (J.). Nouvelles grues perfectionnées, 2 pl.

Annales du Génie civil. 2ᵉ année.

COUMES, ingénieur en chef des ponts et chaussées, chargé des travaux
du Rhin et de l'établissement de pisciculture de Huningue. Rapport
sur la pisciculture et la pêche fluviale en Angleterre, en Ecosse et en
Irlande, considérées au double point de vue des procédés de production, tant naturels qu'artificiels, et de la législation qui protége le
peuplement des cours d'eau. In-4, 107 p., Strasbourg.

Publication du ministère de l'agriculture, du commerce et des travaux
publics.

D

DAGUIN (P.-A.). professeur de physique à la faculté des sciences [de
Toulouse. Cours de physique élémentaire, avec les applications à la
météorologie, à l'usage des lycées et des établissements d'instruction
secondaire, avec 760 fig. intercalées dans le texte. In-8, viii-736 p.,
Toulouse.   7 fr.

DARONDEAU (B.), ingénieur hydrographe de la marine. Sur l'emploi du
compas étalon et la courbe des déviations à bord des navires en fer
et autres. In-8, 40 p. et 2 pl., Paris.   1 fr.

Publications du dépôt de la marine.

DEHERAIN (P.-P.). Etudes pour servir à l'histoire de la chimie.   5 fr.

Annales du Conservatoire. No 14.

DORLHAC (J.), ingénieur civil des mines. Etudes sur les filons barytiques et plombifères des environs de Brioude, accompagnées de considérations sur leurs directions, leur âge, leur origine et leur composition, et sur les soulèvements et les accidents des dépôts houillers
de Bressac et de Langeac (Haute-Loire et Puy-de-Dôme). In-8, 168 p.
et pl., Saint-Etienne.

Extrait du Bulletin de la Société de l'industrie minérale, t. VIII, 3ᵉ livr.

* DUBIEF (L.-F.), chimiste, auteur de plusieurs ouvrages qui ont mérité
les honneurs de la réimpression en France et à l'étranger. Guide
pratique de la fabrication des vins factices et des boissons vineuses en

général, ou manière de fabriquer soi-même des vins, cidres, poirés, bières, hydromels, piquettes et toutes sortes de boissons vineuses. In-18 jésus de 72 p., Paris. 1 fr. 50

Bibliothèque des professions industrielles et agricoles publiée par E. Lacroix. Série J. N° 1.

DUBOIS (A.) et PETIT. Viaducs de Rœsbœchel et de la Largue, construits sur le chemin de fer de Paris à Mulhouse, 2 pl.

Annales du génie civil. 2e année.

DUMONT et RICHARD. Paris port de mer, canal maritime de Dieppe à Paris, proposé par E. Sabatié. Projet et mémoire justificatif, par M. Aristide Dumont, ingénieur en chef, et Louis Richard, avec 1 carte. In-4, 147 p., Paris.

E

ENQUÊTE sur l'exploitation et la construction des chemins de fer, publiée par ordre de S. Exc. le ministre de l'agriculture, du commerce et des travaux publics. In-4, cxlvi-350 p., Paris.

ETROYAT (d'). Traité élémentaire d'architecture navale, 3e partie. Détails de la construction. In-4, 185-288 p. et 5 pl., Nantes.

F

FAIVRE. Types de charpentes en bois. Hangar à marchandises, 7 pl. Chemins de roulement des grues Nepven dans les hangars à marchandises, 2 pl.

Portefeuille des conducteurs. 4e série.

FLACHAT (Eugène). Les Chemins de fer en 1862 et en 1863. In-8, 308 p., Paris. 6 fr.

FONTENAY. Mémoire sur la construction des grands tunnels, par M. Toni Fontenay, suivi du Compte rendu et des observations faites par M. E. Flachat à la Société des ingénieurs civils. In-8, 44 p. et 2 pl., Paris. 7 fr.

3e trimestre 1863. Des mémoires de la Société des ingénieurs civils.

FOUCHÉ (J.), dessinateur industriel. De l'enseignement oral du dessin industriel dans l'éducation artistique et professionnelle. Mémoire sur l'enseignement du dessin graphique. Programme d'un cours complet de dessin et de lavis. In-8, 40 p., Paris. 1 fr.

G

GADRIOT (P.-F.), menuisier-ébéniste dessinateur. L'Ouvrier menuisier, traité complet de dessins appliqués à la menuiserie; 1re partie. In-8, 275 p. et 56 pl., Marseille. Chaque livraison. 3 fr. 50

GARNAULT (E.). Graduation du manomètre à air comprimé, 1 pl.

Annales du génie civil. 2ᵉ année.

GARRAUD (Léopold), capitaine de frégate. Etudes sur les bois de construction, avec figures dans le texte. In-12, xi-303 p., Paris. 3 fr. 50

* GAYOT (Eugène). L'Agriculture en 1863 , 2ᵉ année. Exposition et concours à travers champs, 1 vol. in-12, 316 p., Paris.   3 fr.

Cet ouvrage a été adopté par un grand nombre de comices pour être distribué en prime.

GESLIN, architecte. Tarif, ou Eléments des prix de tous les ouvrages de la construction des bâtiments. 3ᵉ partie. Couverture, ferblanterie, zinguerie, plomberie et cuivrerie. In-18, 24 p., Angers.   50 c.

GIRARD (Hilarion), frère mariste. Guide général de l'entrepreneur de l'ouvrier en bâtiments et du propriétaire. 1 vol. in-12, 358 p., Saintes.   3 fr.

* GIRARD (L.-D.), ingénieur civil. Moteur à air chaud par génération à volume constant à pression supplémentaire plus grande que celle de l'air froid comprimé, reconstitution de la température pendant la détente , régénération de la chaleur et alimentation du foyer par l'air chaud sortant de la machine.

    1ʳᵉ partie. Description et marche de la machine.

    2ᵉ partie. Calculs approximatifs, comparaison, etc.

    3ᵉ partie. Perfectionnements dans les organes connus, etc.

    4ᵉ partie. Légende explicative.

    5ᵉ partie. Première disposition d'une machine de 1,000 chevaux appliquée à la navigation maritime. 8 pl. in-fol. double avec texte in-4., Paris.   30 fr.

GIRAULT (Ch.), professeur à la faculté des sciences de Caen. Cinématique. Principes relatifs à la transmission du mouvement d'un corps solide à un autre, 1 pl.

Annales du génie civil. 2ᵉ année.

* GOURCY (le comte Conrad de). Voyage agricole en Prusse, Hollande, Belgique et dans plusieurs parties de la France. In-8, 357 p., Angers.
    4 fr.

GRATEAU (Ed.), ingénieur civil des mines. Sur la théorie de la trempe. — Sur l'épaisseur maximum de mort-terrain dont l'exploitation du lignite peut supporter les frais d'enlèvement.

Annales du génie civil. 2ᵉ année.

* GUÉRARD (Alfred), lieutenant de vaisseau. La marine à vapeur dans une guerre maritime. In-8, 64 p., Paris.   1 fr. 50

GUETTIER (A.). Appareil à forer sur place les conduits d'eau et de gaz, de MM. Mathieu père et fils.

Annales du génie civil. 2ᵉ année.

H

HOUDOY (Jules). Recherches sur les manufactures lilloises de porcelaine et de faïence. In-8, 91 p., Lille.

HOUZEAUX (A.). Composition des poussières provenant du nettoyage et du débourrage des laines.   5 fr.

Annales du Conservatoire. Nº 14.

J

J. N. De la pente à donner aux talus des grandes digues, d'après les travaux de commissions officielles.

Annales du génie civil. 2e année.

K

* KESSLER, ingénieur chimiste. Distilleries agricoles du système Kessler applicable avec le même matériel au traitement de toutes les matières premières, aussi bien des matières sucrées, comme betteraves, carottes, garance, topinambours, mélasses, pommes ou fruits divers, que des substances amylacées, comme la pomme de terre, les grains, le riz, les fécules, etc. ; ayant obtenu la médaille d'or à Paris, à l'Exposition de 1860, et réponse à MM. Champonnois et Pommier. In-8, 40 p. et 5 pl., Metz.   1 fr. 50

KOEPPELIN. De la cochenille et de son emploi dans la fabrication des tissus imprimés et teints.

Annales du génie civil. 2e année.

L

LABOURIEU (Théodore), fondateur des expositions d'art appliqué à l'industrie. Organisation du travail artistique en France. Broch. in-8 de 32 p., Paris.

LACROIX (S.-F.). Traité élémentaire du calcul des probabilités. Quatrième édition. In-8, xi-308 p. et pl., Paris.   5 fr.

LADREY (C.). L'art de faire le vin. Grand in-18, xxiv-261 p., Dijon. 3 fr.

* LALLOUR (Édouard), ingénieur civil, ancien élève de l'École des arts et métiers d'Angers. Observations pratiques sur la stabilité et la consolidation des terrassements. Grand in-4 de 16 p., et 4 pl.   10 fr.

LE DOCTE (G.). Choix des semences.

Annales du génie civil. 2e année.

LE GRAS (A.), capitaine de frégate. Phares des côtes occidentales d'Afrique et des iles éparses de l'océan Atlantique, corrigés en août 1863. In-8, 14 p., Paris.   25 c.

Publications du dépôt de la marine.

LIÉGEARD (Charles), directeur des haras impériaux. Manuel de l'étalonneur et de l'éleveur. Grand in-18, 152 p., Dijon.   1 fr. 50

LOUVEL (A.). Tables graphiques. Texte et 1 pl.

Portefeuille des conducteurs. 4e série.

* LUNEL (le docteur A.-B.). Guide pratique du parfumeur ou dictionnaire des cosmétiques et parfums, contenant la description des substances employées en parfumerie, les altérations ou falsifications qui peuvent les dénaturer, les formules de plus de cinq cents préparations cosmétiques, huiles parfumées, poudres dentifrices, dépilatoires, eaux diverses, extraits, eaux distillées, essences, teintures, injections, esprits aromatiques, vinaigres et savons de toilette, pastilles, crèmes, etc. Ouvrage entièrement nouveau, présentant des considérations hygiéniques sur les préparations cosmétiques qui peuvent offrir des dangers dans leur emploi. 1 vol. in-12, 215 p., Abbeville.   5 fr.

Bibliothèque des professions industrielles et agricoles publiée par E. Lacroix. Série G. No 43.

— Mille procédés industriels, formules, recettes, dictionnaire universel de secrets d'une application sûre et facile, présentant, en outre, les procédés de conservation de toutes les substances alimentaires. Quatrième édition, contenant 2,300 procédés. In-8, 234 p., Paris. 10 fr.

M

MAHISTRE, professeur à la faculté des sciences de Lille. L'art de tracer des cadrans solaires, à l'usage des instituteurs et des personnes qui savent manier la règle et le compas. Deuxième édition. Grand in-18. 32 p., Paris.   1 fr. 25

MANILIUS (J.-J.). Méthode infinitésimale sans métaphysique et indépendante de la méthode des limites. 1 pl.

Annales du génie civil. 2e année.

MANUEL DU MATELOT TIMONIER, publié par ordre de Son Exc. le ministre de la marine et des colonies. Troisième édition. In-18, 164 p., Paris.

MARGUIER D'AUBONNE (J.-J.), avocat à la Cour impériale de Dijon. Chauffage de tous les waggons d'un train de voyageurs par l'air chaud et au moyen de bouches de chaleur. In-8, 11 p., Dijon.

MARLET, ancien élève de l'Ecole polytechnique. Procédé Gemini pour la fabrication du sucre sans emploi du noir animal. In-8, 16 p. et 2 pl., Paris.

MATHIEU DE DOMBASLE. Traité d'agriculture, par C.-J.-A. Mathieu de Dombasle ; publié sur le manuscrit de l'auteur par Ch. de Meixmoron de Dombasle, son petit-fils. 4e partie. Comptabilité. In-8, 658 p. et 11 tabl., Nancy.   10 fr.

Œuvres posthumes de Mathieu de Dombasle.

* MÉMOIRES et comptes rendus des travaux de la Société des ingénieurs civils, fondée le 4 mars 1848. 16e année.

Cette publication paraît trimestriellement.

2e trimestre 1863 (avril, mai et-juin). Sommaire.

Construction des grands tunnels, par M. Toni Fontenay, 2 pl. — Compte rendu et observations sur le projet de M. Toni Fontenay sur la construction des grands tunnels, par M. Eugène Flachat. — Note sur un niveau d'eau applicable aux locomotives de fortes rampes, gravures par M. Nozo.— Résumé des séances du 2e trimestre.

Prix de l'abonnement à l'année, 20 fr. ; avec les Annales du génie civil (1863), 36 fr.

* MERLY (J.-François), charpentier à Angers. Album du trait, théorie, pratique, tracés, plans, épures, élévations, coupes, etc., à l'usage des travaux d'art et de construction. 1re série. (Cette série forme un tout complet.) 1 vol. oblong, 23 p. à 2 col. et 23 pl., Angers.   10 fr.

* MEUNIER (A.). Reconstruction du pont Louis-Philippe sur la Seine à Paris. Texte et 2 pl.

— Machine pour la fabrication des mortiers, 1 pl.

— Appareil servant à expérimenter la résistance des mortiers à la traction et à l'écrasement, 1 pl.

Portefeuille des conducteurs. 4e série.

MORHANGE (de). Sur les navires cuirassés et sur quelques steamers de la marine anglaise. In-8, 84 p., Sceaux.

* MORIN (A.) (le général). Rapport à S. Exc. le ministre de l'agriculture, du commerce et des travaux publics sur l'enseignement du Conservatoire des arts et métiers en 1862-1863.

— Essais sur la conservation des farines (1857-1863).   5 fr.

Annales du Conservatoire. No 4.

N

NOZO (Alfred). Note sur un niveau d'eau applicable aux locomotives de fortes rampes.

Mémoires et comptes rendus des travaux de la Société des ingénieurs civils. 2e trimestre 1863.

O

ORTOLAN. Fabrication de quelques pièces de grosse forge, précédée de nouvelles observations sur l'effet du recuit, 1 pl.

Annales du génie civil. 2e année.

P

PALAA. Travaux publics. Formalités de réception.

Portefeuille des conducteurs. 4ᵉ série.

PERRIN et RENDU. Code des constructions et de la contiguïté, ou législation complète des bâtiments et constructions, des servitudes et du voisinage, par Perrin ; mise en rapport avec la doctrine et la jurisprudence administrative et judiciaire, jusqu'en 1863. Nouvelle édition entièrement refondue par M. Ambroise Rendu, avocat. In-8, viii-811 p., Paris. 9 fr.

PIERRE (J.-Isidore). Recherches expérimentales sur le poids de la graine de colza qui a été mouillée. In-8, 36 p., Caen.

*PIETTE (Louis).Traité de la coloration des pâtes à papier, précédé d'un aperçu sur l'état actuel de la fabrication du papier, et contenant un assortiment d'échantillons de papiers colorés. 1 vol. grand in-8 de 189 p. et 229 échantillons, Paris. 30 fr.

* POIRÉ (P.). Notice sur l'appareil Carré, destiné à produire la glace artificiellement. Texte et 1 pl.

Bulletin de la Société industrielle d'Amiens. Tome II.

* PORTEFEUILLE des conducteurs des ponts et chaussées et des gardes-mines, publié par le cercle. Mémoires, notes et documents pratiques relatifs aux constructions en général, accompagnés de nombreuses planches d'ensemble et de détail. Statistique ; prix de revient, etc. 4ᵉ série ; nᵒˢ 7, 8 et 9. Prix de l'abonnement à cette série :

Paris. 15 fr.

Province. 18 fr.

Etranger. 22 fr.

SOMMAIRE DES Nᵒˢ 7, 8 ET 9.

Tables graphiques, 1 pl., par M. A. Louvel. — Types de charpentes en bois. Hangar à marchandises, 7 pl., par M. Faivre. — Reconstruction du pont Louis-Philippe sur la Seine à Paris, 2 pl., par M. A. Meunier. — Chemins de roulement des grues Nepven dans les hangars à marchandises, texte et 2 pl., par M. Faivre. — Travaux publics, formalités de réception, par M. Palaa. — Construction sous un chemin de fer en exploitation. — Pont de service en charpente sans assemblages, 1 pl., par M. J. Alric. — Machine pour la fabrication des mortiers, 1 pl. — Appareil servant à expérimenter la résistance des mortiers à la traction et à l'écrasement, 1 pl., par M. A. Meunier. Il paraît par an une série formée de 10 numéros. Chaque numéro se compose de 4 pages de texte in-fol. à 2 colonnes et de 4 pl. du même format.

POTIQUET. Recueil, par ordre chronologique, de décrets, lois, ordonnances, règlements, circulaires, etc., concernant le service des ponts et chaussées, dressé par Alfred Potiquet, conducteur des ponts et chaussées, etc. 2ᵉ édition revue et augmentée. Tomes I et II. In-8, 856 p., Paris.

*POURIAU (A.-F.), docteur ès sciences, ancien élève de l'Ecole cen-

trale, professeur à l'Ecole impériale d'agriculture de la Saulsaie (Ain). Eléments des sciences physiques appliquées à l'agriculture. Tome II. Chimie organique comprenant : 1° l'étude des éléments constitutifs des végétaux et des animaux ; 2° des notions de physiologie végétale et animale ; 3° l'alimentation du bétail, la production du fumier, etc. 1 vol. in-12, 541 p., nombreuses gravures dans le texte, Paris.   6 fr.
Avec le tome Ier (Chimie inorganique),   12 fr.

* — Altérations et conservation des bois employés en agriculture et en horticulture.

Annales du Génie civil. 2e année.

PREVOST (F.), capitaine du génie. Mémoire sur les anciennes constructions militaires connues sous le nom de forts vitrifiés. In-8, 47 p., Saumur.

R

* Réduction de l'alcool à tous les degrés ; proportions générales des mouillages et mélanges des spiritueux et des vins en toutes qualités, de tous crûs et en quantités quelconques, etc., avec toutes les règles et proportions à l'appui, suivant les usages et coutumes usités dans le commerce, etc., par un entrepositaire. 1 vol. in-18 de 92 p. avec tableaux, Rouen.   2 fr.

REGODT (Honoré), ancien professeur de sciences physiques et chimiques à l'Association polytechnique de Paris. Notions de chimie, avec applications aux usages de la vie, à l'agriculture et à l'industrie. Cinquième édition, ornée de gravures. In-12, iv-236 p., Paris, cartonné,   1 fr. 50

RICHE (Alfred), professeur agrégé à l'Ecole supérieure de pharmacie de Paris. Leçons de chimie professées aux élèves de l'Ecole Sainte-Barbe qui se préparent à l'Ecole polytechnique. In-18 jésus, 656 p., Mesnil.   7 fr.

ROTH (Jules), pharmacien-chimiste industriel. Des pyroléines et des huiles minérales inoxydables pour le graissage des machines de filature et de tissage. In-8, 72 p., Strasbourg.

S

SAGERET. Carnet de poche du bâtiment, à l'usage de MM. les architectes, vérificateurs, entrepreneurs, fabricants et exploitants de matériaux, etc. ; publié par Sageret. Année 1864. In-18, 226 p., Paris. Cartonné toile, 3 fr ; mouton maroquiné, forme portefeuille, 3 fr. 50

SAMANOS (Eloi), membre de la Société d'agriculture des Landes. Traité de la culture du pin maritime, comprenant des études sur la création des forêts, leur entretien, leur exploitation et la distillation des produits résineux. In-8, 152 p. et 4 pl., Paris.   3 fr.

SÉDILLOT (Amédée), ingénieur. Des condenseurs par surfaces et de l'application des hautes pressions à la navigation à vapeur. In-8, 128 p. et 3 pl., Paris.

SERAFINI (Filippo), professeur de droit romain à l'Université de Pavie. Le télégraphe dans ses relations avec la jurisprudence civile et commerciale ; traduit et annoté par Lavialle de Lameillère. 1 vol. in-8, 175 p., Paris.   3 fr.

* — Solution pratique de la navigation aérienne. Avec fig. Grand in-18. 34 p., Paris.

T

TOCHO (Pierre), ancien professeur d'agriculture. Traité de la culture du tabac dans les deux départements de la Savoie. In-8, 39 p., Chambéry.

TRESCA (H.), sous-directeur et professeur de mécanique au Conservatoire des arts et métiers. Procès-verbal des expériences faites au Conservatoire des arts et métiers sur la machine à égrener le coton, de M. F. Durand.

— Procès-verbal des expériences faites sur la machine du bateau *la Comtesse Luba*, de M. Gache, 1 pl.

Annales du Conservatoire. 4e année.

— Traité élémentaire de géométrie descriptive, rédigé d'après les ouvrages et les leçons de Th. Olivier ; 2e édition. In-8, xvi-240 p. et atlas de 64 pl., Paris.   7 fr. 50

V

VAUSSIN-CHARDANNE, ingénieur civil. Appareils préservateurs des fuites de gaz, d'eaux forcées, etc. In-8, 8 p. et pl., Saint-Nicolas, près Nancy.

Annuaire 1863 de la Société des anciens élèves des Ecoles impériales d'arts et métiers.   5 fr.

VERRIER, ingénieur des travaux hydrauliques. Note sur l'opération du dérasement de la roche la Rose, à l'entrée du port de Brest, texte et 1 planche.

Annales du génie civil. 2e année.

FIN DU QUATRIÈME TRIMESTRE 1863.